MITTEILUNGEN
der
Geographischen Gesellschaft in Hamburg

Band 77

Im Auftrag des Vorstandes
herausgegeben von Gerhard Oberbeck
Schriftleitung Frank Norbert Nagel

1987

GEOGRAPHISCHE GESELLSCHAFT HAMBURG
FRANZ STEINER VERLAG WIESBADEN GMBH

Oswald Dreyer-Eimbcke

Island, Grönland und das nördliche Eismeer

im Bild der Kartographie seit dem 10. Jahrhundert

Gedruckt mit Unterstützung der Freien und Hansestadt Hamburg (Hochschulamt Hamburg)
und der Hamburgischen Wissenschaftlichen Stiftung

CIP-Kurztitelaufnahme der Deutschen Bibliothek:

Dreyer-Eimbcke, Oswald:
Island, Grönland und das nördliche Eismeer im Bild der Kartographie seit dem 10. Jahrhundert /
Oswald Dreyer-Eimbcke.
Geograph. Ges., Hamburg. – Stuttgart:
Steiner-Verl. Wiesbaden, 1987. – ca. 175 S.
  (Mitteilungen der Geographischen Gesellschaft in Hamburg; Bd. 77)
  ISBN 3-515-05102-3

NE: Geographische Gesellschaft ‹Hamburg›:
Mitteilungen der Geographischen...

Alle Rechte vorbehalten.

Selbstverlag der Geographischen Gesellschaft in Hamburg. Ab Bd. 70 im Vertrieb durch Franz
Steiner Verlag Wiesbaden GmbH.
Satz: ASS Arbeitsgemeinschaft Schreib und Satzservice, Hamburg
Druck: Krause-Druck, 2160 Stade.
Printed in Germany.

INHALTSVERZEICHNIS

Seite

I.	Vorbemerkung	1
II.	Thule	3
III.	Die Wikinger	5
IV.	Erste Karten von Island	9
V.	Erste Karten von Grönland	11
VI.	Islands kulturelle Beziehungen mit Europa im Mittelalter	15
VII.	Mythische Inseln im Nordatlantik	19
VIII.	Stillanda, Fixlanda, Frislanda	25
IX.	Wiedergeburt der "Geographie" des PTOLEMÄUS in Italien	27
X.	Verwirrung um Grönland	32
XI.	Das Nordpolargebiet unter dem Einfluß von PTOLEMÄUS	35
XII.	Die Portugiesen	42
XIII.	Grönland Anfang des 16. Jahrhunderts	48
XIV.	Island Anfang des 16. Jahrhunderts	49
XV.	Olaus MAGNUS	55
XVI.	Die Italiener	63
XVII.	Die Diepper Schule	65
XVIII.	Die ZENO-Karte	66
XIX.	Erste Suche nach einer Nordwestpassage	70
XX.	Erste niederländische Kartographie über Island	76
XXI.	Islands erster Kartograph Gudbrandur THORLAKSSON	79
XXII.	Erste Reiseliteratur über Island	92
XXIII.	Joris CAROLUS Flandrus – Schlüsselkarten von Island und Grönland	96
XXIV.	Thordur THORLAKSSON	103
XXV.	Franzosen, Engländer und Deutsche in der isländischen Kartographie	107
XXVI.	Beginn der dänischen Kartographie in Island	111
XXVII.	Hans EGEDE	118
XXVIII.	Islands Karten des 19. Jahrhunderts	121
XXIX.	Grönlands Karten des 19. Jahrhunderts	128
XXX.	Spitzbergen und Jan Mayen	130
XXXI.	Färöer-Inseln	135
XXXII.	Nordpolarkarten des 19. Jahrhunderts	140
XXXIII.	Schlußwort	143

Anmerkungen zu den Abbildungen 145
Quellen- und Literaturverzeichnis 149
Personenregister 161

Verzeichnis der Abbildungen

nach Seite

1	Küstenkarten der Grönland-Eskimos (Dänisches Nationalmuseum)	5
2	"Anglo-Saxon Karte" (British Library), 10. Jh. (Ausschnitt)	5
3	Claudius CLAVUS "Nancy-Karte" (Stadtbibliothek Nancy), 1424–27	30
4	Gerard MERCATOR, Nordpolarkarte, 1595	50
5	Benedetto BORDONE, Islanda, 1528	50
6	Heinrich SCHERER, Nordpolarkarte, 1701	50
7	Jacob ZIEGLER, Nordlandkarte, 1532	50
8	Olaus MAGNUS, "Carta marina", 1539 (Ausschnitt)	62
9	Nicolo ZENO, Nordlandkarte, 1558	62
10	Marco Vincenzo CORONELLI, Frislanda und Groenelanda, 1692–94	68
11	Gerard MERCATOR, Islandia, 1595	68
12	Abraham ORTELIUS, Islandia, 1590	82
13	Joris CAROLUS, "Tabula Islandiae", 1615–29	104
14	Alain Manesson MALLET, Isle d'Island, 1683	104
15	Thordur THORLAKSSON, Islandia, 1668	104
16	HOMANNs Erben, Insulae Islandiae, 1761	104
17	Thomas-Albrecht PINGELING, Norge Forestilling, 1770	120
18	Franz Johann REILLY, Grönland und Faeröer, 1789–1806	120
19	Björn GUNNLAUGSSON – August PETERMANN Danish Islands: Iceland, 1863	120
20	ADMIRALITY Surveys Danish Islands: Faroe Islands, 1863	120
21	Johannes van KEULEN, Spitzbergen, 1694 (Ausschnitt aus: Paskaarte van Ysland, Spitzberge en Jan Mayen Eyland)	134
22	Johannes van KEULEN, Jan Mayen Eyland, 1694 (Ausschnitt aus: Paskaarte van Ysland, Spitzberge en Jan Mayen Eyland)	134
23	Jacobson DEBES, Islands of Ferro or Farro, 1744–47	136
24	Jacobson DEBES, Whirlpool of Sumbo Rocks, 1744–47	136
25	Jean PALAIRET, A map of the Icy Sea, um 1760	140

I. Vorbemerkung

Island und Grönland sowie das Polargebiet haben eine gemeinsame kartographische Geschichte. In diesem geographischen Bereich lagen eines der großen Rätsel und ein weites Feld von Legenden einer insgesamt sehr engen Zone des Wissens und Forschens. Von Island aus wurde Grönland zuerst besiedelt, und Island war der erste Schritt, den Skandinavier in Richtung auf das schließliche Fahrtenziel Amerika unternahmen. Der vorsichtige Seemann fuhr lange Zeit von Norwegen aus erst nach Island, wenn er nach Grönland wollte. Dabei war der Seeweg zwischen Norwegen und Island die längste Hochsee Segelstrecke ohne Landsicht gewesen, welche die Nordmänner jener Zeit zu bewältigen hatten. Island war gewissermaßen der Mittelpunkt der Grönlandfahrten, weil die Isländer die meiste Kenntnis von der Ansiedlung in Grönland hatten. Die Dänen veranlaßten isländische Gelehrte, alle Bücher und Urkunden zu untersuchen, welche sich auf die Geographie Grönlands und des arktischen Meeres bezogen. So entwarfen isländische Gelehrte Karten von Island und den nördlichen Gewässern und trugen damit entscheidend zur Erweiterung der geographischen Kenntnisse im Ausland bei. Da sie in Grönland Nachkommen der ersten (isländischen) Siedler vorzufinden glaubten, nahmen die Dänen auch isländische Matrosen als Dolmetscher auf ihren Reisen mit. Später scheinen die Schiffe nach Grönland aber in der Regel den direkten Weg benutzt zu haben, meistens über die Shetland- und Färöer-Inseln an Island vorbei nach Kap Farvel. Auf Karten des letzten Jahrhunderts sind immer noch isländische Namen auf Grönland-Karten zu finden.

Wie in einem Brennglas bündeln sich auf den alten Karten Islands und der Arktik für den Beschauer die Stationen einer wechselvollen Entdeckungsgeschichte. Island und Grönland und deren geographische Merkmale wurden teilweise miteinander verwechselt, oder sie hatten eine ganz andere Identität. Reizvolle Verfremdungseffekte, bewußte und unbewußte Irrtümer, Mißinterpretationen, Verwechslungen, Verzerrungen, Plagiate sowie verkaufsfördernde Tricks trugen zu einer besonderen kartographischen Persönlichkeit dieses geographischen Bereiches bei. Die Suche nach den Nordwest- und Nordostpassagen, das Interesse für den Handel, insbesondere des Stockfisches, und den Walfang haben ihren hohen kartographischen Stellenwert begründet. Dank der MERCATOR-Projektion wird Grönland auch heute noch ein besonderes kartographisches Privileg beschert: Die Übergröße. Da die Abstände der Breitenparallelen wachsen, stellen sich gleiche Entfernungen in zunehmender Größe dar, und die Flächen wachsen in Polnähe außerordentlich. So ist auf Weltkarten Grönland gleich groß wie Südamerika, in Wirklichkeit macht es aber nur ein Achtel von dessen Fläche aus. England erscheint doppelt so groß wie das in Wahrheit mehr als doppelt so große Madagaskar. Versuchsweise neuartige Kartenprojektionen, die die Fläche der näher am Äquator liegenden Zonen optisch wachsen läßt und vor allem die gemäßigten Zonen vom Vorwurf der Überheblichkeit befreit, haben sich bisher nicht durchgesetzt. Bei der sogenannten "Peterskarte", der eine spezielle Zylinderprojektion zugrunde liegt, sind breitgezogene und flachgepreßte Polargebiete sowie absurd langgezogene und schmalgepreßte Kontinente und Ozeane im Bereich des Äquators unvermeidlich.

In der Geschichte der Kartographie gibt es, so werden wir noch erfahren, viele Kuriositäten und Ungereimtheiten, die nicht einfach als Irrtümer der Kartographen aufzufassen sind. In ihnen spiegeln sich vielfach getreu und aufschlußreich das Wissen und die Erfahrung der betreffenden Epoche wider. Bis ins hohe Mittelalter hinein war Schreiben und Lesen kein Allgemeingut. Dafür hatten die Bildsprachen der Kirchenfenster und Bildteppiche eine große Leserschaft: die Analphabeten. So wie es den Bildhauern der Kapitelle gelang, an einem einzigen Säulenkopf ein ganzes Bibelkapitel lesbar zu machen wie im Stenogramm, so beschreiben uns die früheren Kartenmacher in allegorischen und mythologischen Darstellungen ihre Vorstellungswelt. Land- und Seekarten konnten für die Phantasie ein Medium sein, um sich gewissermaßen "in die Lüfte zu erheben", um einen Überblick zu bekommen, wie er sonst nur einem, nämlich Gott, und mit ihm allerdings auch den Seligen und Auserwählten gegeben war, für eine christlich denkende Zeit also eigentlich eine ungeheure Vermessenheit.

Die Verleger selbst haben oft ein schlechtes Beispiel für die vorsätzliche Ungenauigkeit gegeben, mit der Abbildungen und Beschreibungen vorgenommen wurden. Der in Nürnberg beheimatete Hartmann SCHEDEL gibt in seiner 1493 zuerst veröffentlichten "Weltchronik" die Zahl der Türme in seiner Heimatstadt mit 365 an. Die Zahl wurde noch im Jahre 1648 von Merian übernommen. Erst der Buchhändler und Verleger Christoph Friedrich NICOLAI, ein kritischer Vertreter der Aufklärung, rechnete den Nürnbergern ihre Türme genau vor und kam dabei auf lediglich 120. Mit den Gassen der Stadt verhielt es sich ähnlich. Ihre Zahl wurde damals und von allen Abschreibern danach immer mit 520 angegeben. NICOLAI kam auf 130. Für die Weltchronik orderte der Drucker Anton Koberger von Michael WOLGEMUT 645 Holzschnitte. Koberger war ein wirtschaftlich denkender Kaufmann. Er verwendete die 645 Holzstöcke kurzerhand für insgesamt 1809 Holzschnitte.

Seltsamerweise führte die Entwicklungsgeschichte der Kartographie erst von den großen, im wesentlichen aus der Vorstellung entwickelten Weltkarten zu kleineren Einheiten, die freilich wegen des anderen Maßstabes eine viel größere Genauigkeit in der Vermessung erforderten und natürlich auch praktisch benutzbar sein mußten. Diese kleinen Teile wurden dann wieder zu größeren, nun viel wirklichkeitsgetreueren Gesamtdarstellungen zusammengefaßt. Es ist, als habe man sich zunächst über das Aussehen der Welt einen möglichst weiten Überblick verschaffen wollen. Die eigentliche Umwelt war kartographisch weniger interessant, in ihr befand man sich ja sowieso.

Nicht auf allen Karten ist der Name des Autors verzeichnet. Besonders auf den Karten des 16. und 17. Jh. fehlt vielfach die Jahresangabe der Kartenzeichnung bzw. -herstellung, weil die Verleger – wie auch heute noch – fürchteten, sonst auf ihren Karten sitzenzubleiben, wenn die Konkurrenz mit neuer Ware auf den Markt kam. Datierungen erschienen schon eher, um wesentliche Informationen, wie z. B. neue Entdeckungen, zu verzeichnen. Aufgrund fehlender Quellenangaben ist es daher nicht immer leicht, die Karten einzuordnen. Wenn man sie nicht in der Literatur findet, so sind Kataloge oft ein gutes Hilfsmittel, wenn die Karten dort in Zusammenhang mit Büchern oder Atlanten gebracht werden, denen sie entnommen sind. Nur selten waren Kartograph, Zeichner und Stecher ein und dieselbe Person. Die Kartenherstellung war vielfach arbeitsteilig und grenzüberschreitend.

Bei allen Karten, die vor dem jetzigen Jahrhundert hergestellt worden sind, müssen wir davon ausgehen, daß sie sozusagen zu Fuß oder vom Schiff aus beobachtet oder gezeichnet worden sind. Weiter als bis zum Horizont ließ sich nicht blicken. Die Möglichkeit, wie in unseren Tagen von einem Flugzeug aus die Erde zu überblicken, bot sich früher höchstens vergleichsweise von einem Berg aus, von einer Stadt schräg von oben ins Weite, ein Blickwinkel, mitunter auch mit dem Wort "Vogelperspektive" beschrieben und von nicht vorhandenen imaginären Bergen aus konstruiert.

Die modernen Karten belegen das objektivierte Bild der Erde. Sie sind aus dem Stadium des Spekulativen herausgerückt, das bis weit ins 18. Jh. hinein den Typus der Land- und Seekarten bestimmte. Damit hörten die Karten aber auf, das Werk einer Künstlerpersönlichkeit zu sein. Erst seit etwa einem Jahrhundert besitzen wir das, was uns heute selbstverständliche Voraussetzung der Erdbetrachtung ist: eine maßstabsgetreue Karte.

II. Thule

Am Anfang der uns zugänglichen Quellen für die Geschichte der Geographie und Kartographie des nördlichen Teiles Europas, insbesondere Islands, steht der Name PYTHEAS. Mit ihm begann eine neue Ära der geographischen Entdeckungen. Churchill nannte ihn sogar den "größten Geographen aller Zeiten". Er hatte die Phantasie der Nachwelt und nicht zuletzt die der Kartographen bis zu unserem Jahrhundert wegen seiner Reisebeschreibung über Thule, das vielfach mit Island und Grönland gleichgesetzt wurde, ähnlich beschäftigt wie PLATOs "Atlantis" oder HOMERs "Odyssee" — mit an die 80 Lokalisierungstheorien, darunter auch Island.

PYTHEAS war zum ersten Mal bewußt nicht zur Vertiefung bisheriger Kenntnisse, sondern zu wissenschaftlichen Neuentdeckungen ausgezogen, um die Ausdehnung der Erde nach Norden zu erforschen. Für ihn und jene Seefahrer von der nordschottischen Inselwelt, die ihm den Weg wiesen, war Skandinavien allerdings noch eine nur streckenweise bekannte Weltgegend. PYTHEAS spricht von einer Insel "Berricke" und sagt, "von ihr pflegt man nach Thule zu fahren". Wo immer dieses

Berricke nun auch zu suchen ist, auf den Hebriden oder in der Orkneygruppe, so ist damit doch gesagt, daß häufiger und regelmäßiger Schiffsverkehr zwischen Schottland und Thule bestand.

Marseiller Händler rüsteten um 325 v. Chr. sein Schiff mit dem Auftrag aus, bis zu den Bernsteinländern zu fahren. Als er mit seiner Ladung zurückkam, fiel der Bernstein im Wert, und seine Geldgeber waren ruiniert. Sie verleugneten und verleumdeten PYTHEAS und brachten es fertig, daß seine für damalige Verhältnisse sensationellen geographischen Beobachtungen nicht ernst genommen wurden. In der Tat, seine Entfernungsangaben von Englands Küste zu den davorliegenden Inseln beruhten auf einem Irrtum, der immer wieder nach- und abgeschrieben wurde. Das brachte PYTHEAS den Titel "großes Lügenmaul" ein. Erst einige Jahrhunderte später sollte ihm die zu Lebzeiten versagte Anerkennung zuteil werden. Sein Irrtum erwies sich — wie so oft in der Entdeckungsgeschichte — als schöpferisch, auch für die Kartographie. Mit der Erdbeschreibung des irischen Mönches DICUIL, in der er von dem Aufenthalt einiger Geistlicher in Thule im Jahre 795 berichtete, begann die jahrhundertelange Spekulation über die Frage, was mit "Thule" gemeint war. Erst Fridtjof NANSEN erbrachte 1911 in umfangreichen Untersuchungen den exakten Nachweis, daß Thule zwischen dem 63. und 64. Grad nördlicher Breite auf der Höhe von Trondheim gelegen haben muß. Auch Prof. Dr. Richard HENNIG legte dar, warum seines Erachtens jede andere Deutung als die Gleichsetzung Thule — Mittelnorwegen ausscheidet.

Die Namen Island und Thule finden sich schon auf vielen Radkarten des 11. bis 14. Jh. Auf der von Richard de HALDINGHAM (2. Viertel des 13. Jh.) und de LAFFARD befinden sich nördlich der Orcades im Ozean nahe am Rand 3 Inseln: Ultima Tile, Ysland und Farese. Auf Andreas WALSPERGERs Weltkarte (1448) liegt eine Insel "Svecia" zwischen Dänemark und Norwegen. Ganz außen auf dem westlichsten Vorgebirge von Norwegen steht der Name "Yslandia", und dabei ist die Stadt "Pergen" (Bergen) angegeben sowie auch "Nydrosia". Östlich davon steht geschrieben: "Hier sieht man oft Wunder in Menschengestalt, die mit den Leuten ihre Possen treiben. Sie heißen 'trolh'." Auf der Weltkarte des Ranulph HIGDEN (1360), die sich im Buch des Laxton's "Polychronicon" befindet, liegt vor der Rheinmündung eine große Insel im Meere, auf welcher man die Namen Noravega und Islanda liest. Im Buch selber ist eine Beschreibung Islands von Giraldus CAMBRENSIS aufgenommen.

Das ursprüngliche Interesse für die Kartographie Islands dürfte auf die erste antike Thule-Überlieferung zurückzuführen sein. Dieses "Ultima Thule" war das Ende der Welt und wechselte von Karte zu Karte seine Position. Dahinter gab es das ewige Eis, eine Abteilung der Hölle. Das südliche Pendant hatten wir am Kap Bojador, dessen Überwindung nach allgemeiner Auffassung bis Gil EANNES (1435) den sicheren Tod bedeutete. Die apokalyptische Vorstellung von Thule war mit ein Grund für die Kartenmacher, die Island darstellen wollten, seit 1532 feuerspeiende Berge besonders zu betonen und der Insel Seeungeheuer und ewiges Eis beizugeben. Islands und Europas größter Gletscher, der Vatnajökull, taucht dagegen erst um 1650 in Ansätzen bei Johannes MEJER und 1771 zum ersten Mal deutlich auf einer Karte auf.

Seitdem Island als Thule dargestellt wurde, ist es eine der an Zaubern, anziehenden Mythen und Legenden reichste Insel des gesamten Europas, wenn nicht sogar der ganzen Erde.

Die Exokeanisten, zuletzt der Franzose PILLOT 1969, versuchten zu beweisen, daß die Griechen bereits in archaischer Zeit bis nach Island gekommen seien. PILLOT meint[1], daß die Odyssee eine "geheime Botschaft" enthalte, um den Weg u. a. nach Schottland (Scylla und Charybdis) und Island (Calypso) zu finden. Noch bis zum 19. Jahrhundert wurde Island auf Karten sowohl vom Nullmeridian von Ferro als auch vom Polarkreis geschnitten. Auf MERCATOR-Karten von Island steht unter dem Myvatn: "Dieses ist der südlichste Punkt, wo die Mitternachtssonne zu sehen ist". Vermutlich dachte der Autor, die Sonnenstrahlen würden vom Polarkreis gebrochen.

Solange Grönland mit zum dänischen Staatsgebiet gerechnet wird, ist Island der einzige der nordischen Staaten, der nicht mit einem großen Teil seiner Fläche bis jenseits des Polarkreises reicht.

Bis zur Neuzeit und auch danach waren Geographie und Kartographie durchweg oder doch weitgehend auf Vermutungen oder Berichte von anderen angewiesen. Dieses Wissen vom Hörensagen, der Bericht eines Seefahrers, Kaufmannes oder eines Geistlichen war oft der einzige Grundstock der Kartographie und das Rohmaterial der Legenden. Letztere flossen in die frühen Land- und Seekarten genauso ein wie in die Bücher eines HERODOT oder PLINIUS. Auch das Phänomen eines "Loch Ness" fand in den Karten Eingang, seitdem es sie gibt.

III. Die Wikinger

In den 1800 Jahren von PYTHEAS von Marseille bis zum Entdeckungszeitalter wurden wenig Fortschritte in der Entdeckung der Meere gemacht. Die "Säulen des Herakles", die Meerenge von Gibraltar, markierten seit dem fünften vorchristlichen Jahrhundert die Grenze des Wissens. Aber gerade der Norden blieb durch den Wagemut der Wikinger eine rühmliche Ausnahme.

Im Gegensatz zu den Eskimos, die schon Kartenbilder auf (Treib-)Holz schnitzten (Abb. 1), kannten die Wikinger keine Karten, und ihre navigatorischen Kenntnisse blieben für die Kartographie ohne Folgen. Wie die Babylonier stellten sich die Eskimos die Erde als eine scheibenförmige Insel im Weltmeer vor. Sie waren etwa

---

1) siehe WOLF (1983): Die wirkliche Reise des Odysseus, München, Wien 1983, S. 187

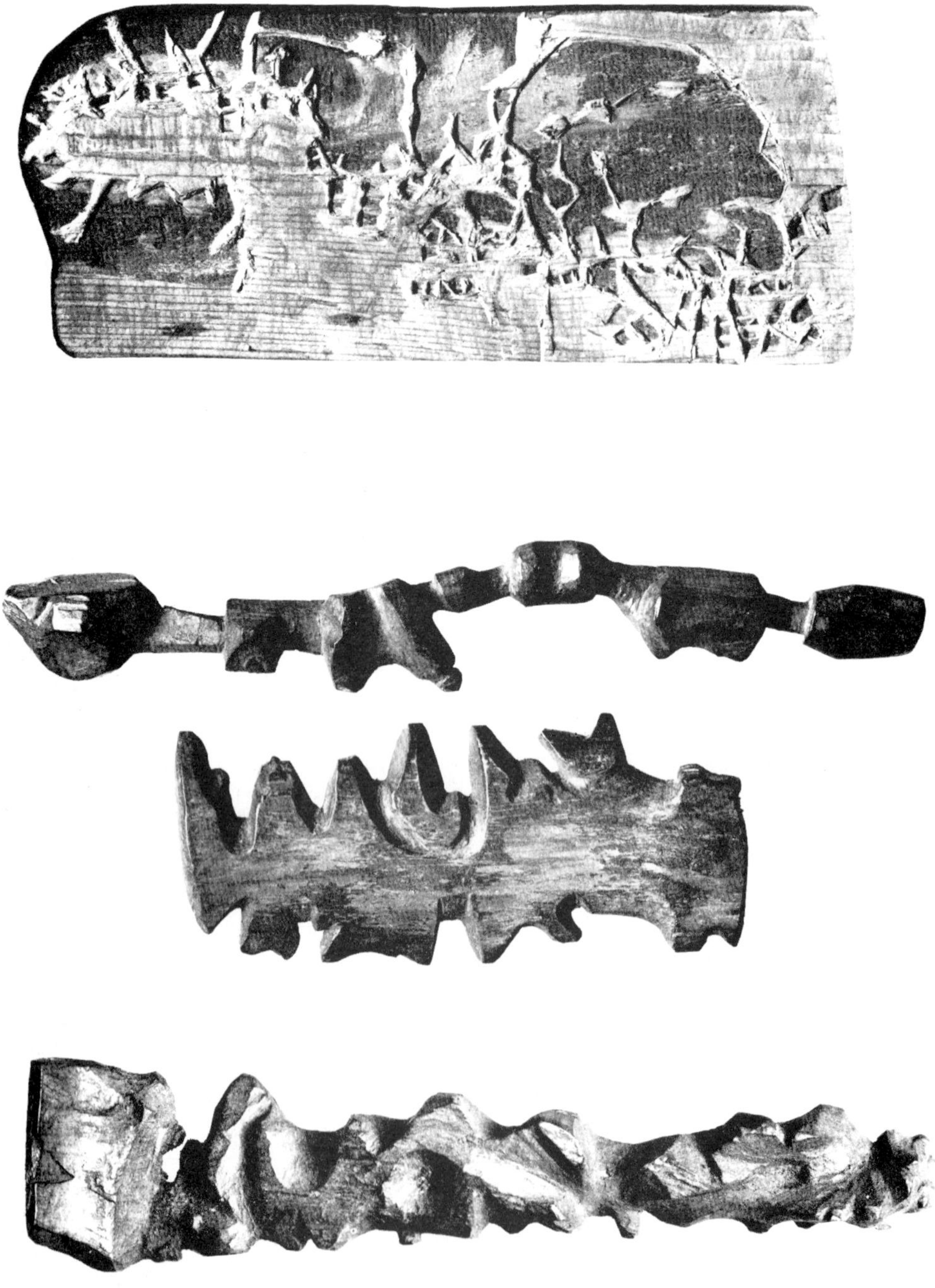

1. Küstenkarten der Grönland-Eskimos (Dänisches Nationalmuseum)

2. "Anglo-Saxon Karte" (British Library), 10. Jh. (Ausschnitt)

zur gleichen Zeit wie die Wikingerbauern Erik's des Roten im hohen Norden Grönlands gelandet. Von den holzgeschnitzten Karten der Eskimos sind nur sehr wenige Exemplare bekannt. Sie befinden sich im Nationalmuseum in Kopenhagen und wurden von Gustav Frederik HOLM (1849–1940) Ende des 19. Jh. von Grönland dorthin gebracht. HOLM (1888) beschreibt die Karten als sehr genau und berichtet von ihrem regelmäßigen Gebrauch durch die Osteskimos. Besonders beliebt waren Reliefkarten, da sie eine genauere Darstellung ermöglichten.[1] Anstelle von Holzstücken, die die einzelnen Inseln verbanden, benutzten die Eskimos zeitweise auch Siegel oder klebten sie auf Rentierfelle. Zeugnisse dessen findet man heute noch im Geodetic Institut der dänischen Hauptstadt und abgebildet in "IMAGO MUNDI III" und im Jahresbericht der Library of Congress 1946. Die Wikinger brauchten keine Karten, weil sie aus Mangel an Instrumenten doch nicht danach navigieren konnten. Sie behalfen sich mit der Breitengradnavigation. Dem Wikinger war eine Segelanweisung im Kopfe sicher wertvoller als eine Zeichnung auf Pergament oder Holz, die auf einem offenen Schiff vom Salzwasser zerstört werden oder im Sturm des Nordatlantiks über Bord gehen konnte. Es war verhältnismäßig leicht, den Breitengrad im nördlichen Ozean durch das Messen der Höhe der Stella polaris zu ermitteln. Denn die Schiffahrt fand ohnehin hauptsächlich im Sommer statt, wenn die Sonne 24 Stunden zu sehen war. Die Reise nach Grönland dauerte nur ca. 14 Tage. Ein Azimuth-Tisch wird in isländischen Manuskripten aus dem 12. Jahrhundert erwähnt und bestätigt damit, daß die Skandinavier mit Astronomie vertraut waren.

Heftig umstritten war lange Zeit die Frage, ob die Wikinger schon einen Kompaß besaßen. Der früheste Beleg für die Anwendung einer Magnetnadel als Navigationsinstrument in Europa stammt erst aus dem Jahre 1187 (Alexander NEKHAM). Diese frühen Kompasse waren ganz einfache und nicht sehr genaue Instrumente. Es wurde lediglich eine magnetische Eisennadel durch einen Strohhalm oder ein Stückchen Kork gesteckt und in einem Gefäß mit Wasser schwimmend gehalten. Die Nadel drehte sich in Nord-Süd-Richtung. Dabei handelte es sich natürlich um einen mißweisenden Kompaß, der in der Wikingerzeit in Nordeuropa zu schweren Irrtümern in der Kursberechnung hatte führen müssen, denn der magnetische Nordpol lag um 1000 n. Chr. etwa bei 80 Grad nördlicher Breite und 85 Grad östlicher Länge. Der Kompaß läßt sich in nordischen Quellen erst etwa ab 1300 nachweisen. Es ist kaum anzunehmen, daß er nicht erwähnt worden wäre, wenn er

---

1) Kapitän F. W. Beechy, der im Jahre 1826 die westlich der Beringstraße lebenden Eskimos aufsuchte, berichtete, wie sie im Kotzebue sich aus Sand ein Reliefmodell des Gestades formten. Sie markierten zuerst den Verlauf der Küste mit einem Stock und maßen die Entfernungen nach Tagesreisen. Dann wurden die Hügel und Bergketten durch Sand oder Steinhaufen bezeichnet. Dabei achtete man genau auf die Größenverhältnisse. Schließlich wurde die Lage der Dörfer und Fischstationen durch aufrecht in den Boden gepflanzte Stöcke angezeigt. So entstand allmählich ein topographisch zuverlässiges Abbild der Küste von Point Derby bis zum Kap Krusenstern. Ein späterer Augenzeuge beobachtete, daß die am Cumberland Sund in der Höhe der Davis Meerenge lebenden Eskimos auf einer, auf Papier gezeichneten Karte die Erhöhung einer Küstenpartie durch Schraffierungen andeuteten.

existiert hätte, wie Marco POLO nicht den Tee und die chinesische Mauer genannt hat. In Bezug auf die Ostsee wird auf der Weltkarte von Fra MAURO vom Jahre 1457–59 gesagt: ". . . auf diesem Meere navigiert man weder mit der Seekarte noch mit dem Kompaß, sondern mit dem Lot." Ganz wörtlich ist die Behauptung allerdings nicht zu nehmen, denn gerade damals, im Jahre 1460, wird nachweislich zum ersten Mal auf einem "Danziger Kregerschip" der Kompaß erwähnt.

Der Redakteur des LANDNAMABOK bezeichnet Floki Vilgerdarson's Raben von ca. 870 n. Chr. als originellste "Navigations-Instrumente", von denen wir aus dem Norden Kunde haben. Im genannten Buch heißt es u. a.: "Floki Vilgerdarson rüstete sich, nach Rogaland Schneeland (d. h. Island) aufzusuchen. Sie lagen im Smörsund. Er beschaffte da zu einem großen Opfer 3 Raben und brachte sie zum Opfer dar, diese sollten ihm den Weg zeigen. [Denn damals hatten im Norden seefahrende Männer noch keinen "leidarsteinn" (Leitstein)]".

Walther VOGEL schrieb dazu in "Hansische Geschichtsblätter": "Daß leidarsteinn, Leitstern, Polarstein, von leid 'Weg', 'Richtung' – den Magneten bedeutet, kann keinem Zweifel unterliegen, entspricht es doch völlig dem englischen loadstirne = Magnet, Kompaß." Es fragt sich nun, aus welcher Zeit diese Notiz stammt. Das LANDNAMABOK ist aus den Genealogien der isländischen LANDNAMA-Geschlechter entstanden. Von Geschichtskundigen (frode) Männern gesammelt, deren vornehmster Are FRODE (gest. 1068) war, wurden diese vielleicht schon im 12. Jh. teilweise aufgezeichnet, endgültig zum LANDNAMABOK aber erst nach 1200 durch einen unbekannten Geistlichen auf Island zusammengestellt. Dieser Urtext ist verloren, läßt sich aber aus zwei späteren Bearbeitungen wieder herstellen, deren eine, durch mannigfache historische, topographische usw. Zusätze erweitert, von dem isländischen Prior STYRMER (gest. 1245), wahrscheinlich zwischen 1235 und 1245 ausgeführt wurde, während die andere, etwas spätere (etwa 1245–1260), von Sturla JORDARSON stammt. Diese beiden Rezensionen von STYRMER und JORDARSON verarbeitete wieder Haukur ERLENDSSON (gest. 1334) zum "Hausbók" wahrscheinlich zwischen 1323 und 1329. STYRMERs Bearbeitung ist ebenso wie der Urtext verloren, ihr Inhalt nur in der "Hausbók" erhalten, die JORDARSONs dagegen liegt in der Überlieferung in der "Hausbók" und einer späteren Papierabschrift vor. Dadurch besteht die Möglichkeit, sowohl STYRMERs Bearbeitung wie den Urtext der Landnáma zu rekonstruieren. Die im obigen Zitat in eckige Klammern gesetzte Stelle von dem Leidarsteine fehlt nun in JORDARSONs Bearbeitung, somit sicher auch im Urtext der Landnáma. VOGEL vertritt die Ansicht, daß der Zusatz von STYRMER herrührt und man somit im zweiten Viertel des 13. Jh. den Gebrauch der nordweisenden Magnetnadel für die Schiffahrt kannte und sie für eine Errungenschaft der neuen Zeit hielt. Albert SCHÜCK (1982) meint, daß schon bei den Fahrten nach Island im 6.–9. Jh., ebenso bei der Entdeckung und Besiedlung Islands durch die Skandinavier und erst recht bei den Normannenfahrten und dem allmählich aufblühenden Seehandelsverkehr des 9.–12. Jh. die Richtkraft des Magneten benutzt wurde, der natürlich als ein noch ganz rohes, primitives Instrument zu denken sei. Von der Islandfahrt wurde 1436 nach englischen Quellen ein Segeln nach dem Kompaß "by needle and by stone" erwähnt.

Skandinavien trat erst im Jahre 793 richtig in das Blickfeld des Abendlandes. Der damalige plötzliche Ausbruch geschah so unerwartet und heftig wie anderthalb Jahrhunderte zuvor der der Araber. Trotz des fehlgeschlagenen Versuches von Kaiser Augustus, die Grenzen seines Reiches bis zur Elbe vorzuschieben, hatte es schon in den ersten drei Jahrhunderten n. Chr. durch den Handel griechisch-römische Einflüsse gegeben. Diese kulturellen Kontakte wurden im 5. Jh. durch die Völkerwanderung nur unterbrochen, so daß die Skandinavier von den germanischen und christlichen Nachfolgestaaten des Weströmischen Reiches isoliert und gleichzeitig durch die Sachsen vor ihnen abgeschirmt waren. Die Skandinavier begannen nun, sich auf enorme Entfernungen auszudehnen. Im Jahre 880 kamen schwedische Normannen bis ans Kaspische Meer, und in entgegengesetzter Richtung errichtete Leif ERIKSON um 1000 von Island aus einen Brückenkopf in Vinland.

In einer Handschrift "Grönlandiae vetus chorographia a avgömlu kveri", die Björn JONSSON (1574–1656) als "uralt" bezeichnete, glaubte O. PETTERSON (1914) die erste Segelanweisung für die Eriksstefna gefunden zu haben.

Segelanweisungen und Routenaufnahmekarten sind im Norden seit recht früher Zeit erhalten. Das belegen uns die Berichte Ottars und Wulfstans sowie ADAM von BREMENs Beschreibung der Reiseroute nach Akkan: "Eine eigene Bezeichnung für Land- und Seekarten kennt das Altnordische nicht. Wörter wie kort, sjókort, strandkort, landkort, siglingakort, uppdratur (in der Bedeutung Landkarte) oder landabref sucht man im altnordischen Schrifttum vergebens." (SCHNALL, 1975).

Die germanische Götterwelt galt bisher als unentdecktes Sagenland. Der Schriftsteller Walter HANSEN (1985) glaubt jedoch, daß der Dichter der Edda, die die vom Vulkanismus gleichsam verzauberte isländische Wildnis bereisten, alle Ortsbezeichnungen verschlüsselten und ihre Götterwelt mit einer Dornenhecke literarischer Rätsel schützend umgaben.

Bis zur Aufarbeitung ptolemäischer Überlieferungen im 15. Jahrhundert reichte der Norden kartographisch lediglich bis zum 63. Breitengrad. Das Mittelalter hatte bekanntlich die Kenntnisse und Forschungsergebnisse aus der Antike zum großen Teil wieder vergessen. Es ist berechnet worden, daß der Zugewinn an geographischen Einsichten zwischen dem Jahre 1000 und 1400 allenfalls 1 % in einem Jahrhundert ausmachte.

Auf den älteren Karten fehlt sowohl die Ostsee als auch die skandinavische Halbinsel. Die Länder des Nordens sind zu Inseln an der Westküste Europas gemacht worden.

Die Breitengrade sind bei PTOLEMÄUS ziemlich korrekt, denn man war in der Astronomie so weit fortgeschritten, daß man die Polhöhe ziemlich genau mit Hilfe der Tageslänge, der Sonnenuhr und der Höhe der Sterne bestimmen konnte. Doch sind die Breitengrade jahrhundertelang zu hoch angegeben worden, weil man bis in die Zeit von Tycho BRAHE (1546–1601) keine Rücksicht auf die Lichtbrechung nahm. Infolgedessen erscheinen die Sterne am Himmel in etwas größerer Höhe als sie sich wirklich befinden. Die Länder des Nordens und speziell Islands sind auf den meisten Karten allzu hoch nördlich angesetzt. Die erste Polhöhe, von deren Messung im Norden man weiß, erfolgte 1271 in Roskilde.

Axel A. BJÖRNBO (1912) sieht in der exakt datierbaren italienischen Karte von Pietro VESCONTI den ersten Versuch, Skandinavien im Umriß zu zeigen. Er zeichnete sie für Marino SANUTOs Werk "Liber secretorum fidlivm Crvcis" um 1320. Da VESCONTI vorher Karten ohne Skandinavien veröffentlicht hatte, schloß BJÖRNBO daraus, daß der Kartograph die neuen geographischen Kenntnisse von SANUTO selbst erhalten haben dürfte; zumal dieser vorher in Nordeuropa war. Ob SANUTO hier nur Literatur kennenlernte oder gar Karten zu sehen bekam, ist nicht zu beweisen. Die spätere nordische Kartographie zeigt uns, daß deren Autoren sehr wohl in der Lage waren, die Umrisse ihrer Heimatländer recht korrekt wiederzugeben, dieser Tatbestand könnte uns dazu verleiten, eine nicht ganz junge kartographische Tradition schon vor CLAVUS (siehe das Kapitel "Wiedergeburt der 'Geographie' des PTOLEMÄUS in Italien") anzunehmen, wie es u. a. Adolf Erik NORDENSKIÖLD (1897) tat.

IV. Erste Karten von Island

Nach dem Sturlubok (um 1250) umsegelte der Schwede Gadar SYARSSON "Snaeland" ("Schneeland"=Island) schon um 860 und wies dadurch dessen Inselcharakter nach. Die Wikinger gaben der Insel den kältesten Namen, den irgendein Land auf der Erde bekommen hat: Eisland. Der Name "Islandia" begegnet uns zum ersten Mal auf der sogenannten "Anglo-Saxon-Karte" (Abb. 2) (Cottonian) aus dem 10. Jahrhundert, die sich in der British Library befindet "Cotton MS Tiberius B. V.". Wie viele mittelalterliche Karten hat auch diese ihren Ursprung im Altertum. Der unbekannte Autor hatte aber einige neue Informationen hinzugefügt: Die Britischen Inseln, Island und Norwegen als Teil einer jütländischen Halbinsel. Das westliche Ende Islands trägt den Namen "Scridefinnas", was sich wahrscheinlich auf die Lappen bezieht. Ähnliche Begriffsverwirrungen werden uns noch bis zum letzten Jahrhundert beggnen. Die Ostsee sowie die skandinavische Halbinsel fehlen gänzlich, einzelne Namen davon sind auf dem Südwestende Europas zu sehen. Die Insel ist am Westende bedeutend schmäler und liegt genau östlich von den Orkneys.

Auf den meisten mittelalterlichen Karten erscheint Island nordöstlich von den Britischen Inseln, was auf englische Quellen schließen läßt. König Roger II., welcher die Wissenschaften liebte, ließ durch viele Gelehrte, die in Sizilien lebten, Material zur allgemeinen Länderbeschreibung, die er abfassen wollte, sammeln. Er ließ auch eine Landkarte auf einem silbernen Schilde anfertigen. Muhammad Ibn IDRISI (1100–66), der sich im Dienst des Königs befand, schrieb ebenfalls eine Länderbeschreibung. Das Werk ist noch vorhanden und enthält als Beilage 70 Karten. IDRISI aus Ceuta (ägyptischer oder arabischer Abstammung) bereiste unter anderem England und berichtete von der Insel Reslanda, nördlich von Schottland, womit Island gemeint war. Auf seiner Weltkarte von 1154 hat Island ("Gezire Reslanda") eine ähnliche Gestalt wie auf der Anglo-Saxon-Karte, d. h. als langgestreckte Insel. Wir wissen nur, daß IDRISI Westafrika, England und möglicherweise die Färöer-Inseln, die er als die nördlichsten Inseln der Erde bezeichnete, bereiste. Seine Reise und seine Kenntnisse machten ihn zum berühmtesten Geographen seiner Zeit. Nach IDRISI war der Atlantik ein schroffes Meer der Dunkelheit, seine düsterfarbigen Wasser von Stürmen zerrissen, in welchen die Wellen zu erschreckenden Höhen anstiegen. Nur die Engländer, schrieb er, waren kühn genug, sich auf ihn hinauszuwagen, aber selbst sie segelten nur im Sommer.

Außer IDRISI haben noch andere arabische Geographen Island erwähnt: QAZWINI berichtete im 13. Jh. u. a. über eine Insel Irlânda. Georg JACOB berichtete 1927 darüber und bemerkte, daß ihr Name vielleicht mit Hinzufügung eines Punktes als "Islánda" zu lesen wäre, weil das, was der arabische Kosmograph erzählte, besser auf Island als auf Irland passen würde. QAZWINI gibt die Lage der Insel im "Nordwesten des 6. Klimas, d. h. der zweitkältesten Zone", an. Der Umfang der Insel ist mit rund 1875 km auch ziemlich richtig angegeben. Im gleichen Buch wies JACOB auch auf Reiseberichte des byzantinischen Handelsmannes Laskaris KANANOS hin, der den Norden entweder zwischen 1397 und 1448 oder Ende des 15. Jh. bereist haben soll. Dort heißt es: "Ich drang auch bis zur Insel der Fischesser vor, die für gewöhnlich Island heißt." Heinrich ERKES erwähnte 1928 auch Ahmad Ibn Omar al-Udhri, der im 11. Jh. lebte und wahrscheinlich um 1084 starb.

Die Weltkarte im "Chronicarum et historiarum epitome Rudimentum Novitiorum nuncupata", dem frühesten erhaltenen Lübecker Druck aus dem Jahre 1475, gilt, wenn man von einem kaum als Karte zu bezeichnenden Druck eines T-Schemas absieht, als die älteste gedruckte Karte überhaupt. Sie wurde in Holzschnitt-Technik hergestellt. Die Länder sind hier als Hügel oder Inseln dargestellt, die bis an den Rand des alles umgebenden Ozeans reichen und jeweils einen Landesnamen tragen. Das Heilige Land befindet sich wie üblich in der Weltmitte, auch ist Jerusalem als Berg eingetragen. Erstaunlicherweise entstand die Karte zu einer Zeit, als das mittelalterliche Weltbild schon weitgehend dem modernen, ptolemäischen, Platz gemacht hatte. Als Quelle dienten vor allem die Schriften des Isidor von Sevilla (ca. 570–636 n. Chr.). An der Peripherie im linken unteren Viertel, dem "europäischen Quadranten", liegen Vinland, Gothia, Norweg und Island, im rechten oberen Viertel liegt "Tile insula".

Im Text wird im "Rudimentum Novitiorum" über Island wie folgt berichtet: "Von Yselandia. Yselandia ist das äußerste Land von Europa und liegt nördlich von Norwegia. An den entfernteren Grenzen ist dieses Land mit ewigem Firne bedeckt, der über den Meeresstrand hinaus nach Norden reicht. Daselbst ist das Meer infolge der übergroßen Kälte gefroren. Östlich von diesem Lande liegt das oberste Skythien, südlich davon Norwegia, westlich die Irische See und nördlich das Eismeer. Das Land ist Yselandia genannt, was soviel bedeutet wie 'Eisland'. Dort sollen Schneeberge zu harten Gletschern zusammengefroren sein . . ."

Auf der Karte von Hieronymus MÜNZER (1437–1508) in SCHEDELs "Buch der Croniken" von 1493 hat "Yslant" zwei große Buchten und eine kleinere.

V. Erste Karten von Grönland

Wie die Verbindungen zwischen Mitteleuropa und Grönland anfangs gewesen waren, haben Ausgrabungen und Dokumente bewiesen. Wahrscheinlich war der Vatikan schon vor der Entsendung des ersten Bischofs Erich Gnupson 1112 nach Grönland über das ferne Land im Norden gut unterrichtet. Dazu mag beigetragen haben, daß Gudrid, Thorfin KARSEFNIS' Frau, die an der Vinland-Expedition ihres Mannes teilgenommen hatte, auf einer Pilgerfahrt im ersten Viertel des 11. Jh. selbst nach Rom kam.

Isaac de la PEYRERE behauptete in "Relation du Groenland" (1647 in Paris gedruckt) z. B., daß der dänische (Ober?)-Sekretär (Frederik?) Günther im Archiv des Erzbischofs von Bremen die Kopie einer päpstlichen Bulle aus einem früheren Jahre als 900 gesehen hätte, in der ausdrücklich erwähnt sei, daß das Erzbistum Norwegen die dazu gehörenden Inseln und Grönland umfasse. Man weiß aber heute, daß dieser Papstbrief von ca. 830 im 12. Jh. unter Einbeziehung von Island und Grönland gefälscht wurde.

Gardar in der grönländischen Ostsiedlung wurde aber 1123 Bischofssitz. Wenig später hatte dann Kardinal Nicolaus von Albano, der spätere Hadrian IV., selbst Gelegenheit, sich sozusagen an Ort und Stelle zu informieren. Er lebte von 1154 bis 59 in Norwegen, also in einer Zeit, als beide Grönland-Kolonien noch in voller Blüte standen. 50 Jahre später, um 1200, weilte der Grönlandbischof Jon in Rom und zweimal der Bischof Jon Ericson Scalle, um 1356 und 1369. Noch 1327 leistete Grönland seinen Beitrag zum Peterspfennig und zum Kreuzzugszehnten. Der päpstliche Nuntius Bernhard de Ortolis quittierte in jenem Jahr den Empfang von rund 20 Zentnern Walroßzähnen.

Kaiser Friedrich II. setzte in seinem Buch "De Arte Venandi cum Avibus", das um 1250 verfaßt wurde, Grönland und seine Lage unweit von Island als bekannt voraus. Die Bekehrung Grönlands zum katholischen Glauben macht es begreiflich, daß sich auch heute noch die wichtigsten Urkunden über Grönland im Vatikan befinden. Die Tatsache, daß die Kirche zu Hvalsey in der Ostsiedlung Glasfenster besaß, wird als ein Hinweis auch auf die Handelsbeziehungen zu Venedig gedeutet. So ist es nicht verwunderlich, daß Grönland schon verhältnismäßig früh auf Karten zu sehen war.

Dem Abt Nicolaus von THINGEYRE, der 1159 verstarb, verdanken wir wahrscheinlich die ältesten geographischen Mitteilungen über die Entdeckungen in den isländischen Handschriften des 14. und 15. Jahrhunderts, die sich auch auf den ältesten Portolan-Karten in Andeutungen wiederfinden. Die Vorstellung, daß Grönland mit Europa zusammenhänge, wurde von ihm ein Jahr vor seinem Tode zuerst aufgebracht, wohl nicht zuletzt in seinem Glauben, daß das Weiße Meer seiner mannigfachen Ungetüme wegen als Zaubermeer anzusehen sei.

Wenn auch die Topographie im Bewußtsein der nordischen Völker im Mittelalter eine bedeutende Stellung einnahm, so ist in den isländischen Sagas von allem Möglichen die Rede, aber wenig von ihren Entdeckungen. Sie waren vorwiegend als reine Familienüberlieferungen geschrieben worden. Die erste Frage, die einem neuen Menschen gestellt wurde, war die nach seinem Namen und seinem Wohnort. Fahrten zu neuen Ufern waren für die Zeitgenossen wohl nicht so sensationell und geschahen unbewußt. Die Edda, die isländische Sammlung germanischer Mythen weist wie ein Reiseführer die Pfade zu den Götterstätten. Der 1682 m hohe Vulkan Herdubreid erweist sich z. B. unverkennbar als Asgard, der Berg der Asen. Das LANDNAMABOK enthält aber ähnlich wie die Grönlandsaga auch Segelanweisungen, u. a. von Hernum (Bergen) nach Hvarf (Kap Farvel), oder von Reykjanes nach Johdulaup in Irland. In einer anderen Anweisung heißt es: "Desgleichen wenn man im Süden des Breedefjords liegt, dann soll man so lange nach Westen segeln, bis man 'Hvidserck' in Grönland sieht . . .". Ingesamt wurden etwa 1400 Ortsnamen verarbeitet. Ihre historische Zuverlässigkeit ist allerdings nicht in jedem Falle sicher.

In den Quellenschriften über die Fahrten nach Vinland findet sich kein Wort vom Eise im Meer, nicht einmal eine Andeutung von einer Eissperre vor der Küste Ostgrönlands. So gibt es Wissenschaftler, die glauben, daß die Fahrten der Wikinger nach Island und Grönland nur wegen eines günstigeren Klimas dieser Länder im Mittelalter erfolgt sein könnten. Eine Bemerkung in dem isländischen LANDNAMABOK läßt darauf schließen, daß die Wikinger schon 1194 Spitzbergen (Svalbard) entdeckt und es mit Grönland gleichgesetzt hatten. In "Monumenta Historica Norwegiae" (STORM 1880), die wohl um 1200 entstanden ist, heißt es: "Russland liegt im Osten und Norden der Ostsee, und nordöstlich davon liegt das Land, das Jotunheim heißt, und dort leben Trolle und Kobolde, aber von dort nach den Einöden Grönlands hin erstreckt sich das Land, das Svalbard heißt. Dort wohnen verschiedene Völker." Daß mit Svalbard Spitzbergen gemeint war, ist unter Wissenschaftlern ziemlich unbestritten. Die Unklarheit der Entdeckung aber hatte später schwerwiegende politische Folgen. Sie war der Grund dafür, daß sich ein jahrhundertelanger Streit zwischen Norwegern, Holländern, Engländern und Russen entwickelte, der um die Frage ging, welche Nation Spitzbergen wohl zuerst entdeckt hatte. Von dieser Frage wollte man früher das Recht auf den Besitz dieses Archipels ableiten. So etwas war in alten Zeiten eine Art Gewohnheitsrecht und sollte auch auf Spitzbergen Anwendung finden. Fast 400 Jahre nach der wahrscheinlichen Entdeckung Spitzbergens durch die Wikinger kreuzten 1596 die Holländer mit Willem BARENTSZ als "Oberlotsen" vor den "kalten Küsten" auf. Sie waren auf der Suche nach dem Seeweg nach China.

Zur Vermutung, Grönland müsse mit dem Festland von Europa zusammenhängen, fühlte man sich durch das Vorhandensein von Rentieren, Polarhasen und Polarfüchsen auf Spitzbergen bestätigt, weil diese nicht auf Inseln vorkämen, "es sei denn, man führe sie dahin". Da letzteres bei Grönland nicht der Fall war — so hatte man den Schluß gezogen — müßten diese Tiere von anderen Festlandsgegenden von selbst dahingelaufen sein.[1] Diese Schlußfolgerung wurde durch die Entdeckung des nördlichen Eismeeres wesentlich erleichtert. Dann ist noch die Erzählung von einem Manne von Bedeutung, der den Weg von Grönland nach Norwegen zu Fuß zurückgelegt haben will und dabei von der Milch einer mitgenommenen Ziege gelebt habe, die in den Tälern und auch in den Hügeln hinreichend Futter gefunden hätte. So entstand die Überzeugung von einer Landverbindung zwischen Grönland und Bjarneland, dem nordwestlichen Rußland. Da dieselbe natürlich unbewohnt war, so nannte man sie "Ubygdar", d. h. "unbewohntes Land". Seit ADAM von BREMEN wurde Grönland um 1075 in geographischen Beschreibungen erwähnt. Er scheint aber überzeugt gewesen zu sein, daß Grönland eine Insel im Ozean ohne irgendeine Verbindung zu einem Kontinent war.

Obgleich im 12. und 13. Jahrhundert erstaunlich gute Informationen über die Lage Grönlands vorlagen, wurde in Übereinstimmung mit den Grundsätzen der mittelalterlichen Radkarten Grönland als Verlängerung Rußlands dargestellt und durch unendliches Meer umgeben, während die Inseln, die im Meer liegen, einen Ring um den Kontinent bilden. Zunächst lag Grönland nördlich von Norwegen, vielleicht um nicht zu sehr mit Vorstellungen von der Welt in Konflikt zu geraten, wie sie auf Radkarten zum Ausdruck kam.

Daß Grönland nördlich von Rußland oder Norwegen dargestellt wurde, kann auch an einer Verwechslung zwischen dem lappländischen Gardarstift und dem atlantischen Grönland gelegen haben. Die Ortsbezeichnung Grönland bezeichnete in der Gründungsurkunde des Stiftes Hamburg von 832 die Nordkalotte im westfinnischen Lappland. In der Gründungsbulle für das Erzstift Trondheim von 1154 ist ein Grenelandia enthalten, womit das ursprüngliche Gardarstift gemeint sein kann, das nun nach der Gründungsbulle des Hamburger Stiftes genannt wurde. Inwieweit das in der Bulle vorkommende "Island" sich auf den noch 1143

---
1) siehe FISCHER (1902): Die Entdeckung der Normannen in Amerika.

vorkommenden Ortsnamen mit der Bedeutung Aland bezieht, muß ungeklärt bleiben.[1]

Seit Claudius CLAVUS' Nancy-Karte (um 1427) wurde Grönland in unterschiedlicher Schreibweise sowie als eine oder mehrere Inseln oder Halbinseln dargestellt. Letztere waren mit Europa, Asien, Eurasien, Amerika oder einem fiktiven Polarkontinent verbunden.

Giacomo GASTALDI zeigte 1548 zum ersten Mal sogar Amerika, Asien und Europa unter Einschluß von Grönland als durchgehenden Kontinent. Island zeigte er auf seiner Karte "Schonladia nova" im Gegensatz zu Jacob ZIEGLERs Nordlandkarte von 1532, die er kopierte, als eine Halbinsel mit Lappland durch eine Landbrücke verbunden. Die Vermutung liegt nahe, daß GASTALDI mit Island in Wirklichkeit Grönland gemeint hatte.

Jacob ZIEGLER distanzierte sich zuerst vom CLAVUS- bzw. DONIS-Typ und stellte Skandinavien als geschlossene Landmasse, auch in Nord-Süd-Richtung, dar. Links von "Gronlandia" steht "Ulteriora-Incognita", darunter "Terra Bacallao", eigentlich de bacallaos (Kabeljauland), die neuere portugiesische Form für Cortereal-Land (Neufundland).

Grönland war teilweise außer mit Spitzbergen und Thule identisch mit Island und Labrador. In der zweiten Hälfte des 15. Jahrhunderts finden wir auf Portolankarten des Mittelmeeres (z. B. auf der katalanischen Karte von 1480) und auf Globen eine "Insula viride" oder ". . . viridis" südwestlich Islands, die vermutlich auf Informationen in "Monumenta historica Norwegiae" zurückgeht.

Der Ausdruck "Portolankarte" wird im allgemeinen für die nautischen Karten des 13.–19. Jh. benutzt. Er bezeichnete ursprünglich jene Seehandbücher, deren sich die Seefahrer zur Vermeidung von Klippen und Untiefen bedienten. Der Name "Portolan" wurde später auf eine diesem Handbuch beigegebene Karte übertragen. HERODOTs Geschichtsschreibung macht es wahrscheinlich, daß es einen "Portolan" schon zu seiner Zeit gab. Spätere Seehandbücher, "Periplus" genannt, sind bis in das 6. nachchristliche Jahrhundert nachweisbar vorhanden gewesen. Danach fehlen solche Bücher. Es gab sie in ähnlicher Form im frühen Mittelalter in Italien und Katalonien. Bei allen Portolankarten fällt das Netz der Kompaßlinien auf. Sie entsprechen den wichtigsten Kompaßrichtungen und eigneten sich dazu, die von einem Punkt zu einem anderen grundsätzlich zu steuernde Richtung der Karte zu entnehmen. Wie man den herrschenden Wind einzuschätzen hatte, findet man schon bei Ramon LULL aus Mallorca, der 1315 verstarb. Ein eindeutiges Zeugnis für die Benutzung einer Seekarte an Bord eines Schiffes finden wir in der folgenden Geschichte: "Im Jahre 1270 machte sich Ludwig der Heilige von Frankreich

---

1) siehe DREIJER (o. J.): Finnlands älteste Geschichte im neuen Licht. Ausblick, Jg. 34, Heft 3/4, S. 1–5

per Schiff zu einem Kreuzzug auf. Zwischen Aigues Mortes und Cagliari herrschte ein Sturm. Die Flotte und der König befürchteten, daß sie weit vom Kurs abgekommen seien. Die Steuerleute holten jedoch ihre Karten hervor und zeigten ihm, daß sie nicht mehr weit vom Hafen entfernt waren." Etwa gleich alt ist die älteste Seekarte, die "Carta Pisana" (bekannt nach ihrem Fundort Pisa), die sich in der Bibliotheque Nationale in Paris befindet. Das plötzliche Auftauchen dieser Karten und die Genauigkeit ihrer Küstenzeichnungen haben die Forscher seit jeher verblüfft und in zwei Lager geteilt. Die einen vertreten die Ansicht, daß eine solche Genauigkeit ohne lange Tradition undenkbar sei, und daß sie deshalb auf antiken Grundlagen beruhen müßten. Die andere Seite zieht eine Verbindungslinie zu der Einführung des Kompasses in der Mittelmeerschiffahrt, die nicht lange vorher stattgefunden haben kann. Die ältesten Seekarten im Norden (Mitte des 16. Jh.) treten nicht wie die italienischen Portolankarten des 14. Jh. als Übersichtskarten auf, sondern sind als Einzelkarten gesonderter, meist nicht sehr großer Küstenstrecken und Meeresgebiete entstanden. Auf der Portolankarte von Marino SANUTO (um 1320) ist Dacia und Dana (Dänemark) eine lange buchtenreiche Landzunge, welche die Ostsee gegen Westen begrenzt. Nördlich davon liegt eine kleinere längliche, von Norden nach Süden gestreckte Insel, genannt Ysland.

Die Bezeichnung "Grüne Insel" findet man noch im 18. Jahrhundert. Der Name "Grönland", in welcher Form auch immer, war in allen Sprachen das Äquivalent für "Grüne Insel". SCHÖNERs "Insula viridis", 1520, liegt allerdings auf dem Breitengrad von Südirland, so daß nicht genau erkennbar ist, ob damit wirklich Grönland gemeint war. Das gleiche bezieht sich z. B. auf Isla Verde nahe Trinidad, vermutlich Tobago, auf Peter MARTYRs (1459–1526) Sketch-Karte von 1511. Der Name "Grüne Insel" ist im 16. und 17. Jh. im mittleren und östlichen Teil des Atlantik recht gebräuchlich. Pierre DESCELLIERs (1487–1553) zeigte sie 1546 als Spitze von Labrador, aber zu weit östlich plaziert, in der Nähe von St. Brandan. Auf der Weltkarte von Peter APIAN (1545) ist Nordamerika ziemlich schmal und endet im oberen Teil mit einem dünnen Erdband, das – wie bei Jacob ZIEGLER – den wenig schmeichelhaften Namen "Baccalearum" führt.

VI. Islands kulturelle Beziehungen mit Europa im Mittelalter

Der bedeutende Geograph ADAM von BREMEN (gest. ca. 1075) ist die erste Quelle, die von den isländischen Entdeckungen in Vinland berichtet. Von ihm wissen wir, daß er unter dem Erzbischof Adalbert (1043–72) um das Jahr 1067 als Domherr nach Bremen kam und die Erforschung der nördlichen Geschichte betrieb. Trotz der regen Missionstätigkeit an dieser Stadt, dem Zugriff zur Dombibliothek und den Berichten der zahllosen Freunde bekam er nicht genügend Informationen von den nahen und fernen Inseln. So bediente er sich des Dänenkönigs Sven Estrithson bei seinem Aufenthalt in Roskilde, der "die ganze

Geschichte der Barbaren (der nördlichen Völker) in seinem Gedächtnisse als wenn sie darin geschrieben wären, bewahrte." Erzbischof Adalbert war so an Erzählungen über Island interessiert, daß er sogar versprach, selbst nach Island zu kommen, woraus allerdings nichts geworden ist.

Die Nachrichten, die ADAM von BREMEN um 1070 aus Dänemark nach Deutschland brachte, kamen vorher über Island und Norwegen nach Dänemark. Ein Träger dieser Berichte war Gellir THORKELSSON, der auf der Heimkehr von einer Pilgerfahrt nach Rom in Dänemark starb. Sein Sohn Thorkell GELLISON war in Grönland gewesen und wurde von Ari, dem Geschichtsschreiber, als ein Zeuge für die älteste Geschichte Grönlands sowie für die Erwähnung Vinlands im "Islendingabók" angeführt. Der Bericht des Bremer Domherren gehört zu den ältesten Zeugnissen über die Entdeckungen der Wikinger in Amerika. Grönland ist nach ADAMs Vorstellungen eine Insel im nördlichen Ozean, von Norwegen ungefähr ebenso weit entfernt wie Island (5–7 Tage). Er erwähnt, daß aus Grönland und Island und den Orkney-Inseln Gesandte nach Bremen kamen, um sich dort Prediger des Evangeliums zu erbitten. "So wichtig und bedeutend seine Mitteilungen über die nordische Geschichte sind, so unkritisch erweist er sich als Geograph, indem er ohne weiteres seine Lesefrüchte, namentlich aus dem 'Polyhistor Rerum totu Orke' des C. Julius SOLINUS, verwendet, und die sonst woher empfangenen Nachrichten dadurch mit höchster Naivität aufputzt" (Karl WEINHOLD, Wien 1871).

ADAM von BREMEN gibt aber einen Eindruck davon, wie fern die Insel im Nordatlantik dem Bewußtsein und Wissen des Kontinents lag. Die Weltoffenheit der Inselbewohner dieser Zeit dagegen wird vom isländischen Nobelpreisträger Halldór LAXNESS treffend geschildert: "Die große Welt ist für uns Isländer seit dem Mittelalter kleiner geworden. Das damals 200 Jahre alte Siedlervolk auf dieser abgelegenen Insel fühlte sich im 11. Jh. weder so klein noch so allein wie später. Es hatte viele Handelsbeziehungen mit Skandinavien und den Inseln im Westen (dem heutigen Großbritannien) wie nachweislich auch mit der französischen Atlantikküste (der Normandie). Um sich eine höhere Kultur zu schaffen, sandte es seine auserkorenen Söhne zum Festland. Zu jener Zeit war die gebildete Welt nicht in nationale Provinzen geteilt wie heute. Das Latein war das überall geläufige Medium der abendländischen Bildung, sowohl in Haukadal, wo Ari, 'der Gelehrte' (1067/68–1148) studierte, Bö in Borgarfjord, wo der Franzose Rudolf (gest. 1052) der Schule der Borgfördinger vorstand, als auch im deutschen Herford, wo Isleif, Skálholts erster Bischof, studierte, und in Paris, wo der gelehrte Samund diese Sprache so viele Jahre sprach, daß er seine Muttersprache vergessen hatte, als seine Freunde hinunterfuhren, um ihn nach Hause zu holen..."[1]

SAXO GRAMMATICUS (gest. um 1208) schrieb auf Veranlassung von Erzbischof Absalom seine dänische Geschichte (Historia Danica) und beschrieb dabei auch

---

1) siehe KÖHNE (1971)

Island. Dort heißt es u. a.: "Westlich von Norwegen findet man eine Insel, welche "Eisinsel" heißt, vom grossen Ozean umspült, schon lange bewohnt, und berühmt wegen ihrer Eigenschaften, welche über die Grenzen des Glaubhaften hinausgehen, und wegen der Wunder an ungewohnten Vorkommnissen. Dort ist eine Quelle, welche durch die Kraft dampfenden Wassers die natürliche Beschaffenheit jeglichen Gegenstandes zerstört. Denn was von dem Dampfe derselben berührt wird, das wird hart wie Stein ... Daselbst sollen auch verschiedene andere Quellen sein, welche teils vom fliessenden Wasser Zufluss haben und aus den gefüllten Becken überfliessen oder eine Menge von Tropfen in die Höhe schleudern, teils in heftigen Strudeln, nachdem sie kaum sichtbar geworden, durch unterirdische Abflüsse wiederum in die Tiefe verschwinden ... Auf dieser Insel befindet sich ein Berg, welcher der Sonne (?) infolge fortgesetzter Glut ähnlich, fortwährend brennt und Feuer speit." Wenn auch seine Beschreibung von Island vieles übertreibt und ungeordnet ist, so gab es zu dieser Zeit nichts Vergleichbares in Bezug auf Einzelheiten, die zweifellos von Isländern selbst stammen. SAXO gibt auch die ältesten vorhandenen Hinweise über die Bewegung der Gletscher. In einem lateinischen Buch über norwegische Geschichte, welches in Schottland gefunden wurde (Symbolae ad historiam antiquorem rerum Norvegicarum), das wahrscheinlich um 1230 verfaßt wurde, sagt der Verfasser zunächst, daß die Insel ihren Namen von den vielen Gletschern hätte, die man vom Meere aus von weitem sehe, und die den Seeleuten als Orientierung diene. Da sei der Casuleberg (Hekla), sagte er, welcher bei Erschütterungen sich ebenso erhebe wie der Ätna, und er berichtete auch von einem unterseeischen Feuerausbruch, womit vermutlich der von 1211 gemeint ist, der in den Königsannalen von 1578 beschrieben wird. Von einem derartigen Ereignis um 1275 ist auch im "Chronicon de Lanercost" die Rede.

Roland KÖHNE (1971) schreibt: "Es gab im 11. Jh. schon eine isländische Latinität; und wenn Island auch ganz an der Peripherie der 'Heimskringla' lag, d. h. des 'Orbis Terrarum' mit dem Petersdom als Mittelpunkt, so fühlten sich die Isländer doch als gleichberechtigte Bürger dieses Weltkreises, dessen Grenzen sie selber noch durch die Besiedlung Grönlands und die Entdeckung Amerikas ins Niegeahnte erweitert hatten." Auch Isländer beteiligten sich an Pilgerfahrten nach dem Heiligen Land. Isländer gingen auch an den Hof nach Konstantinopel, das sie "Mikelgardur", d. h. "der große Garten", nannten. Der byzantinische Herrscher hielt sich eine Zeitlang sogar eine isländische Leibwache. Das Christentum war noch jung, und man glaubte an Vergebung der Sünden, wenn man nach dem Süden wanderte. Anders als im norwegischen Mutterland, wo die Mission vorwiegend von Engländern getragen worden war, dominierte auf Island der deutsche Einfluß, offenbar schon bevor die kirchliche Erschließung und Betreuung der Insel offiziell vom Erzbistum Bremen beansprucht wurde, was spätestens seit dem Anschluß des Normannen Rudolf und seiner Beauftragung für Island der Fall war, der dort seit etwa 1030 lebte.

Zur Blütezeit des alten Freistaates (930–1262) lag der isländische Handel noch in den Händen der Isländer. Die Einwohnerzahl um die Jahrhundertwende des 11. Jh.

wurde immerhin auf 80.000 geschätzt, was einem Drittel der damaligen Einwohnerzahl Norwegens entsprach. Häuptlinge und Bauern unternahmen aus eigener Initiative Handelsfahrten ins Ausland. Während der Zeit des Freistaates kann man die Fahrten der Isländer nach ihren Zwecken in 3 Gruppen einteilen:

1. Fahrten, um sich Vergnügen und Lebensunterhalt zu verschaffen,

2. Fahrten, um sich der Rache zu entziehen,

3. Reisen zur Ausbildung und zur Bischofsweihe.

Als das "Goldene Zeitalter" 1262 unterging, hatte Island keine Flotte mehr, und der Handel war weitgehend in norwegische Hände gekommen. Um 1408 begannen die Engländer nach Island zu segeln, anfänglich seiner Fischgründe wegen. Sie erkannten aber bald auch die guten Handelsmöglichkeiten. Die Engländer mußten dann nicht nur gegen die dänische Widerstandspolitik kämpfen, sondern auch gegen auftretende Konkurrenz, denn allmählich erschienen dänische, niederländische und vor allem deutsche Kaufleute auf der Insel. Schon um 1425 mochten die ersten Hanseaten auf direkter Fahrt nach Island gekommen sein, 8 Jahre später kamen Kaufleute aus Danzig und einige Jahre danach erst wieder aus Lübeck.

Islands Gelehrte hatten, seitdem es kurz nach der Mitte des 11. Jahrhunderts mit Isleifur Gizurarson den ersten isländischen Bischof gab, direkte Verbindungen mit den wichtigsten Kulturzentren in ganz Europa. Anfänglich kamen die christlichen Lehren vor allem aus England, mit dem man lange Zeit enge Beziehungen mannigfaltiger Art unterhielt. Isleifur dürfte bei seiner Anwesenheit am Kaiserhof von Heinrich III. (1056), wo er einen weißen Bären aus Grönland übergeben haben soll, und danach, auch Papst Leo über Island berichtet haben. Er kam mit seinem Vater um 1020 nach Deutschland, besuchte die Schule in Herford und wurde im Jahre 1056 in Bremen zum Bischof gewählt. Schon einige Jahre vor Isleifur war bereits der isländische Häuptling Gellir THORKELSSON in Rom, der danach in Roskilde Sven Estrithson über die Entdeckungen der Wikinger in Vinland berichtete.

Die ersten Bischöfe studierten außer in Deutschland auch in Frankreich. Wenn auch die geistigen Beziehungen zu Skandinavien am engsten wurden, so rissen die direkten Verbindungen isländischer Gelehrter und anderer Reisender zu den Britischen Inseln und zum europäischen Kontinent nicht ab. So fand auch ein reger Austausch geographischer Informationen statt, die in den Karten ihren Niederschlag fanden. Daß auch Rom und die Kurie über Island und Grönland auf das eingehendste aus erster Hand unterrichtet waren, ist unbestritten. Isländer und Grönländer sind regelmäßig nach Rom aufgebrochen. Wie man einige Jahrhunderte später dort genau Bescheid wußte über das christliche Abessinien, die Thomas-Christen in Asien und den Großkhan in Khanbalik und über das seltsame Land China, so war man im Vatikan um diese Zeit auch über die nordischen Länder zweifellos bestens informiert. Aber leider schweigen noch viele alte Quellen. Die Beschreibung des Reiseweges durch Norddeutschland nach Jerusalem vom isländischen Abt Nikolaus aus dem Jahre 1150 war wohl der erste Beitrag Islands zur Reiseliteratur. Er ist gleichzeitig das zweitälteste der heute noch bekannten Dokumente, die von der Existenz der Stadt Hannover berichten.

Die Gudmundarsage, die vom Abt ARNGRIMR (gest. 1361) geschrieben wurde, gilt als die einzige vorhandene allgemeine Beschreibung Islands aus der alten Zeit, "das die Bücher Thile, die Normannen aber Island nennen ... Das Land ist allenthalben von der See umgeben, aber am meisten Buchten schneiden im Osten und im Westen in dasselbe ein ... So ist Island an manchen Stellen im Norden an der Küste gestaltet, dass dort grosse Berge von so mächtiger Höhe stehen, dass sie an einigen Stellen weit über hundert Klafter hinausgeht."

Im Dutzendverzeichnis (ein Dutzend = 12 Meilen), "tylftatal" genannt, das um 1312 abgefaßt sein soll, wird angegeben, wie weit Island von anderen Ländern entfernt liegt, wie weit es um das Land herum und zwischen den beiderseitigen Ufern der wichtigsten Fjorde zu segeln ist. Als Maßstab wird eine Seefahrt von einer Tagesreise zugrundegelegt. Vom Dutzendverzeichnis sind vier Abschnitte im "Diplomatarium Islandicum" abgedruckt. Die Umseglung Islands ist im Verzeichnis auf 7 Tage bemessen worden.

Im LANDNAMABOK heißt es: So sahen kluge Männer, daß es von Kap Stad in Norwegen nach Kap Horn in Ostisland sieben "daegr sigling" westwärts sei und von Snaefellsnes nach Grönland, dort wo die Entfernung am kürzesten ist, vier "daegr" Hochsee nach Westen. Und so wird berichtet, daß man, will man von Bergen rechtswest nach Hvarfl auf Grönland segeln, eine "tylft" südlich an Island vorbeisegeln muß.

Das daegr ist zweifelsohne eine Zeiteinheit. Es ist aber umstritten, ob sie 12 oder 24 Stunden umfaßt.

VII. Mythische Inseln im Nordatlantik

"Das Meer ist Raum der Hoffnung und der Zufälle launisch Reich", weiß der Chor in Schillers "Braut von Messina". Das Meer hat die Phantasie der Kartographen und die der Künstler ebenso beflügelt wie den Geist der Abenteurer. Es hat Mythen geschaffen und ist selbst zum Mythos geworden. Der Mythos ersetzte für die frühen Zeiten der Geschichte die historischen Berichte der späteren Epoche.

Die Monstren pflegten schon Seefahrer beim Durchfahren der Straße von Messina zu HOMERs Zeiten zu packen. Odysseus, dem Listenreichen, gelang es trotzdem, den beiden Meeresungeheuern Skylla und Charybdis zu entrinnen; ihnen den Garaus zu machen, gelang ihm freilich nicht. Aber schon ARISTOTELES wollte HOMERs Erzählung nicht recht glauben.

Noch 1970 schrieb Charles BERLITZ sein Buch "Das Bermuda-Dreieck", in dem er die phantastische These aufstellte, daß vor dem Golf von Mexiko ein Seegebiet läge, in dem überirdische Kräfte Schiffe und Flugzeuge spurlos verschwinden lassen.

Viele hundert, vielleicht sogar tausend Jahre, bevor die meisten Inseln des westlichen Atlantik im 14. und 15. Jh. entdeckt oder wiederentdeckt worden sind, haben einige bereits in der Vorstellung existiert. Es gibt viele Bezüge durch Schriftsteller des Altertums wie HERODOT, PLATO, THEOPOMPUS, POSEIDONIUS, STRABO, SENECA, PLINIUS und PLUTARCH u. a. In PLATOs "Kritias" ist bekanntlich von einer Insel "Atlantis" die Rede. Die Diskussion über diese geheimnisvolle Insel hatte erneut wenige Jahrzehnte nach der Entdeckung Amerikas durch KOLUMBUS begonnen. Seither ist eine unübersehbare Flut von Büchern darüber erschienen. Otto H. MUCK (1978) gibt ihre Zahl mit 25.000 an. Selbst Voltaire wie auch Buffon glaubten an die Existenz dieser Insel. Sie war sogar auf der von KOLUMBUS benutzten Karte von TOSCANELLI eingezeichnet. Atlantis-Experten haben die verlorene Insel sogar außerhalb des Mittelmeeres zu finden geglaubt, während man sie heute mit der griechischen Insel Thera gleichsetzt. Ein Vulkanausbruch auf ihr muß so gewaltig gewesen sein, daß dadurch riesige Massen vulkanischen Staubes auf Kreta niederfielen. Daß Atlantis westlich der "Säulen des Herakles" war, versucht der Amerikaner und Enkel des Begründers der Berlitz Schools, Charles BERLITZ (1984), durch folgende Feststellungen zu untermauern: Die Basken halten sich für die Nachkommen der Bewohner von Atlantis, das sie Atlaintika nennen. Den Wikingern war "Atli" ein märchenhaftes Land im Westen. Alte indische Schriften sprechen von "Attala", einem Kontinent im westlichen Ozean. Jenseits des Ozeans glauben die Azteken von der (für sie östlich gelegenen) Insel "Aztlan" zu stammen. Alle diese Namen lassen nach Ansicht von BERLITZ zumindest den Schluß zu, daß Atlantis keine literarische Erfindung PLATOs war.

In den schillernden Darstellungen Marco POLOs finden sich alle Güter der Schöpfung. Es gab demnach fast 13.000 Inseln im Indischen Ozean mit Bergen voll Gold und Perlen und 12 Sorten von Gewürzen in unermeßlichen Mengen.

Für die Festlandseuropäer verwischten sich noch die Unterschiede zwischen den wirklichen Entdeckungen der Seefahrer und den Erzählungen und Märchen von seltsamen Inseln. Eine der bekanntesten Insel-Legenden ist die vom irischen Abt und Seefahrer des 6. Jh., dem Heiligen BRENDAN. Er wurde vor allem als Titelheld der seit dem 9. Jh. belegten "Navigatio Sancti Brendani" bekannt, der einen Reisebericht aus den Jahren 565 bis 573 in lateinischer Sprache gibt. In dieser Geschichte kommen viele praktische Details vor, weitaus mehr als sonst in frühmittelalterlichen Texten. Da erfährt man auch allerhand über die Geographie der Orte, an denen BRENDAN gewesen war. Die "Navigatio" berichtet von verschiedenen Reisen entlang der Westküste Irlands, zu den der schottischen Westküste vorgelagerten Inseln, nach Wales. Andere, weniger sicher bezeugte Nachrichten sprechen von einer Reise BRENDANs nach Britannien, nach den Orkneys, den Shetlandinseln und den Färöerinseln.

Eine Reihe von Forschern hat darauf hingewiesen, wie sehr die Schilderung der Schafinsel in der "Navigatio" den Gegebenheiten auf den Färöern entspricht. Auch scheint sich diese Bedeutung im Namen Färöer bis auf den heutigen Tag bewahrt zu haben, denn das nordische "Faereyjaer" bedeutet Schafinsel.[1] Unabhängig davon gibt es verläßliche Anhaltspunkte für eine Besiedlung der Färöer durch irische Mönche in früher Zeit. Im Jahre 825 hatte ein gelehrter irischer Mönch am Hof Karls des Großen, DICUIL, mit der Abfassung eines geographischen Werkes begonnen, dem er den Titel "Das Buch von der Welten Maß" gab. Er wollte in diesem Sammelwerk alle Länderbeschreibungen aufnehmen, die von antiken Autoren aus der damals bekannten Welt überliefert waren. DICUILs Beschreibung über das Vogelleben auf den nördlichen Inseln könnte auf die Färöer zutreffen. DICUIL berichtet auch von regelmäßigen Besuchsfahrten nach einer Insel, die so hoch oben im Norden lag, daß während der Tage der Sommersonnenwende "die Sonne beim abendlichen Untergange sich nur wie hinter einem kleinen Hügel verbirgt, als in dieser kurzen Zeit keine Dunkelheit aufkommen kann, und jedermann das tun mag, nach dem ihm der Sinn steht, gleich als ob die Sonne noch am Himmel wäre, und einer sich selbst Läuse aus dem Hemd picken kann, und wäre man auf einem Bergesgipfel, so würde sich die Sonne wohl überhaupt nicht den Blicken entziehen." DICUILs Beschreibung kann sich nur auf ein Land beziehen, das mindestens so weit im Norden lag wie Island, wo die Mitternachtssonne im Sommer nur knapp unter den Horizont sinkt. Heute erinnern noch Ortsnamen wie Papey, Papyli, Papos und Papafjordur an diese Zeit.

Nach einer mehrfach dokumentierten Überlieferung, die auf authentischen, der Wissenschaft gut bekannten Lateintexten beruht, die bis in die Zeit um 800 n. Chr. zurückgehen, sind BRENDAN und seine Mönche mit einem Boot aus Ochsenhäuten nach Ländern weit im Westen gefahren. Danach soll BRENDAN Amerika ein Jahrtausend vor KOLUMBUS und 400 Jahre vor den Wikingern erreicht haben. Als die Nordmänner erstmals nach Grönland gekommen waren, fanden sie dort menschliche Behausungen aus Stein, dazu Überreste von Hautbooten und Werkzeug aus Stein. Der amerikanische Geograph Carl SAUER ist der Ansicht, daß sowohl die Hautboote als auch die steinernen Behausungen mehr auf Iren als Urheber schließen lassen als auf Eskimos.

Kartographische Zeugnisse aus Irland sind aus dieser Zeit nicht auszumachen, obgleich die irische Buchkunst zwischen dem 7. und 9. Jh. einen hohen Rang hatte. Sie gehören, wie Kenneth CLARK sagte, "zum Reichsten und Kompliziertesten", das es jemals an abstrakter Dekoration gegeben hat. Sie sind ausgearbeiteter und verfeinerter als alle isländischen Kunstwerke. Bereits dem Normannen Giraldus

---

1) siehe RUDOLPHI (1920b): Der Name Färöer. In: Mitteilungen der Islandfreunde VII 3–4, 1920, S. 60–67

CAMBRENSIS (1146–122.?) (Gerald de Barry) erschien das "Book of Kells" eher als "das Werk eines Engels und nicht eines Menschen". In seiner "Topographia Hiberniae" bezeichnete er die Insel Island als die größte aller nordischen Inseln, die 3 Tage Seefahrt nördlich von Irland entfernt läge.

Eine Insel Brendan finden wir auf alten Karten im Nordatlantik, am Äquator sowie im westlichen Teil des Ozeans. Es ist in geschichtlichen Quellen die Rede von BRENDANs Reise in den Norden, wo er einen hohen Berg erblickt habe, welcher von seinen Ufern bis zur Spitze wie ein Scheiterhaufen gebrannt hätte. Hat er vielleicht einen Vulkanausbruch auf Island wahrgenommen? Es sind von Experten wie Carl SCHMER rund 120 erhaltene lateinische Manuskripte der "Navigatio Sancti Brendani Abatis" – die in anderen Sprachen gar nicht gezählt – ermittelt worden. Wie andere alte Schriften war die "Navigatio" als praktisches (See-) Handbuch gedacht.

Das früheste Datum, zu dem solche Reisen von irischen Christen stattfinden konnten, muß nach der Bekehrung Irlands im frühen 5. Jh. liegen. Es ist zu vermuten, daß die Reise oder Reisen nicht zu Lebzeiten Sankt BRENDANs, 489–570 oder 583, unternommen wurden. Auf der anderen Seite liegt der späteste Zeitpunkt vor Beginn der Niederschrift der "Navigatio". Die am meisten verbreitete Version ist, wenigstens drei Seiten des Manuskripts der "Navigatio" dem 10. Jh. zuzuschreiben. Aber das war nur der Zeitpunkt, zu dem die Manuskripte tatsächlich niedergeschrieben wurden. Die eigentliche Zusammenstellung der Geschichte geschah höchstwahrscheinlich sehr viel früher. Der bedeutende Kenner der Kelten, Prof. James CARNEY, glaubt, daß die "Navigatio", soviel wir davon kennen, um 800 in lateinischer Sprache aufgeschrieben wurde, und daß eine einfachere Version vermutlich schon zu Lebzeiten von Sankt BRENDAN bestand. Er hat sogar Beweise dafür gefunden, daß BRENDAN selbst als Poet bekannt war. Vermutlich war die Brendan-Insel nichts anderes als ein riesiger Walfisch. Offenbar wurde der Heilige BRENDAN nur durch einen unbekannten Umstand zum Kristallisationspunkt, um den sich die Unzahl der im irischen Volk umlaufenden Seesagen verdichteten. Immerhin war die Brendan-Insel fast 1200 Jahre auf Karten zu sehen. Zwischen 1487 und 1759 sind zahlreiche Expeditionen unternommen worden, um die sagenhafte Insel zu finden. Die Portugiesen hatten sie im 15. Jh. sogar an den Katalanen Luis Pardigen abgetreten. Die St.-Brendan-Insel ist wahrscheinlich zuerst auf der Ebstorfer Weltkarte (ca. 1235), die dem englischen Gelehrten GERVASE aus Tilbury zugeschrieben wird, der in Bologna Jurisprudenz lehrte, erschienen. Der entsprechende Hinweis lautet: "Insula perdita: Hanc invenit Sanctus Brandanus a qua cum navigasset a nullo hominium postes est inventa." Auf der Hereford-Karte von Richard de HALDINGHAM, die Ende des 13. Jh. fertiggestellt war, heißt es: "Fortunate insulae sex sunt Insulae Sct. Brandani". In beiden Fällen liegt St. Brandan in der Nähe der Kanarischen Inseln. Die nächste bekannte Karte, die Portolankarte von DULCERT, 1339, spricht von "Insulle sa Brandani sine prelan". Hier liegt die Insel in der Nähe von Madeira, ebenso auf einer anonymen Karte von ca. 1350 (MS 25, 691 British Museum) und der PIZZIGANO-Karte von 1367, der GUILLERMO-SOLER-Karte von 1380 und 1385, Battista BECARRIO von 1426 (Insulle fortunate saneti brandany) und danach u. a. auf dem BEHAIM-Globus, bei ORTELIUS und MERCATOR. Portugiesische Kartographen begannen erst Mitte des 16. Jh. die Insel zu zeigen (Diogo HOMEM 1558, André HOMEM 1559).[1]

In einem anonymen Atlas von ca. 1585, der sich im Besitze der Hispanic Society of America in New York befindet, erscheint die Insel S. Bordam an einer Stelle, wo sonst die Insel Breton zu finden ist. Es ist anzunehmen, daß verschiedene Kartographen die Insel Breton und Bermuda auf Grund von Namensähnlichkeiten mit St. Brendan verwechselt haben. In einigen Fällen, so bei Diogo HOMEM (1561) finden wir beide Inseln S. Brandam und la Bermuda gleichzeitig. Auf den Karten von Bartolomeu LASSO von 1590 und ca. 1588, der Planisphere von Turin (1523) sowie auf Karten von Alonso de SANTA CRUZ und Sebastian CABOT finden wir östlich von Labrador eine Insel San Bernaldo.

Auf Vaz DOURADOS letztem Atlas von 1580 findet man "Ila desconida" an gleicher Stelle, wo man auf seinen anderen Atlanten Bermuda findet. In vielen dieser Karten sieht man auch eine Insel S. Brandam östlich und nordöstlich von Madagaskar. Sie wird auch auf portugiesischen "roteiras" aus dem XVII. Jh. erwähnt, manchmal als Brandoa, die der kleinen Coco Island, der südlichsten Insel der Baixo dos Garajaus entsprechen muß. In einer Legende der berühmten 1929 bei der Einrichtung des Topkapi Sarayi Muzeri wiederentdeckten Piri REIS-Karte von 1513, deren Autor die verschollene KOLUMBUS-Karte angeblich besessen hatte, heißt es, daß der Heilige BRENDAN sieben Meere durchfahren, einen Fisch für Land gehalten und auf ihm Feuer gemacht hätte. "Diese Dinge wären nicht von den ungläubigen Portugiesen erzählt worden, sondern wurden von der 'alten Mapa Mundus' überliefert."

An den heiligen BRENDAN erinnert auch die Karte des indischen Kartographen Mecia de VILADESTES aus Mallorca (1413), die eine Kogge in Richtung Island zeigt, deren Anker auf einen großen Fisch gerichtet ist. Vor ihr befinden sich zwei Seeleute in einem kleinen Boot, die sich bemühen, einen Wal zu fangen. An Bord befindet sich ein Bischof, der vermutlich den irischen Heiligen verkörpern soll. Auch auf Georgi SIDERIs Karte von 1565 tragen Madeira und die Azoren die Bezeichnung 'Insule Fortunate Sancti Brandani' und liegen auf einem der Küste zu nahen Meridian.

Aber auch andere mythische oder zweifelhafte Inseln des Nordatlantik sind schon sehr früh in die Kartographie gelangt. Im allgemeinen geschah das als Beitrag und Hinweis auf vergessene Reisen, obgleich wir nichts über Zeit und Ursprung wissen. Andere Inseln sind das Produkt von Trugbildern, Meeresspiegelungen, Phantasien von Seefahrern und Aberglauben. Eine Ausnahme bilden die Inseln Estotiland und

---

1) siehe CORTESAO (1969): History of portugese carthography, Vol I, Lissabon 1969

Drogeo, die erst 1558 von ZENO eingeführt worden sind.[1] Der Atlas von Icollaus PASQUALINI, Venedig 1408, zeigt auf einer Karte des östlichen Atlantiks bereits etliche Inseln, darunter auch einige, die der Phantasie entsprungen sind. Erstmals wird hier Madeira genannt, wobei allerdings nicht feststeht, ob der Name nicht später hinzugefügt wurde.

Eines der interessantesten Phänomene in der Geschichte der Kartographie ist die Insel Brazil. Seltsamerweise erscheint der Name in keiner nordischen Sage, obgleich die Beziehung zur skandinavischen Besiedlung auf katalanischen Karten des 15. Jh. deutlich wird. Es ist nicht ausgeschlossen, daß der Name einer Insel Brazil vor Neufundland ein Beweis dafür ist, daß Iren nach den Wikingern in Amerika gewesen sind. Die Insel Brazil erschien nämlich nachweislich zuerst auf Angelino DALORTOs Karte von 1325 als Landscheibe westlich von Irlands Südspitze. Seitdem erschien die Insel in verschiedenen Schreibweisen (Brasil, Bersil, Brazir, o'Brasil, o'Brassil, Breasdil u. a.). Auf der Karte von NICOLAY (1560) liegt die Insel deutlich in amerikanischen Gewässern als Teil eines Archipels von Neufundland. Die Erscheinung der Insel in der Nähe von Grönland und als Ersatz für Markland läßt sich nicht leicht erklären, umso weniger, als im 15. Jh. ein zweites Brazil auf den Karten in der Mitte des Atlantiks erscheint, so wie es auf der BIANCO-Karte von 1448 auch zwei Azoren-Inseln gibt. In ihrem Ursprung könnte Brazil auf eine vulkanische Insel hindeuten und auf "brazier" für Feuerschale beruhen. Später brachte man den Namen mit dem indischen Räucherholz, dem Brasilholz, in Verbindung. Der portugiesische Name des roten Holzes verwob sich dann mit der sagenhaften Insel, so daß auch die südamerikanische Nordküste diesen Namen erhielt.

Nico ISRAEL aus Amsterdam erwähnt in seinem Jubiläumskatalog von 1980 einen Atlas von Juan MARTINEZ (ca. 1575) mit 5 Portolankarten. Auf der Westeuropakarte befinden sich im Atlantik außer Großbritannien und Irland die Inseln Stilanda, Gorlanda, Frixlanda, Illaverda, Illabrazil und Illa de mydi.

A. F. NORDENSKIÖLD meinte, daß die Bezeichnung "Rovercha" auf der Karte von Andrea BIANCO (1436) mit Walrossinseln zu übersetzen sei und bestimmt auf Grönland hinweise.[2]

In der Zeit von 1424–1500 hat es über 20 Karten gegeben, auf denen der Name Antilia in dieser oder ähnlicher Form verzeichnet ist. Es wird von einigen Wissenschaftlern nicht einmal ausgeschlossen, daß es sich auch in einigen Fällen um

---

1) Das sagenhafte Rungholt an der nordfriesischen Küste allerdings hat bis 1362 wirklich existiert, wurde aber dann von der "grote Mandränke" überschwemmt. Das wurde jedoch erst im Jahre 1921 bekannt.
2) vgl. FISCHER (1902): Die Entdeckungen des Normannen in Amerika, Freiburg 1902, S. 108
NORDENSKIÖLD (1889): Faksimile Atlas to the Early History of Cartography, Stockholm 1889, S. 53

Grönland gehandelt haben könnte. Auf der Atlantik-Karte des MEDICI-Atlas (1358) finden wir südlich von Ingildaculi (Island) und westlich der portugiesischen Küste eine Insel namens Corois Marinis (Rabeninsel), die die Azoren darstellen soll. Der Name beflügelte die Phantasie von Historikern, die eine sehr gewagte Verbindung zu der Sage von Floki über die Raben sehen wollen. Sie vermuten, daß wegen der Namensnennung nach einem nordischen Vogel die Azoren ursprünglich von Wikingern entdeckt worden wären. Der Name Ingilda culi könnte sich, wie sie meinen, aus Ingill und Hacele zusammensetzen und sich — bei sehr großzügiger Auslegung des zweiten Wortes — auf den Vulkan Hekla beziehen.

Die 19 m aus dem Atlantik ragende Granitnase Rockall, südlich von Island und westlich der Hebriden mit einem Durchmesser von 33 m wurde vor 400 Jahren entdeckt, aber erst 1810 kartographisch exakt aufgenommen. Der isländische Professor Thordur THORODDSEN berichtete in der dänischen "Geografisk Tidsskrift" (1901–02) über die Insel Grimsey, die 1024 zuerst als gemeinsamer Besitz verschiedener Bauern des Nordlandes erwähnt wurde. Es heißt dann "im Jahre 1372 erblickte man eine kurz vorher entstandene Insel nordöstlich von Grimsey". Auf einer Karte von Johannes RUYSCH (gest. 1533) aus dem Jahre 1507 ist zwischen Island und Grönland eine Insel angegeben, bei der der Hinweis steht: "Insula haec anno 1456 fuit totaliter combusta".

VIII. Stillanda, Fixlanda, Frislanda

Anfang des 14. Jahrhunderts wird auf Seekarten nördlich der Britischen Inseln Land gezeigt, das vermutlich Shetland darstellen soll. Der Name "Shetland" ist eine Verballhornung, die aus "Hjaltland" entstanden ist, wie die Wikinger diese Inselgruppe nannten. Dokumente machen deutlich: Der ursprüngliche Name wurde in der Folgezeit zu Hjátland, Hetland und Zetland. Die schottischen Shetland- und Orkney-Inseln wurden für die Wikinger zu einer beliebten Zwischenstation, die nach Westen oder Süden weiter wollten. Sie nahmen damals eine fast zentrale Stellung im südlichen Nordmeer ein, aber sie boten auch Seefahrern, die kolonisieren wollten, willkommenen Aufenthalt. Da war vor allem die Südspitze der Hauptinsel Mainland, die sich zu einer Bucht gabelt und die für die flachen Schiffe der Wikinger nahezu ideale Landemöglichkeiten bot. Daß die Shetland-Inseln und die Orkneys nicht ähnliche Gemeinwesen wie Island und die Färöer aufgrund der Besiedlung durch die Wikinger aus Norwegen waren, lag an der leeren Geldschatulle, über die König Christian I. immer zu klagen hatte. Als er nämlich 1469 seine Tochter Margarete mit König James III. von Schottland verheiratete, gab dieser dänisch-norwegische König seinem Schwiegersohn anstelle einer Mitgift von 60.000 Gulden dieses Inselarchipel zum Pfand und löste es nie mehr aus.

Auf der Portolankarte von Angelo DALORTO (wahrscheinlich einem Genueser) von 1325 oder 1330, sind zwei Inseln nördlich von Schottland — Sialanda und

Insula Ornaya – zu sehen. Auf der Seekarte von Angelino DULCERT (1339) und der Katalanischen Weltkarte von 1375 ist eine unleserlich bezeichnete und unvollständig dargestellte Insel, deren Name "Insula Stilland" oder "Istilanda" sein könnte, sowie "Insula Orchania" und "Insula Chatenes" zu sehen. Ohne Zweifel sind damit die Shetland-, Orkneys- und Caithness-Inseln gemeint. Von der ersten sagt die Legende, daß es dort einen König gebe, der die norwegische Sprache beherrsche und dort 6 Monate Tag und 6 Monate Nacht wäre.

Gegen Ende des 15. Jahrhunderts treten auf einigen Karten Verwandlungen in der Weise ein, daß die bisherige Insel Stillanda durch ein rechteckig dargestelltes Land nördlich von Irland ersetzt wird. Es hat entweder seinen Namen Stillanda behalten, oder es heißt Estillanda mit unterschiedlicher Schreibweise. Einige der Karten enthalten sogar Ortsbezeichnungen, die trotz schwer auszumachender Bedeutung auf Island schließen lassen. Aber schon Mitte des 15. Jahrhunderts hatte auch ein anderer Wechsel stattgefunden. Stillanda verschwindet, und an ihrer Stelle erscheint ein neues Land, das mit Island identisch sein muß. Auf einer katalanischen Portolankarte, die sich in der Biblioteca Ambrosiana in Mailand befindet und aus der 2. Hälfte des 15. Jahrhunderts stammt, trägt ein Land nordwestlich von Irland den Namen "Fixlanda". Die Weltkarte von Fra MAURO (gest. 1459) von 1457 bis 59 zeigt den östlichen Teil eines Landes mit dem Namen "Ixilandia". Die drei Ortsbezeichnungen sind bei unterschiedlicher Schreibweise auch auf der katalanischen Karte der Biblioteca Ambrosiana zu finden. Wenn auch der Name sehr unterschiedlich ist, so ist anzunehmen, daß eine Insel in gleicher Position, die sich auf der Karte von Juan de la COSA, dem Piloten von KOLUMBUS (gest. 1510) – datiert 1500, vollendet einige Jahre später – verzeichnet ist, den Namen Frislanda trägt. Diese Karte wurde übrigens 1832 von Baron Walckenaer für einen Spottpreis erworben und nach seinem Tode dann für 4200 Peseten an die spanische Regierung verkauft. Sie befindet sich jetzt im Museo Naval in Madrid und wurde im Stil der früheren Portulanen mit Rhomben, Windrosen und Entfernungsmaßstab versehen. Sie besteht aus 2 Teilen, die einander entgegengesetzt scheinen. Auf der einen Seite die Alte Welt mit dem Kap der Guten Hoffnung als letzter Entdeckung (1488), auf der anderen die Länder der Neuen Welt. Dabei weist die Alte Welt einen kleineren Maßstab auf als die Neue. Einiges spricht dafür, daß es sich nicht um das Original, sondern um eine Kopie der Karte de la COSAs handelt.

Der isländische Kartenexperte Haraldur SIGURDSSON (1971, S. 258) vermutet eine Wortkorrumpierung von Stillanda: das "s" wurde zu "f", das "t" zu "r" und "i" zu "s", was zu der damaligen Zeit nichts Ungewöhnliches war. Es dürfte eine überzeugendere Erklärung für "Frisland" sein als das Ergebnis einer Wortverstümmelung aus Fishlanda, wie Engländer angeblich Island genannt hätten oder als Ableitung von Färöer (Fär-Islanda) oder gar von "Frostland". Noch heute ist jedenfalls der genaue Ursprung des Namens Frislanda ein Rätsel, und als Name ist er nirgendwo anders als auf Karten zu finden. Haraldur SIGURDSSON kommt auf 70 Hinweise, die den Namen Stillanda, Stil(l)landa, Stillant, Estilanda, Scitilant,

Ystillandia, Sillant, Istilanda, Fixlanda, Frislanda, Frixlan(i)a, Frixlanda oder Frixlada auf Karten tragen.

Der Fixlanda-Typ verriet gute Kenntnisse isländischer Gegebenheiten, insbesondere der zwei Buchten an der Westküste und den Inseln im Westen. Auf der Ambrosiana-Karte und späteren Karten katalanischen Ursprungs gibt es eine Reihe von Ortsnamen, die vielfach die örtlichen Verhältnisse oder Landschaften beschreiben. Es wird vermutet, daß die Kartenmacher vom Mittelmeer die Informationen von englischen Seeleuten erhielten, die in den ersten Jahren des 15. Jahrhunderts in der Schiffahrt nach Island aktiv wurden. Man kann also davon ausgehen, daß der Fixlanda-Typ von Karten in England seinen Ursprung hatte, die in der unverfälschten Form von etwa 1412–1457 gezeichnet wurden. Aber nicht immer ist mit Fixlanda nur Island gemeint gewesen, denn auf einigen Karten liegt diese Insel nur in der Nähe von Island, und seit Beginn des 16. Jahrhunderts war Fixlanda in der Regel nicht mehr mit Island identisch. Die Position von Fixlanda hatte aber entscheidenden Einfluß auf die Plazierung Islands auf portugiesischen und französischen Seekarten bis zur Mitte des 16. Jahrhunderts.

Katalanische Kartenhersteller und jene, die in ihre Fußstapfen traten, hielten an dem Fixlanda-Typ unverändert bis zum Ende des 16. Jahrhunderts fest. Durch ZENOs berühmte Karte aus dem Jahre 1558 entstand eine Art Fixlanda-Renaissance in anderer Gestalt und unter dem Namen Frisland als Zwitter zwischen dem Fixlanda der katalanischen Seekarten und den Färöer-Inseln auf der Nordlandkarte von Olaus MAGNUS aus dem Jahre 1539. Das "Frisland" von ZENO, das also nicht mit Island identisch ist, hat sich dann bis zum 18. Jahrhundert als mythische Insel gehalten, auch wenn es schon lange vorher auf anderen Karten verschwunden war.

IX. Wiedergeburt der "Geographie" des PTOLEMÄUS in Italien

Die Rolle Italiens als Zentrum europäischer Kultur im 15. und 16. Jh. begünstigte auch die Entwicklung von Astronomie, Geographie und Kartographie. Schließlich gehörten mit KOLUMBUS und VESPUCCI bedeutende Italiener zu den Entdeckern, die die Kenntnisse fremder Länder verbreiten halfen. Im 15. Jh. waren in Italien nicht nur bedeutende Weltkarten, sondern auch zahlreiche Portolane entstanden.

Bereits im 13. Jh. liefen genuesische Schiffe aus dem Mittelmeer in den Atlantik aus, ihnen folgten ab 1317 auch venezianische. Die Genueser besaßen seit dem Jahre 1251 in Sevilla einen "FONDACO", wie die damaligen Handelshäuser genannt wurden, um den herum ein eigenes Stadtviertel entstand. Aus der Feder Petrarcas haben wir die Nachricht einer alten Überlieferung, daß "eine bewaffnete genuesische Flotte" zu den Kanarischen Inseln gelangte. Genuesische Dokumente oder Logbücher, die diese Legende bestätigen, gibt es allerdings nicht. Die Kanarischen Inseln tauchen aber bereits auf einer Seekarte, die DULCERT 1339 zeichnete, auf. Die heutige Insel Lanzarote heißt hier "Insula de Lanzarotus Marocelus", und neben dieser Beschriftung befindet sich das Genueser Wappen.

Das Mittelalter bildet in der Kulturgeschichte ein Nadelöhr, in dem die Erhaltung fundamentaler Texte oft an einem einzigen Manuskript hing. Die Mehrzahl der antiken Schriften ist nur durch einen singulären Archetypus überliefert. Wäre er verlorengegangen, dann hätten wir nichts von HERODOT, nichts von THUKYDIDES, nichts von POLYBIUS und nichts von TACITUS. Sie wären ebenso untergegangen wie die 700.000 Bücher der Bibliothek von Alexandrien. Die allermeisten Werke der hellenistischen und vorsokratischen Autoren sind verschollen. Von den über tausend namentlich bezeugten griechischen Historikern besitzen wir Werke von einem guten Dutzend, nach einer vorsichtigen und detaillierten Rechnung sind etwa 97,5 % der nachweisbaren Texte verlorengegangen. Dazu kommt noch eine Dunkelziffer von Autoren und Werken, die wir nicht kennen. Durch ein Nadelöhr ist auch das einzige bedeutende kartographische Werk gegangen, das uns aus der Antike noch bekannt ist und uns jetzt beschäftigen wird.

Kein Mathematiker und Astronom der Antike hat zu Ende des Mittelalters nach seiner Wieder-Entdeckung so nachhaltig auf die wissenschaftliche Fortentwicklung der Kartographie eingewirkt wie Claudio PTOLEMÄUS (um 100–178 n. Chr.) aus Alexandrien, der dort in den Jahren 127–151 n. Chr. lehrte. Die ihm zugeschriebene "Geographike Hyphegesis", allgemein in der Kurzform "Geographie" genannt, bildete lange Zeit die Grundlage des wissenschaftlichen Kartenzeichnens. Sie ist eine Einführung in die Kartographie der Erde. Unter dem Begriff "Geographie" verstand man in der Antike das Messen der Breiten- und Längengrade und deren Eintragung in die Karte, also das, was man im Grunde heute als 'Kartographie' bezeichnet. Die "Geographie" enthielt 350 astronomisch bestimmte, feste Punkte sowie an die 8.000 aus Reisebeschreibungen gewonnene Ortsangaben. PTOLEMÄUS' wirklicher geographischer Verdienst wird von namhaften Wissenschaftlern stark angezweifelt. Die Forschung nimmt heute an, daß die Karten, die der "Geographie" beigebunden waren, das Werk eines AGATHODAIMON waren, von dem man eigentlich nur weiß, daß er in Alexandrien gelebt, aber nicht, wann er gelebt hat.

Heute sind uns 52 Handschriften in griechischer oder lateinischer Sprache in zwei verschiedenen Fassungen bekannt. Sie gehen nicht weiter als ins 10. oder 11. Jh. zurück. Es ist nicht zu ergründen, ob die Karten Kopien von Karten sind, die PTOLEMÄUS wirklich gezeichnet hat, oder ob die Vorlagen erst aus einer viel späteren Zeit stammen. Einzig von der Weltkarte wird in den Handschriften gesagt, daß sie von AGATHODAIMON entworfen wurde.

Als die Türken in der ersten Hälfte des 15. Jh. von Adrionopolis aus in Richtung Konstantinopel vorzustoßen begannen, setzte hier eine Fluchtbewegung nach

Westen ein. Im Reisegepäck der Flüchtlinge befanden sich auch Abschriften der "Geographie". Das erste Manuskript soll allerdings schon 1400 nach Florenz gebracht worden sein. Das überraschende Aufblühen der Kartographie um die Wende vom 15. zum 16. Jh. ist zweifellos nicht zuletzt dem Umstand zuzuschreiben, daß die Handschriften zu Beginn des 15. Jh. in den Westen gelangten. Im Jahre 1410 stellte der Italiener Jacopo d'ANGELO die lateinische Übersetzung der "Geographie" als eigene Arbeit vor. Auch hier soll sich jemand mit falschen Federn geschmückt haben, denn in Wirklichkeit wird die Übersetzungsarbeit seinem griechischen Lehrer Manuel CHRYSOLORAS zuerkannt.

Als das Abendland mit dem Werk des PTOLEMÄUS bekannt wurde, waren die darin gebotenen geographischen Fakten zwar weitgehend überholt, doch galten die mathematischen Beiträge in den Augen der Italiener, vornehmlich der Florentiner, als Sensation. Zu keiner anderen Zeit entdeckte man so viele Hexen, Zauberer, Ketzer, Machenschaften des Teufels, die die Folterknechte und Henker in Atem hielten, die Scheiterhaufen zum Lodern brachten und das Gold der Gehenkten und Verbrannten als Dank für die Rettung der Seelen in den Säcken der Kirche klingeln ließen. Man darf nicht vergessen, daß der "DIALOGO" von GALILEI (1630) das erste Werk war, in dem das neue Weltbild sich in dieser Gesamtheit darstellte. Bis dahin gab es die Arbeiten des KOPERNIKUS und KEPLER, die sich auf die Astronomie beschränkten. Es gab Arbeiten, die nachzuweisen versuchten, daß die Bewegung der Erde nicht dem Sinne der Heiligen Schrift widersprach. Erst 1835 wurde der "Dialog" vom Index gestrichen.

Die PTOLEMÄUS-Übersetzung wurde 1475 in Vicenza ohne Karten und 1477 in Bologna mit Karten durch Thaddeo CRIVELLI gedruckt. Von der Bologna-Ausgabe kamen allerdings zunächst nur 500 Exemplare aus der Presse, die sich erst sehr langsam verkauften. Abgesehen von der ersten gedruckten Holzschnittkarte im Jahre 1472 in Augsburg und einer Welt- und Palästinakarte, die 1475 in Lübeck gedruckt wurden, handelt es sich um den ersten "Atlas" der Welt. Henry STEVENS (1908) führt insgesamt 61 PTOLEMÄUS-Ausgaben auf, die seitdem erschienen sind, die letzte 1730 in Amsterdam.

Als der älteste Kartograph des skandinavischen Nordens kann der schon genannte Däne Claudius CLAVUS (Claudius Clausson Svart, Claudius Niger, Claudius Cymbricus, Claudius Svartho) bezeichnet werden, der im Jahre 1388 auf der Insel Fünen geboren wurde. CLAVUS hatte zunächst für seinen König Eric von Pommern, der auf seiner Hin- und Rückreise nach Jerusalem Italien berührte, eine Karte von Dänemark angefertigt und besuchte 1424 Italien. Dort machte er die italienischen Gelehrten mit den nordischen Ländern bekannt. Er behauptete, selber in Grönland gewesen zu sein und schrieb sogar, "die Halbinsel Grönland hängt im Norden mit einem Lande zusammen, das unzulänglich und des Eises wegen bekannt ist. Es kommen aber heidnische Karelier, wie ich gesehen habe, täglich in großer Menge nach Grönland, und zwar ohne Zweifel von der anderen Seite des Nordpols". Diese Behauptung kann nicht der Wahrheit entsprechen, auch wenn

CLAVUS die Eskimos irrtümlich für die Karelier aus Finnland gehalten hat. Es wird für völlig ausgeschlossen gehalten, daß CLAVUS jemals in Grönland war.

Keine Karte von CLAVUS ist im Original erhalten. Auf seiner sogenannten Nancy-Karte, die zwischen 1424 und 1427 entstanden sein muß, wird Island als Halbmond und Grönland als Halbinsel mit Ländern rund um den Pol und mit dem nördlichen Eurasien dargestellt (Abb. 3). Die Karte erhielt ihren Namen nach ihrem Aufbewahrungsort in der Bibliotheque Municipale in Nancy. Zwischen Island und Norwegen liegen 3 Inseln: Fareoo im Norden und weiter südlich, näher bei Island, Parna Insula, und am weitesten südlich Fameøø. Zwischen Island und Grönland wurde die Insel Byørnø plaziert, womit die Insel Gunnbjörn (Gunnbjarnarsker) gemeint sein könnte, die der Autor dem Grönlandbuch des Priesters Ivar BARDSSON (1930), das ein Jahrhundert vorher erschienen ist, entnommen haben muß. Die Nancy-Karte war die erste, auf der der Name Grönland erschien. Wenn sie wahrscheinlich auch nur nach schriftlichen Quellen etwa mittelalterlicher norwegischer Segelanweisungen erarbeitet wurde, lassen sich dennoch einzelne Züge der Küste erkennen. Die Position von Grönlands südlichstem Punkt ist sogar erstaunlich gut getroffen.[1]

Im Jahre 1900 entdeckte der dänische Wissenschaftler Axel A. BJÖRNBO in der damaligen Wiener Hofbibliothek (heute Österreichische Nationalbibliothek) zwei weitgehend gleichlautende handschriftliche Koordinatenlisten des Claudius CLAVUS[2]. Es handelt sich um Abschriften aus der Mitte des 16. Jh. Der Originaltext dürfte zwischen 1425 und 1439 entstanden sein. (TOSCANELLI soll die davon abgeleitete Karte 1439 auf einem Konzil in Florenz dem griechischen Gelehrten Georgios Gemistos PLETHON gegenüber erwähnt haben.) Die auf Grund der Wiener Koordinatentafel rekonstruierte Karte weist manche Ähnlichkeiten zur Weltkarte des wahrscheinlich von einem Genuesen erstellten "Mediceischen Seeatlas" aus dem Jahre 1351 auf, etwa die Landbrücke von Skandinavien nach Grönland. Die Wiedergabe Islands variiert auf beiden CLAVUS-Karten. CLAVUS führt 28 Positionsfeststellungen für Grönland auf. Dennoch haben wir in CLAVUS ein geradezu klassisches Schulbeispiel für die Leichtfertigkeit, mit der früher Karten hergestellt worden sind. In Ermangelung authentischer Namen benutzte er im "Wiener" Text 20 dänische Zahlworte und Worte eines Volksliedes vom König Spielmann als Orts- und Flußbezeichnungen in Grönland. Im folgenden Vers des genannten Volksliedes finden wir alle groß gedruckten Worte als Ortsbezeichnung:

---

1) A. E. NORDENSKIÖLD: Claudius Clavus, Karte und Beschreibung des Nordens aus dem Jahre 1427. In: A. E. NORDENSKIÖLD (Hrsg.) Studien und Forschungen. Leipzig 1885
2) vgl. Österreichische NATIONALBIBLIOTHEK 1984, Katalog. Island und das Nördliche Eismeer, Wien 1984

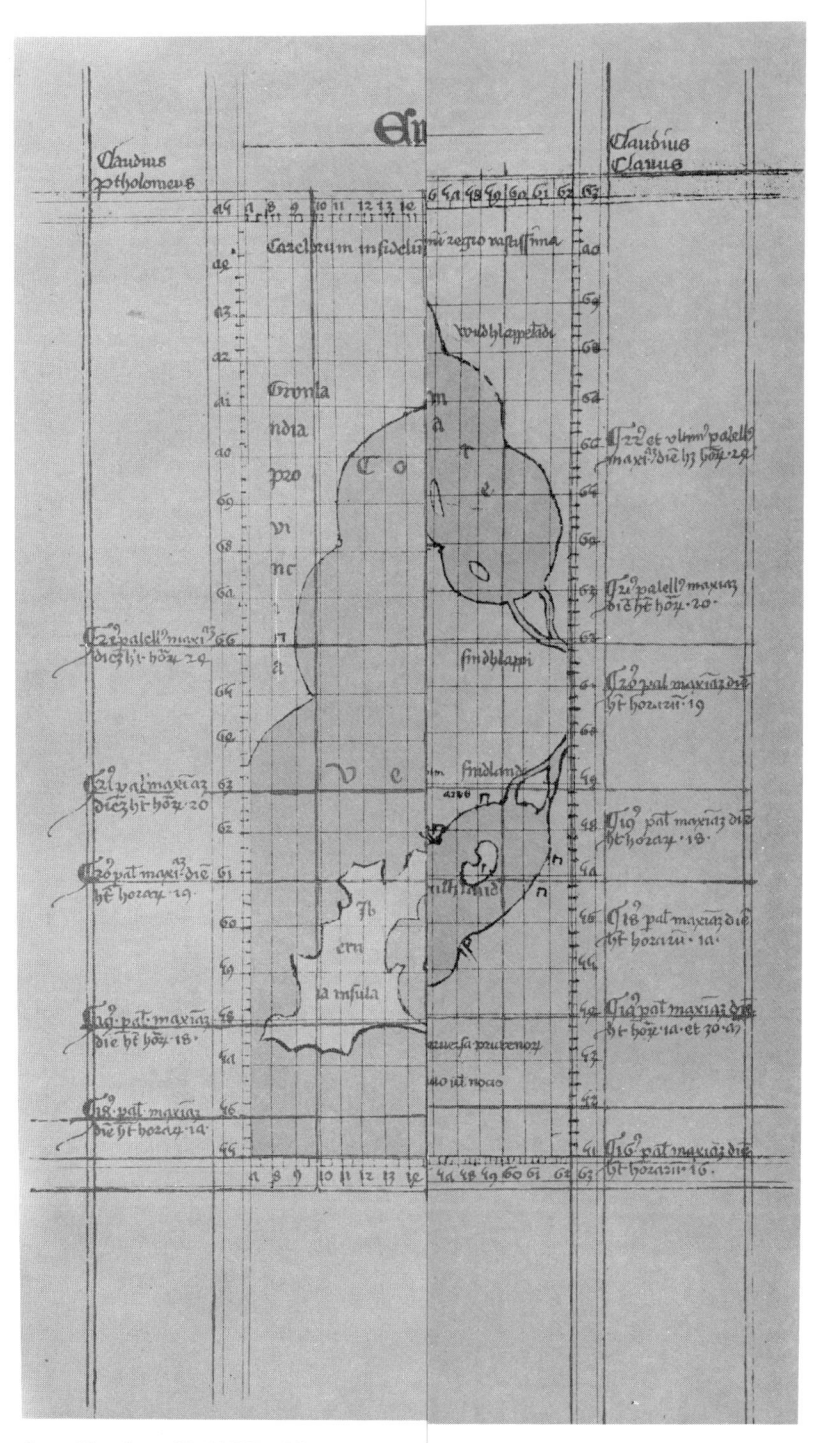

3. Claudius CLAVUS "Nancy-Karte"

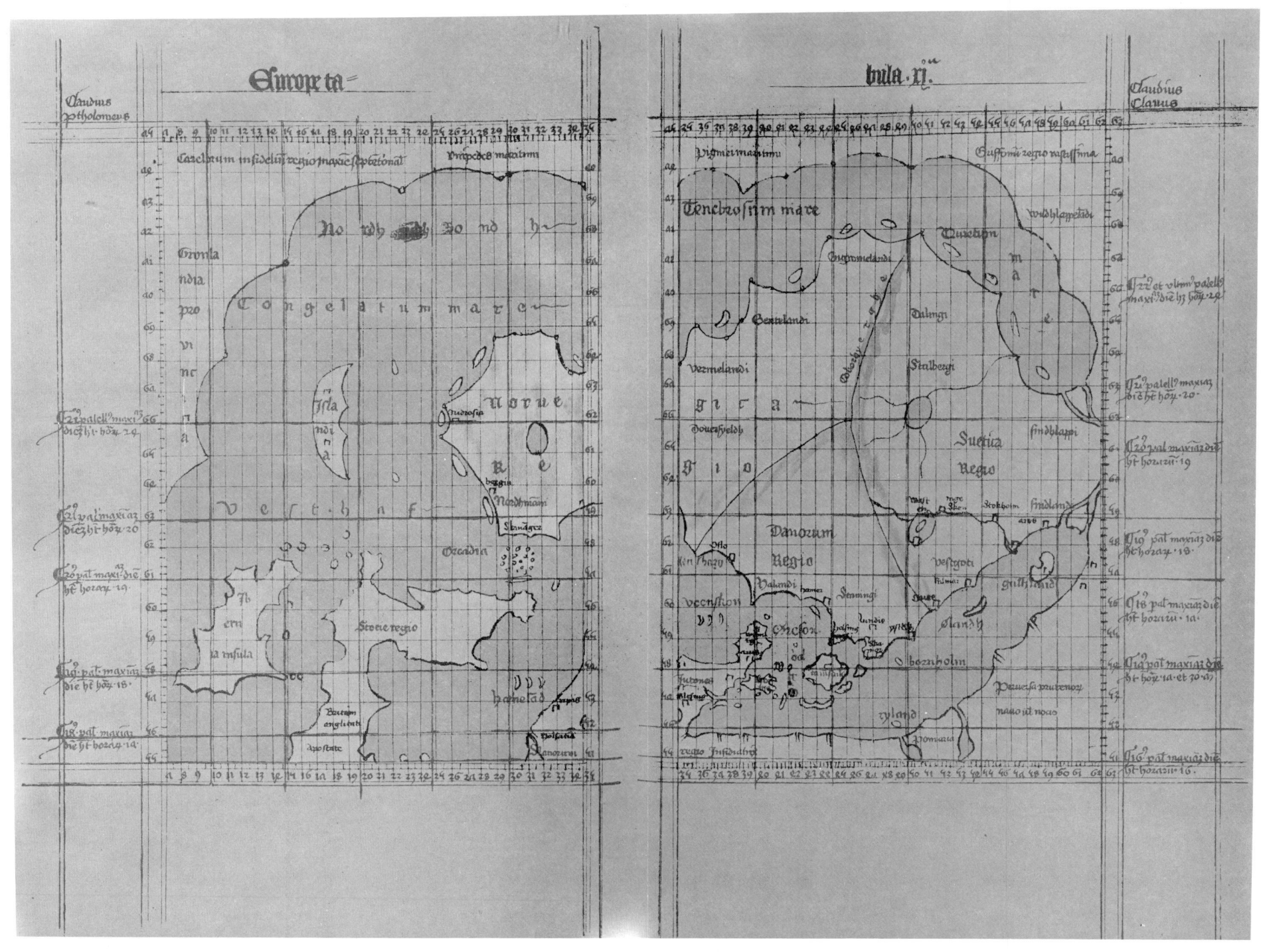

3. Claudius CLAVUS "Nancy-Karte" (Stadtbibliothek Nancy), 1424–27

THAER BOER EEYNH MANH ij eyn GROENEN-LANDZ aa
ooc spieldebedn MUNDHE HANYD heyde,
meer hawer HAN AFFNIDE fillh
een HANH HAWER flesk HYNTH FEY dee
Nordh um DRIWER SANDHIN NAA NEW.

(Es wohnt ein Mann in einer Grönlands Ache,
und Spjellebod tät er heißen;
mehr hat er von dem lausigen Fell,
als er hat Speck, den fetten.
Von Norden treibt es den Sand aufs Neue.)[1]

Island wurde mit 22 Ortsnamen versehen. Hier hat der Verfasser diese fiktiven Städte teils mit danisierten Namen nordischer Runen bezeichnet. Natürlich konnte ihm damals keiner auf die Schliche kommen. Anscheinend sollte der Eindruck einer viel genaueren Ortskenntnis als der in Wirklichkeit vorhandenen erweckt werden. Viele Nachfolger, z.B. ZENO, haben diese fiktiven Namen als wirkliche Ortsnamen mißdeutet und sie in teils weiterer Verballhornung übernommen. Der Name der Stadt Bergen, mit der Island in regem Verkehr stand, bei CLAVUS die Rune "bjarkan", wurde über ein Jahrhundert später vom schwedischen Geistlichen Olaus MAGNUS für eine Ortschaft auf Island übernommen. Die von CLAVUS benutzte Rune "thars" verstümmelte zu thoos, ochos, choas und schließlich zu chaos. Olaus MAGNUS betrachtete diesen Begriff offenbar als die unter den Vulkanen gelegene unergründliche Glutwirrnis, die der Aberglaube für Straf- und Läuterungsorte sündiger Seelen hielt. So wird der schwedische Geistliche keine Bedenken gehabt haben, das Wort Chaos in die Nähe der von ihm dargestellten Vulkane auf Island zu rücken.

Der von Fridtjof NANSEN gegen CLAVUS erhobene Vorwurf der "Mystifikation" ist nicht ganz von der Hand zu weisen. CLAVUS leistete dennoch den ersten wichtigen Beitrag der zeitgenössischen Wissenschaft zur "Geographie" des PTOLEMÄUS, weil der französische Kartograph und spätere Kardinal von St. Marcius, Guilleaume FILLASTRE (1344–1428), eine Kopie der Nancy-Karte 1427 seiner Geographie beifügte. Auf der Karte des Nordens aus der Warschauer Bibliothek des Kanzlers Zamoiski (um 1467) hat Island eine ovale Gestalt und ist von 11 Inseln umgeben. Die Namen sind schwer zu identifizieren, mit Ausnahme von hollonsis (Hólar). "Thile" ist auch hier eine selbständige Insel, während "forensis" nordöstlich von Island liegt. Auf einer Karte von Salvat de PALESTRINA (1503 bis 04), die in KUNSTMANNs Atlas abgedruckt ist, ist Island sogar von 13 Inseln umgeben.

Die umfangreichste Berücksichtigung der neuen Entdeckungen auf PTOLEMÄUS-Karten wurde 1490 durch Henricus MARTELLUS demonstriert, während die

---

1) vgl. HENNIG (1953): Die Fabel von der Frislandfahrt der Brüder Zeno. In: Terrae incognitae, Bd. 3, 2. Aufl., 1953, S. 393–903

"HARLEIN-Manuskriptkarte" (Nr. 3686, British Museum) von 1450 die Übermittlung des ptolemäischen Konzepts durch von der Renaissance beeinflußte Seekarten und Bücher von Inseln (Isolarii) erkennen läßt.

X. Verwirrung um Grönland

In FILLASTREs Atlas mit 26 Kartenblättern aus dem Jahre 1427 befindet sich eine Karte von Grönland, die einer seiner Mitarbeiter, der aus Wales gebürtige Claudius CYMBRICUS, anfertigte. Auf ihr kann man folgenden Hinweis lesen: "Jenseits dieses Golfes liegt Grönland, das sich in der Nähe der Insel Thule befindet, die östlich davon liegt. Deshalb umfaßt dieses Kartenblatt alle Regionen des Nordens bis zu einem unbekannten Land. PTOLEMÄUS erwähnt dieses Land nicht, und man darf annehmen, daß er es nicht kannte." Diese ernste und wissenschaftliche Bemerkung wird dann weiter geschmückt mit dem Kommentar: "In diesen Landen des Nordens wohnen verschiedenartige Völkerschaften, unter ihnen die Einfüßler und die Pygmäen. Was aber die Greifenmenschen betrifft, so hausen sie weiter östlich, wie auf der Karte angegeben." Diese Beschreibung ist typisch für den wissenschaftlichen Geist jener Zeit. Um einen Wahrheitskern genauer Beobachtung legt sich ein Kranz von Hinweisen auf anerkannte alte Quellen klassischer oder biblischer Art. Dann kommt ein Feuerwerk von mehr oder weniger volkstümlichen Vorstellungen und schließlich ein ins Grenzenlose verschwimmender Dunstkreis von Phantasien.

In seiner verbesserten "Geographie" erklärte FILLASTRE im gleichen Jahr, warum er Grönland, das "grüne Land", südlich, und Island, das "Eisland", nördlich plazierte. Er hielt dieses für logischer, auch wenn ihm auf der der "Geographie" angefügten Nancy-Karte das Gegenteil bewiesen wurde.

Das Jahr 1482 wurde zu einem wichtigen Jahr in der Renaissance der PTOLEMÄUS-Ausgaben. Nahezu gleichzeitig erschienen neue und verbesserte Drucke in Ulm und Florenz. Die Ulmer Ausgabe ist der erste außerhalb Italiens und der erste in Deutschland gedruckte Atlas. Er ist im Holzschnittverfahren hergestellt worden und weist erstmalig seinen Verfasser, nämlich Donis Nicolaus Germanus, aus. Diesem Druckfehler fiel der Sponheimer Abt und Historiker Johann Tritheim (1462–1516) zum Opfer. Er verstand den Namen als Nicolaus Donis, statt Donus (von Don, Titel italienischer Weltgeistlicher) oder Dominus Nicolaus und stempelte so DONIS (um 1420 – um 1490) zum Familiennamen, der dann in dieser Form in die Kartographie-Geschichte einging. Im "Ulmer PTOLEMÄUS" wurde Grönland auf der Nordland-Karte, die auf der "Wiener" CLAVUS-Karte basiert, als Halbinsel mit allgemeiner südwestlicher Richtung und mit Nordeuropa durch eine schmale Landenge verbunden dargestellt. Daß DONIS auch selbst nordische Quellen benutzte, darf wohl mit Recht aus dem Umstand geschlossen werden, daß er auf seiner Weltkarte außer der Insel Island hoch im Norden über der nördlichen

Spitze Grönlands eine Insula glaciei oder glacialis dargestellt hat. Die Bezeichnung "Insula glacialis" (Eisland) ist die nordische Bezeichnung für Island. Diese Insel verdankt ihre kartographische Existenz nördlich von Grönlands Nordspitze wohl der vorher erwähnten Logik des FILLASTRE. Es ist allerdings nicht genau auszumachen, ob die Halbinsel südlich von der Insula glaciei auch wirklich Grönland darstellt.

Die Darstellung Grönlands nördlich von der skandinavischen Halbinsel und östlich von Island, aber ohne die eben erwähnte Insula glacialis, wurde dann auf den Welt- und Nordlandkarten der späteren Jahrhunderte erneut gezeigt, teilweise unter dem Namen Engroneland. NORDENSKIÖLD meinte, "wenn der nördliche Teil Skandinaviens ehemals wirklich mit diesem Namen (Engroneland) bezeichnet wurde, so erhält man eine Erklärung für den sonst unerklärlichen Umstand, daß Papst Georg IV. in dem Investiturbrief, welcher 831, also 152 Jahre vor der Entdeckung Grönlands, durch Erik den Roten für Ansgarius ausgefertigt wurde, unter anderen zu seinem Erzbischöflichen Stift gehörenden Völkern auch Grönland aufzählen konnte".

Der Name Grönland, der in dieser oder ähnlicher Form für verschiedene Positionen benutzt wurde, hat in der Tat viel Verwirrung ausgelöst. Ein Brief von Papst Nicolaus V. von 1448 spricht z. B. von "Insule Grenolandie, que in ultimis finibus oceani ad septentrionalem plagam regni Norwegi dicitur situata".

Auf einer katalanischen Seekarte in Florenz von Ende 14./Anfang 15. Jahrhundert ist der Name Gronlandia durch einen lapsus calami als Gotlandia geschrieben worden. Auch Martin BEHAIM bezeichnete auf seinem berühmten Erdglobus eine schmale Halbinsel im Norden Skandinaviens als Gotland. Auf allen Karten des 15. Jh. vom ZAMOISKY-Typ findet man den Hinweis auf eine Stelle im Norden der skandinavischen Halbinsel, die mit dem Kreuze Christi bezeichnet sei und die niemand ohne Erlaubnis zu überschreiten wage. Ganz entsprechend findet sich auf Karten vom ZAMOISKY-Typus im äußersten Nordwesten die Legende: "Ultimus terminus terre habitabilis. Neu promontorium."

In einem Manuskript der "Geographie" von 1485 (Florenz) gibt es eine Karte von Henrikus MARTELLUS (1480–96), die auf CLAVUS verlorener zweiter Karte des Nordens basierte. Ein Punkt an der Westküste Grönlands bei 70 Grad nördlicher Breite wird als "Ultimus terrae terminus", d. h. das fernste bekannte Land, bezeichnet.

Wenn die Weltkarte, die sich in der Sammlung des Wieners Erich Woldan befindet, wirklich im Jahre 1485 in Venedig publiziert wurde, dürfte sie zu den ersten gedruckten Karten gehören, auf der der Name Grönland (Engronelant) verzeichnet ist. Grönland wurde als Halbinsel von Eurasien dargestellt. Island verläuft auf der Nordlandkarte von Nicolaus DONIS länglich und in nordsüdlicher Richtung.

Ein Exemplar des "Ulmer PTOLEMÄUS" das sich im Besitz der Österreichischen Nationalbibliothek befindet, stammt aus dem Besitz des angesehenen Nürnberger Kosmographen Johannes SCHÖNER. Es enthält zahlreiche Eintragungen von seiner Hand, etwa ein Gradnetz sowie geänderte Längen- und Breitenangaben. Diese würden — auf Island allein bezogen — eine größere und damit der Wirklichkeit besser entsprechende Entfernung der Insel vom übrigen Europa anzeigen.

1957 wurde in einem Antiquariat eine Karte, die angeblich aus dem Jahre 1440 stammen sollte, mit 4 Wurmlöchern für $ 3.500 erstanden. Dieser Kauf wurde bemerkenswert gewinnbringend, denn zwei Jahre später erwarb die Karte ein ungenannter Wohltäter für angeblich mehr als $ 250.000, um sie der Yale-Universität zu schenken — und das für eine glatte Fälschung. Sie wurde bekannt als "Vinland-Karte" und wäre die einzige Karte des 15. Jh. gewesen, die ein in den Konturen realistisches Grönland gezeigt hätte. In der Tat, die Grönland-Darstellung hat eher Ähnlichkeit mit Karten des 19. oder 20. Jh. als mit dem 15. Jh.

Die Geschichte begann so: Der Buchantiquar Laurence Whitten aus New Haven fand die Karte 1957 in Barcelona. Er entdeckte dort ein handgeschriebenes Manuskript, die Kopie einer Schilderung über eine Reise zu den Mongolen, verfaßt von dem polnischen Klosterbruder de Bridia. Diesem Band lag die Zeichnung bei.

Zufällig erwarb Thomas Marston von der Yale-Universität die Kopie des mittelalterlichen Geschichtswerkes "Speculum Historiale" von Vincent von Beauvais. Und er fand zu seiner Verblüffung: Diese Kopie hatte die gleichen Wurmlöcher wie das Mongolen-Manuskript. Mehr noch: Die Wurmlöcher auf der Karte deckten sich zudem genau mit jenen auf der Oberseite des "Speculum". Man vermutete nun, daß ein Zeichner beide Kopien angefertigt hätte.

Acht Jahre hatten Wissenschaftler daran gearbeitet, um die angebliche Echtheit der 1957 gefundenen Karte nachzuweisen, um sie schließlich als "größte kartographische Entdeckung des XX. Jh." zu feiern. Angeblich soll sie um das Jahr 1440 auf dem Konzil von Basel, an dem Kirchenfürsten aus vielen Ländern teilnahmen, von einem Mönch gezeichnet worden sein. Jenem Teil, der Skandinavien, Island, Grönland und "Vinland" zeigt, lagen, so wurde behauptet, Informationen aus Skandinavien zugrunde, die mindestens aus dem 13. Jh. stammten. Die KOLUMBUS-Anhänger sahen in der Karte eine böswillige Entthronung ihres Idols und sprachen, ohne die Karte geprüft zu haben, apodiktisch von Fälschung.

Einen kartographischen Beweis für das frühe Wissen um die Existenz von Vinland gibt es bis heute nicht. Mit der 1958 gefundenen Vinlandkarte, die westlich von Grönland Vinland zeigt, glaubte man endlich ein Zeugnis in den Händen zu haben.

XI. Das Nordpolargebiet unter dem Einfluß von PTOLEMÄUS

Die Polarregion ist der in der Kartographie am schwersten zu interpretierende Teil und Anlaß zu vielen Spekulationen gewesen. Die Erforschung wurde bis ins 19. Jahrhundert von geographischen Legenden und Hypothesen beherrscht. Die kartographische Erfassung ist durch theoretische Überlegungen und propagandistische Darstellungen gehemmt und verzerrt worden.[1]

Nach PTOLEMÄUS war die "Alte Welt" auch im gesamten Norden vom Ozean umspült. Spätere Kartographen ließen Asien im Nordosten und Nordwesten oder wenigstens an einer der beiden Stellen ins Polargebiet übergehen. Dazwischen setzten sie das "Mare congelatum". Einzelne ließen das im Nordosten an Asien sich anschließende Polarland östlich über ganz Nordamerika bis nach Grönland hinein sich ausdehnen. Bei anderen stand Amerika mit dem Polargebiet in kontinentaler Verbindung.

Die erste Polarkarte, auf der die Arktik erwähnt wird, ist die Manuskriptkarte von Pierre d'AILLY (1350–1420) aus dem Jahre 1410, die den "circulus arcticus" oberhalb und den "circulus antarcticus" unterhalb der Karte darstellt.

Auf seiner Erdkarte von 1507 empfand Martin WALDSEEMÜLLER (um 1470 bis 1521) das Bedürfnis, die Meridiane am Nordpol zusammenlaufen zu lassen (während er im Süden die Karte wie ptolemäische Erdkarten abbricht). Da bei einer Kegelprojektion der Kegelpol weit über den Kegelpol zu liegen käme, drückt WALDSEEMÜLLER den Pol gewissermaßen ein und kommt zu einer Art Herzform, die sich für Erdkarten oder Halbkugelkarten allgemeiner Beliebtheit erfreute. Vielleicht deshalb weil, wie zwei Wissenschaftler vermuteten, die obere Kartenbegrenzung damit "dem spätgotischen Eselsrücken gleichkam". Dieser erfreute sich zu Anfang des 16. Jh. nördlich der Alpen in der Architektur als Tür- und Fenstersturz besonderer Beliebtheit.

Noch bis in die Mitte des 16. Jahrhunderts ist der Einfluß des Erdglobus von Martin BEHAIM (um 1459–1507) auf Nordeuropakarten zu spüren.[2] Sein Nordpol wird geschmückt von einem Kranz von frei erfundenen, willkürlich plazierten Inseln, die eine Art von Binnenmeer hermetisch umschließt. Aus den Inseln wachsen Berggipfel. Ein vermummter Mensch versucht mit Hilfe von Pfeil und Bogen, einen Eisbären zu erlegen, und unter dem Stichwort "Island" ist zu lesen, daß die Bewohner dieser Insel Hunde verkaufen und ihre Kinder an fremde Kaufleute verschenken, um sie nicht selbst ernähren zu müssen. Was Martin BEHAIM von den

---

1) siehe ZÖGNER (1978): Die kartographische Darstellung der Polargebiete bis in das 19. Jahrhundert. In: Die Erde 109, 1978, S. 136–152
2) siehe WILLERS (1980): Der Erdglobus des Martin Behaim im Germanischen Museum, Boppard 1980. "Martin Behaim und die Nürnberger Kosmographen", Ausstellung anläßlich des 450. Todestages im Germanischen Nationalmuseum in Nürnberg, 1957

Hunden sagte, ist richtig. Damals und auch noch später wurden zahlreiche Hunde aus Island nach England ausgeführt. Sie galten als charakteristisch und hübsch, so daß die englischen Damen sich isländische Hunde zum Vergnügen hielten. Sie waren sogar bis zu den Tagen Shakespeares in England bekannt. In seinem Drama "Heinrich V." sagt Pistol zu Nym: "pish for thee, Iceland dog! Thou prickeared our of Iceland" (2. Akt, 1. Szene). Außer Island sind auch Grönland, Lappland und Vernmarck (Finnland?) eingezeichnet. Die staatliche Zugehörigkeit zeigen zwei dänische Flaggen an.

Wahrscheinlich hat BEHAIM die DONIS-Karte des Nordens mit katalanischen Seekarten kombiniert und die Gestalt von Island von beiden übernommen, mit dem Ergebnis, daß es zwei Länder an Stelle von einem gibt. Viele Bezeichnungen änderte er von halb Lateinisch in mehr Deutsch, so von "Islanda" oder "Islandia" zu "Islant". Die Insel hat eine längliche Gestalt und liegt nördlich von der Nordwestspitze Schottlands und westlich von Grönland, also vollkommen unrichtig angeordnet. Da BEHAIM, wie vorher DONIS, Grönland nördlich von Russland plazierte, schrieb Dr. MONETARIUS in Nürnberg 1493 an den portugiesischen König, daß der Fürst von Moskau einige Jahre vorher Grönland entdeckt hätte. BEHAIM verlegte Grönland um 90 Grad weiter westlich, aus Respekt vor Papst Nicolaus V., der 1448 an die Bischöfe von Norwegen schrieb, daß Grönland eine Insel wäre, welche am extremen Rande des nördlichen Ozeans nördlich von Nordnorwegen liege. Wenn BEHAIM das nicht getan hätte, wären alle übrigen Darstellungen richtig plaziert gewesen. So erscheint die Davis-Straße als Golf, und westlich davon ist Labrador. Da BEHAIM von Türmen an der Seeküste hörte, hat er sie mißverständlich bergig dargestellt.

Auf der Weltkarte des in Utrecht geborenen Johannes RUYSCH (gest. 1533) aus dem Jahre 1508, die vermutlich auf portugiesischen Vorbildern beruht, heißt es in einer Legende nördlich des Polarkreises in deutscher Übersetzung: "Hier beginnt das Sugenum Meer. Hier verliert der Schiffskompass seine Kraft, und es ist nicht möglich für Schiffe, welche Eisen an Bord haben, zurückzukehren." Südlich des "Mare Sugenum" liegt die angenommene Ruhestätte der Verlorenen Zehn Stämme Israels. Auf früheren Manuskriptkarten ist der Ort dieser Stämme häufig mit dem Reich Gogs und Magogs vermischt worden. Nach Ezechiel war Gog König eines Nordlandes (Magog), der in der Endzeit Israel überfällt und vernichten wird.

Südlich des Polarkreises und östlich von Grönland und unter Bezugnahme auf eine Insel heißt es (deutsche Übersetzung): "Diese Insel wurde von Gott 1456 durch Feuer vollständig zerstört". Vermutlich bezieht sich das auf die von Gunnbjörn entdeckte Insel, die durch einen Vulkanausbruch verschwand. Die Vorstellung von einer Insel Gunnbjörn oder Gunnbjörnschäre, die wir schon bei CLAVUS kennengelernt haben, geht ursprünglich zurück auf das isländische LANDNAMABOK. Darin heißt es, daß Erich der Rote ein Land suchen wolle, das Gunnbjörn, der Sohn von Ulrich Kracke, erblickt habe, als er westlich von Island im Meer umhertrieb, und das seitdem Gunnbjörnschäre genannt werde. Man hatte diese Angaben schon früh dahin gedeutet, daß es sich um die Inselchen vor Kap Farvel gehandelt haben könnte. Oder aber es war nur eine zur Sommerzeit in diesen Breiten nicht ungewöhnliche Luftspiegelung. Immerhin, wenn es sich um einen Irrtum gehandelt haben sollte, war er der Anlaß für die Entdeckung Grönlands. Südlich von Grönland erzählt eine Beschreibung der Insel Felarufeie, auch Cibes genannt, von einer Verzauberung durch Dämonen, die es dem Besucher schwierig mache, zu flüchten.

Die Manuskript-Weltkarte von Vesconte di MAGGIOLO (1504?–1551) aus dem Jahre 1511 ist ein früher Beleg für eine englische Entdeckungsreise in die nordwestliche Richtung des Atlantiks sowohl vor als auch nach der Entdeckung durch KOLUMBUS und John CABOT. Das Wort "Terra de los Ingresy" findet man auf einer Halbinsel, die dem Nordpol am nächsten ist.

Gerard MERCATOR (1517–94) gilt als der bedeutendste und umfassendste Kartograph des 16. Jh. Die Krönung von MERCATORs Lebenswerk, der "Atlas" (zum ersten Mal trug eine Sammlung von Landkarten diese Bezeichnung) erschien vollständig posthum 1595. Die Druckplatten übernahm in der Folge der Verlag HONDIUS (von den 30er Jahren des 17. Jh. an JANSSON) und verwendete manche davon noch bis 1650. Im Jahre 1546 schrieb MERCATOR an den Kardinal A. Granvelle einen Brief, der beweist, daß der große Kartograph und Geograph zuerst den magnetischen Pol gekannt hatte. Merkwürdigerweise löste der Brief mit dem sensationellen Inhalt kein Echo und keine Diskussion aus. 20 Jahre später waren MERCATOR und der magnetische Nordpol allerdings so sehr zu einem Begriff geworden, daß Frans Hogenberg 1574 den 62jährigen MERCATOR mit einem Zirkel in der Hand zeichnete, der wie selbstverständlich auf seine Entdeckung und die Schrift hinweist: "Polus magnetis" – der magnetische Nordpol. Umso erstaunlicher, daß auf seiner Nordpolkarte in Azimutalprojektion (Abb. 4), die 1569 in Form einer Nebenkarte auf seiner Weltkarte und später in seinem Atlas von 1595 als selbständige Arktiskarte erschien, dennoch die Realität immer nur mit einem großen Schuß Phantasie gemischt wurde. MERCATOR hatte den Magnetpol in die breite Ausbuchtung der sagenhaften Straße von Anian, die Johannes RUYSCH (1508) zuerst als vorweggenommene Beringstraße darstellte, verlegt. Spätere Berechnungen ergaben starke Verschiebungen nach Norden. Wo der Magnetpol wirklich lag, ermittelten erst 1831 die beiden Schotten Sir John ROSS und sein Neffe James Clark ROSS.

Die Lage des magnetischen Pols wird jetzt alle 10 Jahre überprüft. Nach Untersuchungen kanadischer Geophysiker wandert er z. Zt. 350 km nordwestlich der Resolute Bay in den Nordwestterritorien Kanadas mit einer Geschwindigkeit von 10 km pro Jahr nach Norden.

Was MERCATOR den Betrachtern und Benutzern seiner Weltkarte 1569 mit wachsenden Breiten schuldig blieb, war die Beschreibung der mathematischen oder geometrischen Konstruktionsprinzipien. In einer Legende der Weltkarte verweist er den Leser auf ein Werk zur Geographie, das nie verfaßt wurde oder verschollen ist. MERCATORs eigene Theorie der MERCATOR-Projektion wurde daher ein Objekt wissenschaftlicher Spekulation, das Anlaß zu verschiedenen Theorien gab.

Die genannten Polarkarten sorgten auch für die Festschreibung und Verbreitung mythischer Vorstellungen in der Polarkartographie. Der Nordpol wurde als schwarzer hoher Felsen inmitten eines arktischen Ozeans hineingezeichnet. Er ist umgeben von vier Inseln, zwischen denen das Wasser von den äußeren Ozeanen dem Zentrum zufließt. Die Inschriften auf den Polarinseln sprechen so auch von vier Meerengen, welche der Ozean zwischen diesen Inseln bilde, und in derjenigen gegenüber Spitzbergen von den Einwohnern, welche höchstens 4 Fuß groß sind, sowie der Skreglingers (Eskimos) in Grönland.

Paradiesflüsse kennen wir schon von mittelalterlichen Karten, so z. B. auf der leider im Zweiten Weltkrieg in Hannover vernichteten Ebstorfer Weltkarte, genannt nach dem gleichnamigen Kloster. Auf ihr war oben Osten, wo die Sonne aufgeht, wo sich – vom Abendland aus gesehen – Jerusalem befindet. Im Osten befand sich links neben dem Kopf Christi das Paradies mit dem Baum des Lebens und den vier Paradiesflüssen Pison, Gihon, Hiddekel und Euphrat. Sie hatten nach Ansicht der Zeit die Mauern des Paradieses unterirdisch durchbrochen, um als Ganges, Nil, Tigris und Euphrat wiederzukehren.

Vermutlich haben die mythischen Vorstellungen von den vier Meerengen ihre Wurzeln im 1. Moses 2, 10–14, worin von den vier Paradiesströmen die Rede ist, die wiederum dem babylonischen Kulturkreis entstammen. Im christlichen Mittelalter brachte man die Paradiesströme auch gern mit den vier Evangelien und den vier Kardinaltugenden zusammen.

Nachrichten über Magneten gehen bis ins 6. vorchristliche Jh. zurück und sind in Form von Mythen verschlüsselt. Schon die arabischen Schiffer haben an diesen Magnetberg geglaubt und ihn gefürchtet. Auch in den Märchen aus 1001 Nacht kehrt der Gedanke wieder, der Magnetberg ziehe die Schiffe an und ziehe alle Nägel mit ungeheurer Gewalt aus den Planken.

1595 stellte sich auch Jon Huyghen van LINSCHOTEN (1563–1611) die Frage, ob der Kompaß unter dem Nordpol oder dem Nordstern noch den richtigen Kurs anzeigt. Seine eigene Antwort lautet: "Nein, denn wenn du in dieser Gegend bist, wird die Magnetnadel an dem Ende, wo sie gestrichen ist, aufwärts gezogen gegen das Glas an, so daß sie ihre Wirksamkeit nicht mehr zeigen kann. Hast du dich aber so weit von der Stelle entfernt, daß der Pol nicht mehr im Stande ist, die Nadel zu sich nach oben zu ziehen, wird der Kompaß wieder so wirken, daß du dich nach ihm richten kannst."

Im rückwärtigen Text der Polarkarte (1613) von Jodocus HONDIUS (1563 bis 1612) heißt es u. a.: "Was die anderen angeht, die da sagen, daß vier Flüsse aus dem Pol fließen, so haben sie nicht weniger unrecht, weil diese Flüsse . . . niemals existiert haben, es sei denn, in Utopia oder derlei Landschaften."

Trotz der mythischen Elemente bildet MERCATORs Polarkarte von 1595 einen Markstein in der arktischen Kartographie und Forschung. Mit ihr faßt er die theoretischen, tradierten Vorstellungen zusammen, deutet aber mit der Einbeziehung bisher konkreter Entdeckungen durch FROBISHER und DAVIS die Entwicklung der Zukunft an.

Die mythischen Vorstellungen lassen sich direkt auf den Bericht "Invento fortunata" des Oxforder Franziskaner und Geographen Nicolaus de LINNA (Lynn) zurückführen. Das Werk ist das Ergebnis seiner wissenschaftlichen Reise, die 1360 begann und sich über mehrere Jahre erstreckte. Er beschreibt auch die nördlichen Inseln und ihre Strudel vom 53. Grad bis zum Nordpol. "Invento fortunata", die selbst auf eine mittelalterliche Sage zurückgeführt wird, hat auch schon vor MERCATOR Kartographen wie DONIS, BEHAIM und RUYSCH inspiriert.

Auf der Karte des holländischen Seefahrers Willem BARENTSZ (um 1560–97) aus dem Jahre 1595 wird der Nordpol zum ersten Mal nicht in der Art von MERCATOR dargestellt. Willem BARENTSZ trug durch seine drei Fahrten zur Auffindung der nordöstlichen Durchfahrt bei. Als nordöstliche Durchfahrt oder Nordostpassage bezeichnet man den Seeweg vom europäischen Nordmeer zum Pazifik entlang der Nordküste Europas und Asiens nach dem Beringmeer mit etwa 6.500 km Länge von Archangelsk. Als erster Europäer hat er die Westseite von Nowaja Semlja der Länge nach verfolgt und kartiert. Durch ihn trat zum ersten Mal die Doppelinsel in die Geographie ein.

Jodocus HONDIUS (1563–1612) erwarb 1604 Druckplatten sowie -rechte des "Atlas" von MERCATOR. In den darauf folgenden Neuausgaben gestaltete der Amsterdamer Kartograph und Verleger in zunehmender Zahl neue, modernere Tafeln, wobei er allerdings manchmal die Quellen und Vorlagen zu unkritisch übernahm. Nach seinem Tod folgten ihm seine Witwe, Söhne, Jodocus der Jüngere und Henricus (1597–1651), sowie sein Schwiegersohn Joannes Janssonius (ca. 1588–1664). Ein bedeutender geographischer Fortschritt stellte sich mit Henricus HONDIUS' Polarkarte von 1636 ein. Der vier-inselige Pol ist zugunsten eines abstrakten Punktes in einer unerforschten Fläche aufgegeben, die Küste Grönlands nach Norden unbestimmt gelassen. Darüber für den Titel eine Rollwerk-Kartusche mit blasendem Windputtenkopf und grotesker Maske. In seiner Darstellung verwertete HONDIUS die Nachrichten der Expedition von Lucas FOX (1630) und jener von Thomas JAMES (1631/32), deren Ziel die Erforschung der Nordwestpassage war. Die Eckbilder sind mit Walfangzähnen versehen. Bekanntlich hatten die Wal- und Robbenfangunternehmen einen wichtigen Beitrag zu der Erforschung der arktischen Gebiete geliefert.

Die Jagd auf Wale für den eigenen (Familien-) Bedarf wurde in Island bereits seit der Landnahmezeit in bescheidenem Maße durchgeführt. Der Walfang in größerem Umfange wurde von Islands Küsten aus allerdings erst von den Norwegern Ende des 19. Jh. begonnen. Zunächst waren die Ausgangspunkte auf der Nordwesthalbinsel lokalisiert, wo in den 90er Jahren des vergangenen Jahrhunderts acht Verarbeitungsstationen existierten. Um die Jahrhundertwende verlagerte sich der Walfang auf die Seegebiete vor der Ostküste, an der fünf Stationen eingerichtet wurden.

Der eigentliche Walfang, romantisch verklärtes Seeabenteuer und Geschäft, begann im 16. Jh. Es waren die Basken, die schon im Mittelalter vor ihren Küsten den damals noch in der Biscaya lebenden Wal gejagt hatten und mit ihrer Erfahrung als erste in die gerade entdeckten Walreviere des Nordatlantiks fuhren, um dort die Jagd in großem Stil aufzunehmen. Die Fangfahrten, von denen allein Walöl mitgebracht wurde, warfen großen Profit ab. Ein Reeder hatte damals in nur einer Fangsaison die Möglichkeit, mit nur einem Schiff zwei neue Schiffe zu verdienen. Die Wal- und Walfangdarstellungen haben als deutliches Vorbild Thomas EDGEs (gest. 1624) "Greneland"-Karte von 1625 bzw. 1631, die in Wirklichkeit die Nordwestecke Spitzbergens (das man für einen Teil von Ostgrönland hielt) zeigt. EDGE war Kapitän der englischen Muscovy Company, die 1611 den Walfang bei Spitzbergen eröffneten. Allerdings zeichnen sich namentlich die Schiffsdarstellungen und einige maritime Betätigungen bei HONDIUS durch eine größere, teilweise genrehafte Detailtreue aus — ein Hinweis auf unterschiedliche Sehgewohnheiten des praxisorientierten englischen Seefahrers und des holländischen Stechers, der den Anblick von Seestücken gewohnt war. Es mögen auch noch weitere Bildquellen für die schwimmenden Wale einbezogen sein, möglicherweise der Kopf des Wals von Antorff nach einer Radierung von Hans Sibmacher aus dem Jahre 1577. Höchst unklare Vorstellungen herrschten über den Wal. Lange hatte man das gewundene Horn für das des Einhorns gehalten. Walroßzähne galten als vollwertiger Ersatz für echtes Elfenbein, das infolge des sarazenischen Seeräuberunwesens im Mittelmeer schwer zu beschaffen war. Narwalzähne wurden darüber hinaus als Zähne des geheimnisvollen Einhorns ausgegeben, die man für heilkräftig hielt.[1]

Vincenzo Maria CORONELLI (1650–1718) stattete den Einhornfisch auf einer Polarkarte (ca. 1695) mit einem Papageienschnabel aus. Auf der gleichen Karte ist westlich der Baffinbay eine Felsnadel und ein anfliegender pelikanartiger Vogel zu sehen, der seinen Schnabel daran reibt. Es ist der sagenhafte Phoenix, der, verjüngt der Asche entflogen, alle 500 Jahre seinen Schnabel an einem diamantenen Berg schärft. Unkonventionell erscheint auf einer anderen in Azimutalprojektion gestalteten Polarkarte (Terre artiche, 1692) eine aus Eiszapfen gebildete Kartusche, deren Inhalt auf die arktischen Verhältnisse sowie Entdeckungsreisen hinweist. Als jüngste wird dabei die Fahrt des Hamburgers, Friedrich MARTENS, nach Spitzber-

---

1) siehe BARTHELMESS (1982): Das Bild des Wals. Köln 1982

gen (1671) erwähnt. Auf einer anderen CORONELLI-Karte (Terre artiche, um 1695) frönen Jäger und Fischer am Nordpol der Freikörperkultur.

Nach Ansicht von Herbert EWE (1978) ist der Walfänger, abgebildet auf der Portolankarte des katalanischen Kartographen Matias de VILADESTES, 1413, die älteste bildliche Darstellung eines derartigen Schiffes.

Im Atlas Novus von Johann Baptist HOMANN (1664–1724) heißt es über den Pol: "Man nennt diese Puncten von dem Griechischen her polos, welches soviel als eine Umdrehung bedeutet, in dem nach der allgemeinen Meynung sich der ganze Himmel um diese unbeweglichen Puncten innerhalb 24 Stunden drehen soll. Der eine Polus so in Ansehung unserer gegen Mitternacht zustehet, wird der Polus arcticus ..., welches soviel als das Sternbild des Bären, weil unter desselben Schwanz dieses Punct stehet, andeutet, der andere hingegen wird Antarcticus, weil er dem Arctico entgegenstehet, benennet." Moses PITT (um 1654–96) reproduzierte praktisch JANSSONs Polarkarte. Der Titel und das Banner illustriert das Sheldonian Theatre in Oxford, wo der Atlas auch 1680 veröffentlicht wurde. Moses PITT konnte sein auf 11 Bände angelegtes Werk nicht mehr vollenden. Schon nach dem ersten Band erkannte er, daß sein Vorhaben aus finanziellen Gründen nicht zu verwirklichen war. Schließlich mußte PITT den Bankrott erklären und verstarb vermutlich im Gefängnis. Dennoch verdanken wir ihm eine der dekorativsten Polarkarten. Ungewöhnlich ist die oben in der Fläche der "parts unknown" angebrachte Szenenkartusche, links eine Eskimofamilie, gezeichnet von Robert Hooke, rechts eine Walfangszene.

Auf einer der BONNEschen Kartenprojektion ähnlichen Abbildungsweise gestalteten Karte von Heinrich SCHERER (1628–1704) (Abb. 6) (Regiones circum polarium Lapponiae Islandiae et Gronlandiae ...), 1701, befindet sich über dem Pol die Darstellung von Heiden, welche die Sonne anbeten, Gott aber (Dreieck), der die Sonne geschaffen hat, ignorieren. Island ist zu sehr von Fjorden zerrissen, Grönland wird von hypothetischen Meeresstraßen zerteilt, aber schon als nach dem Norden hin abgegrenzte Insel gezeigt.

Mit James COOK (1728–79) wurde eine neue Periode der kartographischen Erfassung der Polargebiete eingeleitet, welche die Periode endgültig beendete, in der eine Mischung aus Legenden und Theorien, aus tradierten Vorstellungen und mosaikhaften Erfahrungen die Grundlage für die Darstellung der Polargebiete auf Karten bildete.

XII. Die Portugiesen

Vor dem Beginn des 16. Jh. waren die Träger der Entdeckungsfahrten die Portugiesen und die Spanier. Sie erhoben von Anfang an Anspruch auf die Beherrschung der von ihnen gefundenen Länder. Spanien erwirkte am 4. Mai 1493 von dem gebürtigen Spanier, Papst Alexander VI., einen Schiedsspruch. Er schenkte nach diesem erstens die neuentdeckten Länder samt Handelsmonopol der spanischen Krone mit dem ausdrücklichen Auftrag, die Bewohner zum Christentum durch Entsendung von Missionaren zu bekehren. Zweitens zog er zwischen den Interessenssphären beider Länder die sogenannte Demarkationslinie, die, vom Nordpol zum Südpol gezogen, 100 Leguas oder 556 km westlich der Azoren den Besitz beider Staaten trennte. Westlich von ihr lag spanischer und östlich portugiesischer Besitz. Da sich Portugal benachteiligt fühlte, kam es am 7.6.1494 in Tordesilla zu einem neuen Vertrag. In diesem wurde die Demarkationslinie von 100 auf 370 Leguas oder 2057 km westlich der Azoren verlegt, so daß Brasilien an Portugal fiel, was heute noch durch die divergierenden Sprachen in Südamerika erkennbar ist. Man gewinnt den Eindruck, daß der Papst in Fragen der Kosmographie nicht ganz so unfehlbar auftrat wie bei Entscheidungen von Dogmen. Die Demarkationslinie, die auch häufig als Anfangsmeridian auf den Generalkarten diente, konnte natürlich nicht genauer sein als die damals zur Verfügung stehenden Karten. Sie ist nachweislich zuerst auf der Manuskriptkarte "Cantino Planisphere" aus dem Jahre 1502 zu sehen, die sich in der Biblioteca Estense in Modena befindet.

Die sogenannte Karte des CANTINO ist eines der ältesten Beispiele der portugiesischen Meereskartographie. Alberto CANTINO, diplomatischer Bevollmächtigter des italienischen Fürsten in Lissabon, hatte die Karte heimlich von einem Kartographen erhalten, dessen Namen er nicht nennt. Sie läßt sich aber absolut sicher in den Sommer 1502 datieren, denn der Briefwechsel über diese Transaktion ist heute noch erhalten. Man weiß genau, daß der Herzog von Ferraro, Ercole d'Este, sie im November 1502 erhalten hat. Sie befindet sich heute noch in der Fürstlichen Bibliothek in Modena.

Neufundland und Brasilien sind in den Händen der Portugiesen, der Rest von Amerika ist spanisch. Die Kenntnis der amerikanischen Küsten ist noch recht fragmentarisch. Im Norden ist Grönland durch eine Fahne angegeben und durch eine Inschrift, die bestätigt, daß 'die Portugiesen es erreicht haben, aber daß man es nach dem Kosmographen als die Spitze von Anian (Alaska) bezeichnet. Diejenigen, die es sahen, landeten dort nicht, sondern sahen nur die dichten Gebirgsketten.' Weiter im Westen illustriert eine Reihe majestätischer Bäume die Beschreibung, die Vater und Sohn CORTEREAL bei der Rückkehr nach Lissabon ein Jahr vorher von der Ostküste Neufundlands gegeben hatten.

Besonderen Auftrieb erhielt die Kartographie durch die nationale Anteilnahme des portugiesischen und spanischen Volkes an der Teilung der Welt, an einer Zerlegung in eine portugiesische und eine spanische Hemisphäre. 1518 schrieb der Licenciat

Alonso de Cuaco von Santo Domingo aus an seinen Kaiser in Bezug auf die "Demarcacao". Der Herzog von BRAGANCA, ein eifriger Förderer der geographischen Wissenschaft, sandte D. Joao III. eine Denkschrift, in der er ausführte, man könne die Demarkationslinie nicht mit Hilfe von Karten festlegen, da diese "por mil maneiras" (auf tausend Arten) falsch seien. Noch zwischen 1545—50 schrieb Luiz do Rego seinem König einen Brief und erbot sich, klar nachmessen zu wollen, daß die Molukken 42 légoas (17 1/2 lgs. = 1 Grad) innerhalb des portugiesischen Hoheitsbezirkes lagen.

Die Spanier gaben die Suche nach einem nördlichen Weg nach Ostasien bald auf. Das lag weniger daran, daß sie sich durch die unwirtlichen Gestade Neufundlands abschrecken ließen, als vielmehr an der herrschenden Auffassung, daß Nordamerika sich so weit nach Osten erstrecke, daß es bereits in den portugiesischen Machtbereich hineinrage. Wir wissen natürlich heute, daß das ein Irrtum war. Die Linie von Tordesilla verläuft ungefähr auf dem 48. Grad westlicher Länge, Neufundland liegt jedoch westlich des 50. Längengrades. Im Jahre 1500 will der um 1450 auf den Azoren-Inseln geborene portugiesische Nordamerikafahrer Gaspar CORTEREAL Grönland betreten haben. Heute wissen wir, daß die Trennungslinie von Tordesilla durch den Süden Grönlands ging, so daß ein gewisser Anspruch auf die Ostküste hätte erhoben werden können. Bei den damaligen Schwierigkeiten, Längengrade richtig zu berechnen, kam jedoch CORTEREAL zu der Überzeugung, daß alles Land auf der nördlichen Halbkugel jenseits der großen Scheidelinie liege. Die Spanier hätten bei genaueren Karten kaum eine andere Entdeckungsgeschichte geschrieben und den Engländern und Holländern die Chance eines nördlichen Seeweges nach Ostasien gelassen. CORTEREAL berichtete übrigens König Alfons, daß es keine Nordwestpassage gäbe.

Die portugiesische Kartographie hat die Kartenmacher Nordeuropas, die die Neue Welt seit ihrer Entdeckung darstellten, ein halbes Jahrhundert inspiriert. Dieser Einfluß schließt auch WALDSEEMÜLLERs Karten von 1507 und 1513 ein. Schon im Jahre 1474 wurden durch die portugiesische Krone gleich zwei Fühler ausgestreckt, einer nach Florenz zu Paolo del Pozzo TOSCANELLI, der andere nach Kopenhagen zum dänischen König. Beide Kontakte dienten dem Ziele einer Überquerung des Atlantiks für eine mittlere und eine nördlichere Route. TOSCANELLI (1397—1482) war ein florentinischer Geograph und Arzt, der auf KOLUMBUS vor seiner Entdeckungsreise einen entscheidenden Einfluß ausgeübt hatte. Er gab dem Entdecker die wissenschaftliche Bestätigung von prophetischen Aussagen und Experimenten, die allerdings nicht zu beweisen waren. Seine irrtümlichen Entfernungsangaben zwischen Portugal und den Küsten Indiens auf dem Landweg waren die Hauptmotivation für KOLUMBUS, den vermeintlich näheren Weg über den Atlantik zu suchen.

Die Expeditionen, die auf Veranlassung von Heinrich dem Seefahrer (1394 bis 1460) von Portugal über Island nach Grönland und dann bis Labrador — wahrscheinlich zwischen 1471 und 1474 — durchgeführt wurden, leiteten die Deutschen Didrik PINING und Hans POTHORST. Sofus LARSEN (1925) und Heinrich ERKES (1927) können das Verdienst in Anspruch nehmen, die Aufmerksamkeit auf Didrik PINING und Hans POTHORST und deren deutsche Abstammung gelenkt zu haben. Während es unstreitig ist, daß PINING der Ältere 1398 in Hildesheim geboren wurde, ist die Herkunft von Hans POTHORST aus Hildesheim durch Urkunden zwar nicht einwandfrei zu belegen, aber seine Abstammung aus dieser Stadt ist als wahrscheinlich anzusehen.[1] Bekannt ist die Tatsache, daß POTHORST, bevor er in die Dienste des dänischen Königs überwechselte, mit seinem Kriegsschiff "Bastian" im Dienste der Hansestadt Hamburg gestanden hat, für die er im Seekrieg gegen England 1472 wertvolle Dienste leistete. Nach Sofus LARSEN dürfte die Entdeckungsfahrt im Jahre 1473 unternommen worden sein, da er erst nach seinem Ausscheiden aus dem Hamburger Dienst, also nach dem 1.7.1473, zur Verfügung gestanden haben kann. Vor allem portugiesische Wissenschaftler vertreten die Ansicht, daß schon Gaspar CORTEREALs Vater, João Vaz, im Jahre 1472 unter größter Geheimhaltung das nördliche Amerika betreten hätte und vielleicht sogar Teilnehmer der PINING-POTHORST-Expedition war.

BEHAIM hatte Kontakt mit João Vaz CORTEREAL, so daß es nicht ausgeschlossen ist, daß er von diesem einiges über seine Teilnahme an der PINING-POTHORST-Expedition erfahren hat. Also konnte BEHAIM von CORTEREAL oder vorher von PINING in Flandern Nachrichten über das neuentdeckte Land im Nordwesten erhalten haben, aufgrund derer er später mehrere Inseln südlich von Grönland auf seinem Nürnberger "Erdapfel" eingetragen hat.

Auf der Karte von Jacob ZIEGLER, 1532, finden wir an der Südspitze Grönlands "Hvetsarg", wo PINING vermutlich zuerst landete. Die Bezeichnung "Hvetsarg" entspricht dem "blauen Mantel" in der Erzählung von Erik dem Roten. Damit war wohl eine Gletscherkette an der Ostküste Grönlands gemeint, die von einer weißen Eiskappe gekrönt ist. Wenn man heute die Dänemarkstraße im Flugzeug überquert, kann man deutlich beobachten, wie die felsige, kahle Küste durch einen breiten Packeisgürtel von der offenen See getrennt ist.

Didrik PINING war zu seiner Zeit einer der tüchtigsten dänischen Flottenführer, Kaperfahrer und Seestratege. Im Alter übertrug die Krone ihm die Statthalterschaft über einen Teil Islands, ihm, dem Ausländer! (Sein Nachfolger wurde 1490 sein Neffe gleichen Namens.) Die Insel verdankt Didrik PINING dem Älteren den sogenannten "Piningsdomar", zwei Verordnungen von 1490, von denen eine

---

1) siehe PINI (1971): Der Hildesheimer Didrik Pining als Entdecker Amerikas, als Admiral und als Gouverneur von Island im Dienste der Könige von Dänemark, Norwegen und Schweden. In: Schriftenreihe des Stadtarchivs und der Stadtbibliothek Hildesheim, Nr. 5, 1971
GEBAUER (1933): Der Hildesheimer Dietrich Pining als nordischer Seeheld und Entdecker. S. 3–18
ERKES (1928a): Ein Deutscher als Gouverneur auf Island. In: Mitteilungen der Islandfreunde, XVI, 4, 1928, S. 83–86

den Zehnten und die Armenfürsorge regelt, während die andere sich mit Fragen der Steuer und der öffentlichen Ordnung, der Landstreicherei und dem Status der Fremden beschäftigt.

Nach dem Tode Christian's I. im Jahre 1481 trat in Skandinavien ein Interregnum ein, während dessen Didrik PINING seine Stellung behielt. Die Gunst des Volkes als Thronnachfolger genoß Johann II. von Schweden, gewöhnlich König Hans genannt. In seinen Diensten setzten PINING und POTHORST den Piratenkrieg gegen England fort. Als aber der König Hans im Jahre 1490 mit den Engländern Frieden schloß, wurden nach dem Friedensvertrag die Piraten für vogelfrei erklärt und im Jahre 1491 PINING und POTHORST erschlagen. Ein Dietrich PINING, der in den folgenden Jahren von der norwegischen Geschichte erwähnt wird, war wahrscheinlich ein Sohn des berühmten Admirals. Er kam nach Deutschland zurück und soll von 1521–1531 Bürgermeister von Hildesheim gewesen sein.[1]

In den letzten Jahren seines Lebens erhielt Heinrich der Seefahrer von seinem Onkel, König Erich von Dänemark, ein Geschenk, das ihn ganz außerordentlich interessierte. Es war die Kopie der CLAVUS-Karte aus dem Jahre 1427. Angesichts dieser Karte scheint Heinrich der Gedanke gekommen zu sein, ob man nicht besser täte, einen nordwestlichen Seeweg nach Indien zu suchen. Erich starb bald, und erst sein Nachfolger Christian I. griff den Vorschlag, eine Expedition nach Nordwesten zu entsenden, auf.

Später, im Jahre 1551, schrieb der Kieler Bürgermeister Carsten Grip an König Christian III., daß er in Paris eine Karte mit Island und einer Insel gesehen hätte, die über Grönland liege.[2] Island wäre darauf doppelt so groß wie Sizilien. Vermutlich handelte es sich um eine Karte der PINING-POTHORST-Expedition. Es ist anzunehmen, daß KOLUMBUS über TOSCANELLI von der PINING-POTHORST-Expedition gehört hatte, denn der Florentiner Kosmograph wußte von Grönland und stand unter dem Eindruck, daß es die Spitze Asiens sei. Er wußte auch zu berichten, daß die Expedition 1474 stattgefunden hätte. Einer verlorenen Handschrift zufolge, die von seinem Sohn Fernando erwähnt wird, soll KOLUMBUS 1477 ebenfalls Thule besucht haben. Der Hinweis ist nicht in Anführungszeichen geschrieben, so daß man nicht weiß, ob man ihn KOLUMBUS oder seinem Sohn zuschreiben soll. Es gibt sonst keine Andeutungen von einem Island-Besuch, und in seinem Bordbuch vom 21.12.1492 schrieb KOLUMBUS, daß er in den "nördlichen Gewässern" nach England gekommen sei. Lucius Annaeus SENECA erwähnte in "Medea" auch Thule. KOLUMBUS hat das Werk im Jahre 1476 gelesen, und es hat ihn vermutlich zu einer Reise dorthin und um zu wissen, wie es hundert Meilen weiter im Norden aussah, inspiriert. Die ungenaue Darstellung des "mar ocean setentrional" auf der Karte von Juan de la COSA, dem

---

1) siehe BONDE (o.J.): Die Berichte der isländischen Quellen über Didrik PINING. In: Mitteilungen der Islandfreunde XXI, Heft 2/3, S. 76
2) BOBE (1928): Early Exploration of Greenland. In: Greenland I. Kopenhagen 1928

Reeder und Piloten der Santa Maria auf KOLUMBUS' erster Reise, läßt es unglaubhaft erscheinen, daß KOLUMBUS in Island gewesen war. Das Meer ist mit einer großen Anzahl von Inseln übersät, die Ähnlichkeit mit Treibeis haben, wie es schon auf früheren Karten der Fall war. Auch Bartolome de la CASAs KOLUMBUS-Biographie enthält manche Ungereimtheiten, vor allem, daß der spätere Entdecker ausgerechnet im Februar nach Island gefahren sein will, wo doch im Winter die Schiffahrt dorthin im allgemeinen ruhte.

Nach vorliegenden Berichten war KOLUMBUS 1476 in England, vor allen Dingen in der Hafenstadt Bristol, die seinerzeit sowohl zu Portugal als auch zu Island Handelsbeziehungen unterhielt. Wie wir aus Berichten von Fridtjof NANSEN erfahren können, standen auch norwegische Seeleute im Dienste der Bristoler Kaufleute, die KOLUMBUS Auskunft über Island, Grönland und die neuentdeckten Länder hätten geben können. An die angebliche Reise des KOLUMBUS nach Island wurden jedenfalls die abenteuerlichsten Phantasien geknüpft. Giambattista Sportorno behauptete 1823 sogar, KOLUMBUS müsse bei dieser Gelegenheit bis nach Grönland gekommen sein.

Emilio TAVIANI vertritt in seiner KOLUMBUS-Biographie die These, daß KOLUMBUS in der Nähe von Reykjavik, wahrscheinlich Hafnafjördur 1477 an Land ging. Die Äußerung des KOLUMBUS "segelnd hundert leguas hinter Ultima Thule" wird dahingehend interpretiert, daß er entlang der isländischen Küste, wahrscheinlich nach Eyafjördur im Norden der Insel segelte. Auf jeden Fall blieb der Autor den Beweis schuldig, um die Behauptung zu begründen, KOLUMBUS hätte sich für seine Reise in die Neue Welt vorher durch Chroniken im Bischofssitz von Skálholt fachkundig gemacht. KOLUMBUS könnte die Nachricht von den Entdeckungen der Normannen auch in Bristol oder Island gehört haben.

In der Bibliothèque Nationale in Paris befindet sich eine illuminierte Pergamentkarte. Zwei durch einen mit Gold erhöhten Strich getrennte Karten, die einander völlig fremd zu sein scheinen, sind nebeneinander gestellt. Man nimmt an, daß sie nach der Einnahme von Granada im Januar 1492 entstanden ist. Die Legenden sind zum größten Teil der kosmographischen Schrift des Kardinals d'AILLY "IMAGO MUNDI", die 1483 in Löwen gedruckt wurde, entliehen. Sie scheinen dem persönlichen Exemplar von KOLUMBUS entnommen, das noch heute in der Biblioteca Capitular Colombina in Sevilla aufbewahrt wird. KOLUMBUS verweist in einer Anmerkung seines Exemplars des "IMAGO MUNDI" den Leser auf seine "vier Karten auf Papier, die alle auch eine Sphäre enthalten", was in jener Zeit ungewöhnlich war. Nahe bei Island liest man, daß es lateinisch Thile heißt; es folgen Angaben über "die Länge, die dort die Tage und die Nächte haben, über die Nahrung der Einwohner, die sich von nichts anderem als gefrorenem Fisch ernähren, über den Handel, den man dort mit England treibt. Die Engländer nennen es das Land der rauhen und wilden Leute, die während sechs Monaten in unterirdischen Behausungen eingeschlossen bleiben, so sehr ist das Meer gefroren." Diese Einzelheiten und die Darstellung der Kathedralen von Hólar und Skálholt lassen den

Schluß zu, daß der Kartograph gut unterrichtet war. Im Nordosten des Ozeans sind Frixlandia, Brasil und unter der Windrose, dreiteilig und fast ausgelöscht, die "Insel der Sieben Städte" angegeben. Die Legende besagt, daß die letztere Insel, die auch oft Antilla genannt wurde, die Zuflucht der 7 portugiesischen Bischöfe gewesen sei, die zusammen mit ihren Gläubigen von den muslimischen Eindringlingen vertrieben wurden. Die Zuschreibung dieses Dokuments an KOLUMBUS, die in vieler Hinsicht berechtigt scheint, bedarf noch eines endgültigen Beweises.

Man weiß, daß Christoph KOLUMBUS und sein Bruder Bartholomäus während ihres Aufenthaltes in Lissabon (vor 1485) auch von ihrer kartographischen Arbeit lebten. Bei KOLUMBUS ist es nicht immer einfach festzustellen, was ins Reich der Legende oder gar der Phantasie gehört. Die Frage, ob er wirklich in Island gewesen war, ist z. B. genauso umstritten wie die, ob er, der "Marrane", ein geheimer Jude auf der ersten Reise, die ihn ja nach Asien führen sollte, den hebräischen Dolmetscher Luis de Torres mitgenommen hatte. Er sollte sich mit den Bewohnern jüdischer Königreiche über die Aufnahme jüdischer Flüchtlinge aus Spanien verständigen.

Mit den portugiesischen Karten verbanden sich die Namen der berühmten Kartographen REINEL, HOMEM oder Domingo TEIXEIRA. Der zwischen Spanien und Portugal herrschende Wettlauf auf den Meeren setzte sich, was die Seekarten anbetraf, in einer Rivalität zwischen Sevilla und Lissabon fort. In beiden Städten gab es kartographische Ateliers. Das kartographische Wissen wurde als Staatsgeheimnis behandelt. Man versuchte, die Spezialisten durch verlockende Angebote für sich zu gewinnen. Lehnten sie ab, riskierten sie, entführt zu werden. In Lissabon gab es neben den offiziellen, von den Ordonnanzen des König Manuel geleiteten kartographischen Betrieben, auch noch private Ateliers.

André HOMEM (16. Jh.), der in Antwerpen arbeitete, zeichnete den größten bekannten portugiesischen Planiglob der Renaissance (1559). Soweit es sich um Nordeuropa handelt, erwies er sich als ungewöhnlich gut informiert. Die arktische Küste geht bis zu dem von Richard CHANCELLOR 1553 erreichten Punkt. Eine entsprechende Inschrift im Nördlichen Eismeer gibt den Namen des "Entdeckers" an.

Mit dem Auftauchen gedruckter Seekarten aus den Niederlanden ging zu Beginn des 17. Jh. die nautische Kartenproduktion in Spanien und Portugal zurück.

XIII. Grönland Anfang des 16. Jahrhunderts

Mit der CANTINO-Karte, die auf Informationen von Gaspar CORTEREAL basiert, erhält Grönland die erste genauere Gestalt und Position, sie stellt eine echte Verbesserung gegenüber CLAVUS dar. Hier wird das Land "A ponta d'Asia" genannt und wurde infolgedessen auch mit Asien verbunden. Von Gaspar CORTEREAL selbst ist keine Karte und kein Bericht erhalten oder bekannt. Nur im Spiegel dreier zeitgenössischer Briefe, einiger portugiesischer Seekarten, eines königlichen Patentbriefes und einiger späterer Quellen kann seine Entdeckertätigkeit verfolgt werden. Mit der Juan-de-la-COSA-Karte ist Grönland das erste Mal mit Amerika verbunden. Auf dem Zerbster Globus von Gemma FRISIUS (1537) steht neben Grönland folgende Legende: "Fretum trium fratrum, per quod Lusitani (=Portugiesen)".

Auf der sogenannten "King-Hamy-Karte" von 1502, einer Kombination von Reiseberichten Gaspar CORTEREALs und seines jüngeren Bruders Miguel sowie von englischen Kaufleuten aus Bristol taucht erstmalig der Name Labrador als "Terra laboratis" auf. Dennoch ist sie identisch mit "A ponta d'Asia", der CANTINO-Karte, zeigt aber nebenbei eine Halbinsel "Engaveland", nördlich Norwegens. Der ursprüngliche Name Laboratis in der später gebräuchlichen Form von Labrador und danach für den amerikanischen Kontinent beruht vermutlich auf den Reisegefährten von CORTEREAL, João FERNANDES, ein portugiesischer Guts- und Landbesitzer (Ilabrador) von der Azoren-Insel Terceira. Die Karte des nördlichen Atlantiks von Pedro REINEL (bekannt als KUNSTMANN I), nach 1504, verwendete Berichte über die zweite CORTEREAL-Fahrt, welche die nordamerikanische Küste von Kap Race (r. raso) im Süden bis 60 Grad N erschloß, nachdem die erste bis Grönland (Terra laboratoris) geführt hatte. Beide Entdeckungen wurden als zusammenhängend dargestellt. Die als KUNSTMANN II bekannte Karte um 1506, genannt nach ihrer ersten Veröffentlichung durch Fr. KUNSTMANN, hat die Eintragung "Terra de Lavorador". Die in Pesaro aufbewahrte OLIVERIANA-Karte (1508–10) hat für die Südspitze Grönlands die Bezeichnung "Cavo Laboradore" und südlich davon ist eine apokryphe "Insula de Labardor" eingezeichnet. Auf der sogenannten Wolfenbütteler Karte (um 1525) heißt es über das Land Labrador, daß es von Engländern aus der Stadt Bristol entdeckt wurde, und dem sie, weil der erste, der davon berichtete, ein "labrador" von den Azoren-Inseln war, diesem Namen gegeben haben.

Die Kartographie trägt dazu bei, die Frage zu beantworten, wer Grönland nach Erik dem Roten (952) wieder entdeckt hatte, Vater oder Sohn CORTEREAL oder João FERNANDES. Wie dem auch sei, Grönland wurde von vom Kap Race bis zu 60 Grad N zu einem Kontinent zusammengezogen, und der Name Labrador ging in der zweiten Hälfte des 16. Jh. auf die amerikanische Festlandsküste über.

Auf WALDSEEMÜLLERs (um 1470–1518) "Carta marina" von 1516 wird Grönland ebenfalls "Terra laboratoris" genannt, aber an der Nordküste sind noch Spuren eines ausgelöschten Grönlands. Bernado SYLVANO (1. Viertel des 16. Jh.) läßt in der PTOLEMÄUS-Ausgabe von 1511 Grönland als Teil von Ostasien, als Halbinsel des Nordens von Norwegen und als Insel im Atlantik (Terra laboratorum) erscheinen. Oronce FINE stellte Grönland (Gromlant) 1531 erstmals in der Geschichte der Kartographie als große Insel mit relativ richtiger Gestalt und Position dar, während die Halbinsel "Engronelant" nördlich von Norwegen beibehalten wurde.

Historiker hat bis heute die Frage beschäftigt, ob im Jahre 1410 die Verbindung zu Grönland ganz abriß. Hier kann diese Frage nur aus kartographischer Sicht abgehandelt werden. Leider geben aber die Karten keine lückenlosen Hinweise. Sie bestätigen uns aber mit großer Wahrscheinlichkeit, daß um 1474 dänische Schiffe unter PINING und POTHORST und 1476 unter SCOLVUS zu den grönländischen Wikingersiedlungen kamen. Auch im 16. Jh., und zwar 1537, 1539 und 1542, liefen Hamburger Schiffe Grönland an. Der Isländer Jon GREENLANDER soll dreimal mit anderen Seeleuten um 1560 an der grönländischen Küste und einmal an Land gewesen sein, wo er eine Leiche gefunden hatte. H.P. BIGGAR behauptete, daß 1484 mehr als 40 Seeleute in Bergen lebten, die jedes Jahr nach Grönland fuhren und mit wertvollen Waren zurückkamen.

Tatsache ist, daß König Christian I. 1475 schwer verschuldet von seiner Romreise heimgekehrt war und daher keine kostbaren Unternehmungen planen konnte. Sein Sohn Christian II. trug sich wohl mit dem Gedanken, Grönland und Vinland durch eine Expedition wieder aufsuchen zu lassen. Wohl in seinem Auftrage hatte Erzbischof Eric VALKENDORF, der schon J. ZIEGLER mit Informationen versorgte, alle erreichbaren Unterlagen dafür gesammelt, um auf den Spuren von Leif ERIKSSON und PINING/POTHORST einen neuen Vorstoß nach dem Neuland im Westen unternehmen zu können. Er entzweite sich aber mit dem König und wurde abgesetzt.

Um das Jahr 1500 ist an der Südspitze Grönlands noch ein Mann beerdigt worden, der im Sarg einen hohen Burgunderhut trug, welcher zu der Zeit gerade modern war. Als aber im Jahre 1585 John DAVIS auf der Suche nach der Nordwestpassage auf Grönland bei der ehemaligen Wikinger Siedlung an Land ging, will er dort nur Eskimos getroffen haben. Die jährliche Schiffsverbindung nach Europa riß schon im Jahre 1368 mit der "Grönlandknarr" ab, die dann strandete.

XIV. Island Anfang des 16. Jahrhunderts

Drei Jahre, nachdem Lorenz FRIES das in Portugal zuerst für eine Landkarte verwendete Wort "Cartes" in der deutschen Umgangssprache anwandte, wurde 1528 in Venedig Benedetto BORDONEs (1460–1539) Inselbuch "Isolario" veröffentlicht.

Für Island ist das Werk von besonderer Bedeutung, da auf Seite 1 die erste gedruckte Spezialkarte von der Insel am Polarkreis zu sehen ist (Abb. 5). Es handelt sich allerdings um eine recht primitive, in eine Kompaßrose eingebaute Umrißkarte der Insel mit Angaben von sieben (allerdings namenlosen, durch Türmchensignaturen gekennzeichneten) Städten und schematischen Bergketten. Der Küste sind acht kleine Inseln vorgelagert; diese sind ohne topographische Wahrheit. Eine gekräuselte, von einem Berg ausgehende senkrechte Linie soll vermutlich einen Vulkan andeuten.

Auf der Karte von Lorenz FRIES (um 1490–1530), die in den PTOLEMÄUS-Ausgaben von 1522 und 1524 enthalten ist, liegen vier große Inseln südwestlich von Norwegen, alle länglich und an Gestalt einander gleich. Ihre Namen sind: Anglia, Scotia, Hibernia und Islandia. Letztere ist die größte und liegt am weitesten nach Norden und Westen vorgeschoben und südlich von Grönland, welches wie ein großer Klumpen im Norden und Osten vorgelagert ist.

Nach der Landnahme auf Island dauerte es nicht lange, bis sich Gerüchte über die Naturwunder dieses Landes auszubreiten begannen. Schon in den Schilderungen über Island, wie sie sich bei dem dänischen Historiker SAXO GRAMMATICUS um 1200 finden, kommt eine ganz realistische Darstellung einer Geysir Eruption vor. Unter anderem wird dort die wunderliche Eigenschaft des Wassers erwähnt, alles zu Stein zu verwandeln, womit die Kieselsinterplatte in der Sinterschicht wohl gemeint war, die zum ersten Mal der schwedische Torben BERGMAN in den 70er Jahren des 18. Jh. nachgewiesen hatte. Es ist nicht sicher, ob der Große Geysir schon existierte, als SAXO seine Geschichte Dänemarks schrieb. Er wurde im Jahre 1647 vom damaligen Bischof Brynjolfur Sveinsson unter diesem Namen beschrieben. Der erste Ausbruch erfolgte im Jahre 1294. Im Mittelalter hatten die Leute abergläubische Furcht vor den Springquellen. Damals ging keiner am Geysir vorbei, ohne, wie man damals sagte, "dem Teufel ins Maul zu spucken".

Der bayerische, an der Wiener Universität lehrende Professor Jacob ZIEGLER (um 1470–1549) publizierte 1532 in seinem Buch über das Heilige Land auch eine Abhandlung über Skandinavien, Island und den Nordatlantik mit einer Liste von Koordinaten von etwa 500 Orten samt der daraus resultierenden Karte (Abb. 7). In seiner kurzen Beschreibung Islands machte er eine großzügige Anleihe bei SAXO GRAMMATICUS und fügt dann Eigenes hinzu.[1] Er sagt, Island sei in der Richtung von Norden nach Süden nahezu 200 Meilen lang, das Eiland sei zumeist bergig und unbebaut, wo aber Flachland sei, sagt er, da seien die Weiden so kernig, daß die Leute bisweilen das Vieh davon forttreiben müßten, damit es nicht vor Fett ersticke. Er spricht von Vulkanen und sagt, in ihnen befinde sich das Gefängnis für unreine Seelen. Auch spricht er von den Geistern Ertrunkener, welche, wie er sagt, auf Island offen umhergingen. Das Eis beschreibt er wie SAXO

---

1) siehe THORODDSEN (1897): Geschichte der isländischen Geographie. Leipzig 1897, S. 120

4. Gerard MERCATOR, Nordpolarkarte, 1595

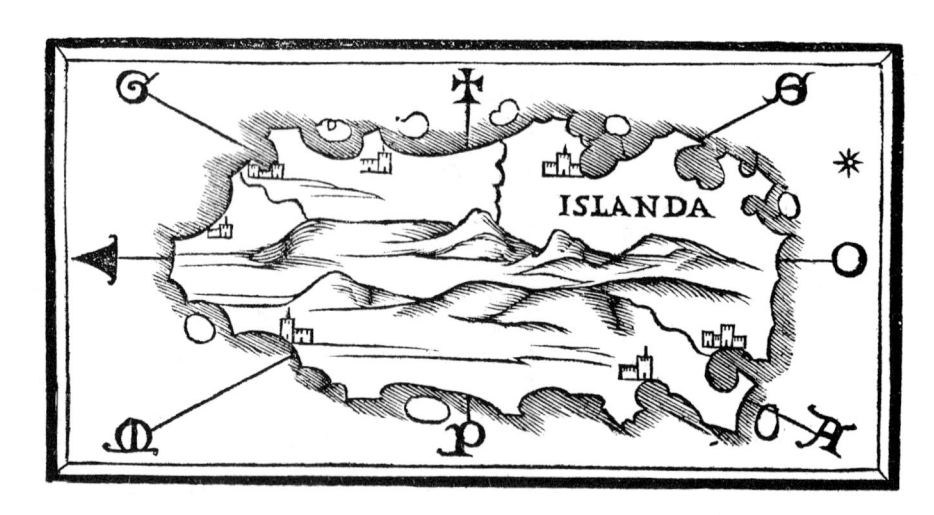

5. Benedetto BORDONE, Islanda, 1528

6. Heinrich SCHERER, Nordpola

6. Heinrich SCHERER, Nordpolarkarte, 1701

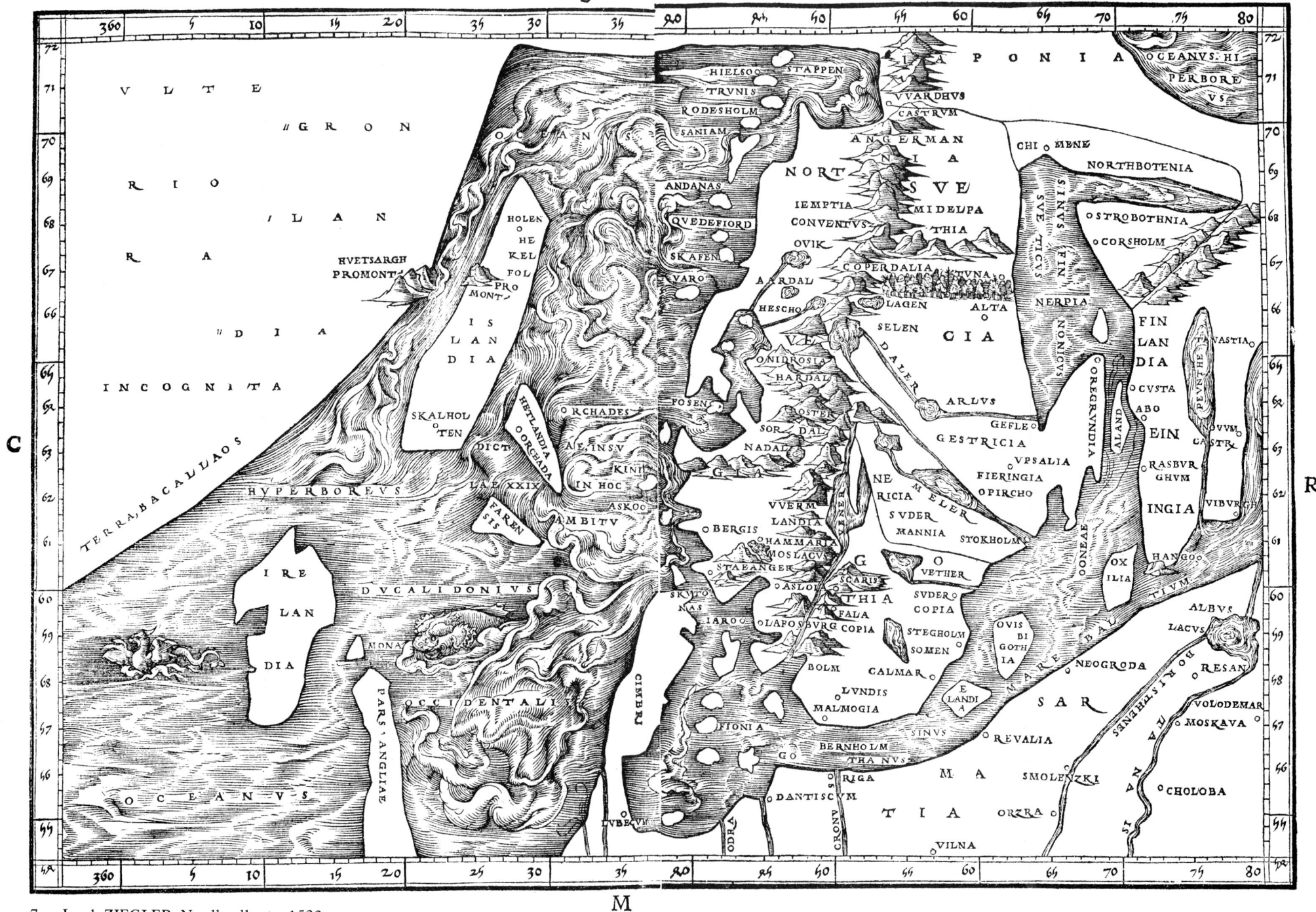

7. Jacob ZIEGLER, Nordlandkarte, 1532

GRAMMATICUS. ZIEGLER sagt, zwischen Grönland und Island sei die Entfernung so gering, daß die Seefahrer, welche zwischen diesen beiden Ländern führen, den Gipfel der Hekla auf der einen, und den Hvitserk auf der anderen Seite der Meeresstraße sähen. In jenen Tagen nahm man alle Berichte für bare Münze, mochten sie nun mit den Naturgesetzen übereinstimmen oder nicht. Die Leute waren für diesen Unterschied nicht zu haben. Doch muß meist den Angaben ein wirklicher Tatbestand zu Grunde liegen. Da wo ZIEGLER von der Fettigkeit der isländischen Schafe spricht, beruht diese Angabe wahrscheinlich darauf, daß deutsche Kaufleute von fetten Schafen gehört oder sie selbst gesehen haben, wie sie im Herbst von den Bergen herabgetrieben wurden. Die Sage von der Peinigung der Seelen in den Vulkanen ist allenthalben gang und gäbe, und zu jenen Zeiten glaubte man steif und fest daran, daß sich dies so verhalte, sowohl auf Island als anderwärts.[1] Das Spuken der Geister Ertrunkener ist echt isländisch, und es ist nicht daran zu zweifeln, daß einzelne Bewohner der äußersten Vorgebirge von Island im letzten Jahrhundert daran glaubten.

Bei seiner Karte brach er mit der Tradition des "CLAVUS-DONIS-Typus" — obwohl seine Darstellung noch gewisse Ähnlichkeiten aufweist — und benutzte Quellenmaterial, das ihm zwei Schweden, nämlich die Bischöfe von Trondheim und Uppsala, Erik VALKENDORF und Johannes MAGNUS, zur Verfügung gestellt hatten. Auch ptolemäische und kirchliche Einflüsse sind merkbar. Jacob ZIEGLERs Karte "Schondia" aus dem Jahre 1532 zeigt im äußersten Nordwesten eine große, unstrukturierte Landmasse, die Grönland und Neufundland (Terra Bacallaos) darstellen soll und mit Europa verbunden ist. Die Inseln im Atlantik (Orkney, Shetland und Färöer) werden dargestellt als "Insula Farensis Orchadum" und "Hetlandia Orchadum maxima". Die Anzahl der "Orchades" belaufen sich auf 29. Island weist einen gänzlich unrealistischen Umriß auf. Es ist eine längliche Insel an der Ostküste von Grönland und reicht von 63° bis 69° n. Br. Sie ist dreimal länger als breit. Die Küsten verlaufen auf dieser viereckigen Latte ganz gerade. Gezeigt werden auch die beiden Bischofssitze "Hólen" im Norden und "Skálholten" im Süden. Der Vulkan Hekla ist zum ersten Mal auf einer Karte zu sehen. Seither wurde von Kartographen und Zeichnern dieser Vulkan in verschiedenen Positionen und mit verschiedenen Namen sehr genüßlich dargestellt. CLAVUS vermutete ihn in Grönland aufgrund eines irreführenden Reiseberichtes (Itinéraire Brugeois) von LELEWEL, vermutlich aus dem Jahre 1380. Er erwähnt in Grönland "einen Berg, welcher 'Ineghelberch' genannt wird; auf der einen Seite ist er ein Vulkan, auf der anderen ein Schneeberg". Im Nancy-Codex ist er nicht ausdrücklich erwähnt, aber was dort als "lacus penarum" kurz angedeutet wird, ist vermutlich der Hechelberg. ZENO plazierte später sein Thomaskloster in die Nähe des Vulkans.

---

1) siehe MAURER (1898): Die Hölle auf Island. In: Leseschrift des Vereins für Völkerkunde, VIII. Jahrg., 1898, S. 452–454

Auf der Karte von Baptista PEDREZANO (1548) hat Island, Thyle genannt, eine ähnliche Gestalt wie bei ZIEGLER, jedoch im Norden etwas schmaler, in die Südspitze dringt ein Meerbusen ein, und von der Westküste geht gegen Süden zu ein Vorsprung aus. Zwei Namen, Madher und Coas, sind hinzugefügt.

Die älteste bekannte Beschreibung des isländischen Vulkans, dessen Name so etwas wie Kapuze bedeutet, finden wir in Werken von Herbert von CLAIRVAUX aus den Jahren 1178 bis 1180.

Der französische Chronist Alberich von Troisfontaines vermeldete in der Mitte des 13. Jh. eine Überlieferung aus dem Jahre 1134 "Am Tage der Schlacht von Fodvig sah man auf Island, wie über dem Hekla-Berg die Seelen der Getöteten in Gestalt schwarzer Vögel herumfliegen und schrien, wehe, wehe, was haben wir getan, wehe, wehe, was ist nun geschehen." Etwas später wurde auch im Chronikon des Lanercost und in den Annalen von Flatey von wimmelnden Seelen in der Hekla-Hölle berichtet. Selbst nach dem Mittelalter verblaßte die Vision vom Höllenpfuhl der Hekla nicht so schnell.[1]

Von den ungefähr 30 Vulkanen, die in historischer Zeit tätig waren, hat Hekla auch außerhalb Islands die größte Berühmtheit erlangt. Dieser Feuerberg, der weder ein Kegelvulkan ist noch eine Kraterseite bildet, sondern einen Rücken hat, hatte seinen ersten geschichtlich bezeugten Ausbruch 1104 und seinen vorläufig letzten im August 1978. Dieser Vulkan hat vom Mittelalter bis in die Neuzeit die Phantasie der Menschen angeregt. Besonders stark war früher die Ansicht verbreitet, daß in diesem Feuerberg der Sitz der Hölle oder zumindest der des Fegefeuers sei. Man findet über ihn auch in älteren Werken über die Geographie Islands wiederholt Hinweise. Im Kommentar zu der berühmten "Carta marina" von Olaus MAGNUS aus dem Jahre 1539 finden sich Hinweise auf eine solche Hölle in Island. ORTELIUS schrieb in seinem "Theatrum", daß nach allgemeinem Volksglauben die Seelen Verstorbener nach Island gebracht würden, und Peter Palladius, Bischof von Seeland, erwähnte um die Mitte des 16. Jh. den Glauben an die Hölle in der Hekla. Hieronymus CARDANUS (1501–1576), von dem es hieß, er habe seinen Todestag berechnet, und als seine Prophezeiung nicht eintreffen wollte, sich zu Tode gehungert, verglich den Hekla in "De subtilitate libri XXI", 1559, auch mit dem Ätna: "In den Sandwüsten von Ägypten, Äthiopien und Indien, wo die Sonnenhitze sehr groß ist, treiben diese Gespenster und Erscheinungen ihr Spiel mit dem Reisenden ebenso wie auf Island." CARDANUS war offenbar der Meinung, daß die Geister und Gespenster, welche die Leute zu sehen glaubten, lediglich Mißdeutungen und Luftspiegelungen seien. Der Schwiegersohn Melanchthons, Caspar PEUCERUS, ein Arzt (1526–1602), schrieb über Hekla in "Commentarius de praecipuis generibus divinationum", Wittenberg 1576, wie folgt: "Auf Island

---

1) siehe THORODDSEN (1925): Die Geschichte der isländischen Vulkane. Kopenhagen 1925
SCHUTZBACH (1985): Island, Feuerinsel am Polarkreis. Bonn 1985
SCHWARZBACH (1971): Geologenfahrt in Island. Ludwigsburg 1971

befindet sich der Berg Hekla, der aus einem unermeßlichen Abgrund oder vielmehr aus der Tiefe der Hölle das jämmerliche und wehklagende Geheul Schluchzender ertönen läßt, so daß man die Stimmen der Weinenden auf viele Meilen hinaus vernimmt. Diesen Berg umkreisen Scharen kohlschwarzer Raben und Geier, die nach Ansicht der Bewohner dort nisten. Auf diesem Berg entspringen zwei Quellen, deren eine eiskaltes und die andere so unerträglich heißes Wasser enthält, daß es über alle natürliche Möglichkeit geht. Die große Menge der Bevölkerung ist davon überzeugt, daß sich dort der Eingang zur Hölle befindet, denn sie wissen aus langjähriger Erfahrung, daß, wenn irgendwo auf der Welt Schlachten geschlagen oder blutige Taten vollbracht werden, daß dann dort entsetzliches Lärmen, Geheul und Gewinsel sich hören läßt."[1] Franciscus IRENICUS aus Eßlingen erwähnt die Hekla 1518, Georgius AGRICOLA (1490–1559) im Jahre 1546. Noch 1633 beschrieb ein italienischer Jesuit, Julius Caesar RECUPITIUS, die Hekla ebenfalls als eine Pforte der Hölle, in der man die Seelen der Toten sehen könne, und meinte, daß Gott solche Öffnungen auf Erden geschaffen habe, damit die Menschen die Qualen der Hölle und des Fegefeuers ständig vor Augen hätten.

Im Volksglauben, besonders in Dänemark und Deutschland, hat sich dann der Name Hekla gewandelt und ist zu Heckelfelde, Heckenfialds und Heckenfeld geworden.

Später, im Jahre 1783, wurde der Ausbruch zahlreicher Vulkane auf der Laki-Spalte nicht nur ein geologisches, sondern auch ein wirtschaftliches und nationalpolitisches Ereignis von größter Tragweite. Aus den Laki-Kegeln floß 1783–84 über 600 qkm die größte Lavamenge aus, die je bei einem historischen Ausbruch auf der Erde beobachtet wurde. Anfänglich auf das unbesiedelte Innere Islands und das schmale Skaftá-Tal beschränkt, breitete sich die Lava jenseits des Gebirgsrandes auf den weiten Ebenen des Südens mit ihren Gehöften gewaltig aus und bildete dort das unübersehbare Lavameer der Nýja-Eldhraun. Damit trat eine gewaltige topographische Veränderung auf der Insel am Polarkreis ein. Sie fand Berücksichtigung in den Karten von Magnus STEPHENSEN.[2]

Sebastian MÜNSTER (1488/89–1552), Theologe, Hebräist und Kosmograph, publizierte 1540 in Basel eine neu redigierte Ausgabe von PTOLEMÄUS' "Geographie" mit zusätzlich 21 modernen Tafeln, darunter auch eine Nordlandkarte, für die er die Arbeit ZIEGLERs zum Vorbild nahm. MÜNSTER benutzte seine Karte ein zweites Mal für die "Cosmographia universalis", die 1544 erschien. War auf der Weltkarte MÜNSTERs Island noch als 'Thule' bezeichnet, erscheint unter dem angedeuteten "Grünland" hier "Ißland" mit Hekla (Heckl'berg), und Thyle ist eine selbständige Insel nördlich der Hebriden.

---

1) vgl. THORODDSEN (1887): a.a.O., S. 142
2) (Kort over den Egn of Vestre Skoptefield Syssel i Island, som en nye Vulcans Udbrud. Aar 1783 har rammet, 1785) und von Sveinn Pálsson (Kaart over 1783 Aars Volkan i Island und Kaart over Klofa-Jökul, beide 1794).

Basel war, hinter Straßburg, der Metropole des Buchdrucks, neben Augsburg und Ulm eines der wichtigen wissenschaftlichen Zentren. Die Stadt zog gelehrte Männer und bedeutende Künstler wie die HOLBEINs und Urs GRAF an. Es entstanden Druckwerkstätten, deren Namen noch heute geläufig sind. So hatte der Baseler Drucker Heinrich PETRI den ganzen Schmuckvorrat seines Hauses aufgeboten, um die "Cosmographia" so zierreich wie möglich auszustatten. Um getreue Städtebilder zu erhalten, wandte sich MÜNSTER an die Landesfürsten und Behörden der bedeutendsten Städte in Deutschland und den Nachbarländern und bat sich Bilder von den Städten und Ortschaften aus. Dazu kam ein unermeßlicher Reichtum an Karten und Darstellungen aller Art. Nur Hartmann SCHEDELs Weltchronik läßt sich damit vergleichen. Wie diese, so bringt auch die "Cosmographia" zahlreiche erdichtete Bilder. Manche Holzstöcke wurden für die verschiedensten Gegenstände verwandt, ein und dieselbe Fürstengestalt ist für mehrere Kaiser, ein und dasselbe Städtebild für nicht weniger als fünf Orte abgedruckt. Zu schauen und zu staunen gab es im Werk MÜNSTERs wahrlich nicht wenig. Wunderbare Menschen, Tiere, besonders Vögel, wechselten mit Darstellungen von Sitten und Gebräuchen. Die Seeungeheuer der Nordlandkarte des Olaus MAGNUS sind spiegelbildlich übernommen und szenisch neu komponiert. Unter dem Thema "Von den Mitnächtigen ländern" ist auch Island ein ganzseitiges Kapitel gewidmet: "Dise insel Ißland", so beginnt es, "hat den name von d' grossen kelte so darin ist, do gar nahe über jar eiß gefunden wirt. Sie ist zwei mal so gros als Sicilia. Es seind darin drei hoher berg die seind mit ewige schnee in jrer höhe bedeckt, vn vnden brenne sie stets mit schwefliche feuwer. Ire name heissen Hecla, Kreußberg od. Creutzberg, Helga. Bey de Heckelberg ist eine mechtige tieffe, die nit ergründt mag werde, vn do erscheinen offt die lent die neuwlich ertrucken sind, als weren sie noch lebendig, vnd vo jren freunden erfordt werden heim zukomen, aber sie sagten mit große seufftze, die müssen ghen Heckelberg, vnd verschwinde von stund an. Wunderbarlich ding werde gefunden in diesem Land, deren jch etlich hie erzele wil . . .".

Über "Grünland" heißt es u. a.: "Es seind zwen bischoffliche Sitz darin, die dem Erzbischoff von Drontheim in Nordwegien gelegen vnderworffen seind. Das Volck in diesem Land ist gar wanckelmütig vnd ghat fast mit Zauberei vmb. Man meint das diß land sich von Lappen ziehe biß zu den neuwen inseln die sich gegen mitnacht strecke. Weiter weißt man von diesem Land nichts zusagen."

Sebastian MÜNSTER zeigte am Nordpol Menschenfresser, die ihre Opfer verspeisen. Seine Beschreibung der Figuren trug wenig dazu bei, die Furcht der Seefahrer vor unbekannten Gewässern zu vermindern. Gezeigt werden u. a. riesige Fische in der Größe von Bergen, die man in der Nähe von Island sieht. Sie werfen Schiffe um, wenn man sie nicht durch den Schall von Trompeten erschreckt und vertreibt, oder manchmal spielen sie auch mit leeren Fässern, die man ins Wasser wirft, ein Vergnügen, das ihnen großen Spaß macht. Gelegentlich geraten Seeleute in Gefahr, wenn sie den Anker auf den Rücken dieser Wale fallen lassen, weil sie sie für Inseln halten. Die Isländer nennen sie "Fische des Teufels".

XV. Olaus MAGNUS

Olaus MAGNUS oder Magni (1490–1557), der Bruder des letzten katholischen Bischofs von Schweden, latinisierte seinen Namen nach dem Geschmack der Zeit aus seinem Rufnamen Olof unter Zufügung des Vornamens seines Vaters, MAGNUS (Persson oder Peterson) als Familiennamen. Ausgedehnte Reisen hatten Olaus namentlich in den Jahren 1518–19 mit einem großen Teil Skandinaviens bekannt gemacht. Er besuchte auch Deutschland, die Niederlande, Polen und Italien. Aufgrund seiner umfangreichen Kenntnis der nordischen Länder schuf er in der Folge sein Lebenswerk als Kartograph und Kulturhistoriker des Nordens. 1524 beauftragte ihn Gustav Wasa mit einer diplomatischen Reise nach Rom, von der er nicht mehr nach Schweden zurückkehrte, weil er sich der Reformation nicht anschließen wollte. Fast 13 Jahre verbrachte er, allerdings mit häufigen und langen Unterbrechungen, vorwiegend in Lübeck und Danzig, dann rund 20 Jahre in Italien. Auch sein älterer Bruder Johannes MAGNUS (1488–1544) verließ 1526 für immer Schweden. In Italien verkehrte Olaus mit Vorliebe in Gelehrtenkreisen, u. a. im Hause des Partriarchen Pietro Quirin in Venedig. Er war mit dem berühmten Historiker und Geographen und Sekretär der venezianischen Republik Giovanni Battista RAMUSIO (1485–1557) befreundet und lernte durch ihn viele der angesehensten Forscher und Reisenden der Zeit kennen. Auch genoß er unter ihnen ein nicht geringes Ansehen, da er über die nordischen Länder aus eigener Anschauung und aufgrund literarischer und mündlicher Quellen weit mehr als alle anderen zu berichten wußte. Er kannte die nordischen Segelanweisungen des 14. bis 16. Jh., von denen sein Bruder eine wertvolle Sammlung besessen haben soll, ferner die ältere Literatur, darunter die von SAXO GRAMMATICUS (um 1200) und die Forschungsergebnisse des Claudius CLAVUS. Es war vermutlich in Venedig, wo der schwedische Bischof entschied, seine berühmte Karte nicht "Carta Gothica", sondern "Carta marina" zu nennen.

Olaus MAGNUS schuf 1539 mit der "Carta marina" (Abb. 8) die erste großmaßstäbliche Karte der nordischen Länder. Der Patriarch von Venedig gab 440 Dukaten für die Herstellung der Druckstöcke, der Apotheker Thomaso Rossi sorgte für den Druck. Das Blatt A, das Island abbildet, ist das geschlossenste der neun Blätter. Es zeigt die Vulkane der Insel, einen der isländischen Barden, einen Ritter, der samt Pferd durch einen starken Wind zu Fall gebracht wurde, zwei Wappen, das norwegische links, und eines mit einem gekrönten Fisch, den die niederländischen Kaufleute überaus schätzten.

Die "Carta marina" beeinflußte die Kartographie Nordeuropas bis in die 80er Jahre des 16. Jh. Von der anscheinend recht teuren Karte kam nur eine kleine Anzahl in den Handel. Sie blieb volle drei Jahrhunderte verschollen, obwohl sie in den Bibliographien des 16. Jh. mehrfach erwähnt wird und es verkleinerte Nachzeichnungen gab. Erst 1886 hatte der deutsche Gelehrte Oskar BRENNER unter den Beständen der Münchner Staatsbibliothek ein vollständiges Exemplar der verloren geglaubten Karte gefunden, ein weiteres befindet sich in Uppsala (Schweden) wo sie 1962 wieder entdeckt wurde.

Haraldur SIGURDSSON (1971) glaubt, daß Olaus MAGNUS nur Zugang zu Karten der südlichen Westküste hatte, deren Häfen von englischen und deutschen Seeleuten, die den Stockfisch-Handel betrieben, angelaufen wurden. Der Rest beruhe auf Spekulationen und unzureichenden Informationen. Das würde die sehr kühnen Umrisse und den Mangel an Ortsnamen und anderen Details an der Nord- und Ostküste erklären. Weit weniger wahrscheinlich ist die Annahme einiger Wissenschaftler, daß Olaus ältere Berichte portugiesischer Seeleute aus dem westlichen Teil Islands benutzte.

Die "Carta marina" ist äußerst reichhaltig mit Menschen- und Tierdarstellungen, Szenen von friedlichen und kriegerischen Geschehnissen, Staatswappen, Schriftkartuschen, Schiffstypen, Seeungeheuern und Fabelwesen verziert. Anfangs standen an erster Stelle bei der mythologischen Darstellung die treuen Freunde der Seeleute, die Delphine. Das änderte sich, sobald der Seemann die Nordmeere befuhr. Die Darstellung von seltsamen Wesen geht zurück auf eine von PLINIUS (23–79 n. Chr.) begründete Tradition. Seine Ideen wurden von den meisten Geographen des 16. Jh. umgesetzt. Auch Shakespeare's Mohr von Venedig erzählt Desdemona von seinen Reisen und den Erlebnissen mit Kannibalen.

In den kalten Gewässern zwischen Norwegen und Island wurden gefährliche Begegnungen häufiger und mehrten die Angst vor Meeresmonstern, eines schrecklicher als das andere, auch wenn sie unter den Namen ihrer Gattung vorgestellt werden. Da gibt es die "Vaca marina", die "Orca", die "Balena" sowie eine 300-füßige Schlange, die sich auf eine Caravelle stürzt. Vielleicht ein Vorfahre des Ungeheuers von Loch Ness? Unerschrockenen Fischern ist es jedoch gelungen, ein solches Ungeheuer zu fangen und dort mit einer Hacke zu zerstückeln. Bezüglich der figürlichen, aber nicht kartographischen Darstellung machte Olaus MAGNUS u. a. Gebrauch von Hans HOLBEIN dem Jüngeren in seiner Bibelillustration für das Buch König David's: Der König auf dem Thron repräsentiert den König von Norwegen, Gustav Wasa. Spätere Kartenmacher wie Sebastian MÜNSTER haben der "Carta marina" gern Schmuckmotive entlehnt, und die heutige Forschung ist sich des kulturhistorischen Wertes voll bewußt.

Die Wal-Abbildungen hatten ebenfalls einen überragenden Einfluß auf die zoologischen Darstellungen der Folgezeit. Von dem großen Fisch wurde schon in der Bibel berichtet, und auch in den Mythen der Naturvölker hatte er seinen Platz. So erhielt Albrecht Dürer, als er 1520 in Antwerpen war, die Nachricht von einem mehr als 100 Klafter langen Wal, der auf Schouwien gestrandet war. In vielen Kosmographien und Karten lassen die Wale mit drachenhaften Merkmalen, wie feurigen Augen, mörderischen Zähnen und schrecklichen Rückenkämmen auf schuppigen Leibern, den Betrachter schaudern.

Interessant sind auf der "Carta marina" auch die verschiedenen Schiffstypen, deren Herkunft der Autor jeweils nennt: Im Südwesten von Island z. B. ein Hamburger Schiff, das ein schottisches beschießt, ein Zeugnis für die Übermacht der Hamburger in Island und den isländischen Gewässern wie auch für den anhaltenden Kriegszustand unter den Islandfahrern verschiedener Nationen. Zwei Männer vom schottischen Schiff sind schon über Bord gefallen, der Mast gebrochen. Die Hamburger scheinen unversehrt. Auf einer Reise von Danzig nach Mantua und Rom im Jahre 1537 erhielt Olaus MAGNUS ein Pamphlet, das den Titel trug "Monstrum in ozeano germanico". Der figürliche Inhalt ist fast identisch mit den Seeungeheuern in der "Carta marina". Mit einem Seeungeheuer südlich von Island wollte Olaus MAGNUS Öl auf das Feuer des Kampfes der katholischen Kirche gießen. Auf der "Carta marina" ist Island ungefähr 34 x 12 cm groß eingezeichnet, was einem Maßstab von rd. 1:2.000.000 entspricht, allerdings viel zu stark SW-NO statt W-O orientiert und dazu übermäßig breit gezogen, so daß sich die W-O-Achse zur N-S-Achse fast wie 3:1 statt wie 3:2 verhält. Aber trotz dieser Mängel ist Island in der Gesamtdarstellung viel näher an der Wirklichkeit als auf irgend einer älteren Karte. Es handelt sich also für diese Insel um eine Art Schlüsselkarte. Wir werden uns daher ausführlicher mit ihr beschäftigen.

Zum ersten Mal lassen sich die Hauptformen der Küstenlinie einigermaßen wirklichkeitsnah erkennen. Da weder Olaus selbst, noch vor ihm — soweit bekannt ist — irgend ein anderer ausländischer Geograph Island besuchte, so müssen bei dem relativ richtigen Küstenverlauf die mündlichen Angaben guter Gewährsleute mitgewirkt haben. Als solche kamen außer skandinavischen und deutschen Islandfahrern, den Schiffern, Fischern und Kaufleuten, die im 16. Jh. Island besuchten, vermutlich auch Isländer selbst in Betracht, mit denen Olaus bei seinen Reisen namentlich in Nidaros in Norwegen oder in Lübeck, Hamburg und Bremen gesprochen haben mag. Deshalb stellt wohl auch das Landesinnere Islands sich auf der "Carta marina" gegenüber allen älteren Karten mit erheblichen Verbesserungen dar. Die beiden Bischofssitze liegen westöstlich statt südnördlich zueinander, was auf der allgemein falschen Orientierung der Karte beruhen dürfte. Kaum einer hat sich mit der Island-Darstellung auf der "Carta marina" so eingehend beschäftigt wie der bedeutende Islandkenner Heinrich ERKES (1929). Er beschreibt weitere Einzelheiten wie folgt:

"Besonders fällt die verfehlte Lage des Klosters Helgafell im SSO statt im W Islands auf. Hierzu gibt die Kartierung der Vulkane Mons Hekla, Mons Sanctus und Mons Crucis eine Erklärung, die mehr für als gegen die Zuverlässigkeit der Carta marina spricht. Zunächst beweist die Einzeichnung der drei feuerspeienden Berge, daß Olaus MAGNUS von der durchaus richtigen Tatsache Kenntnis hatte, daß die vulkanische Tätigkeit auf Island sich keineswegs auf die im Ausland fast allgemein als einzigen Vulkan bekannte Hekla beschränkte. Wie Th. THORODDSEN in seiner Geschichte der isländischen Vulkane, 1925, feststellt, hatten während des Jahrhunderts vor Herausgabe der Carta marina die im Südland gelegene Katla i. J. 1416, ein nicht festgestellter Vulkan i. J. 1477, die Trölladyngja auf Reykjanes, ferner die Hekla und außerdem ein nicht genannter dritter Vulkan i. J. 1510 heftige Ausbrüche. Diese geschichtlichen Tat-

sachen waren auf Island in allgemeiner Erinnerung; über Namen und Lage der verschiedenen Vulkane war man jedoch auf Island wenig, im Ausland gar nicht unterrichtet. Allgemein bekannt war, wie gesagt, eigentlich nur der Name Hekla, den die norwegisch-dänischen und deutschen Islandfahrer durchweg als Hekelfiel oder Hechelberg wiedergaben. Nun wußte man auch von einem Kloster Helgafell, das u. a. durch seinen Reichtum an Butter und entsprechende Butterausfuhr berühmt war und am Fuße eines gleichnamigen Berges, in Wirklichkeit eines einzeln stehenden, nur 65 m hohen Hügels Helgafell im Westlande am Breidifjördur lag. Diesen Hügel wie das Kloster nannten die Ausländer Helgafiel oder Heilichberg, und aus der Ähnlichkeit der Namen mit Hekelfiel oder Hechelberg konnte bei Unkundigen leicht die Meinung aufkommen, es handle sich beim Helgafell entweder um die Hekla selbst oder doch um einen andern feuerspeienden Berg in ihrer Nähe. Die Carta marina kennt sogar zwei Berge Helgafell, wovon der eine in lateinischer Übertragung als Mons Sanctus beim Kloster (abbatia) Helgafell ohne vulkanische Kennzeichen, der zweite in der Nähe durch Flammen und Steinauswürfe als Vulkan dargestellt und in dem beigefügten Kommentar als Helgafell bezeichnet wird.

Was sodann Mons Crucis anbelangt, so hat es auf Island einen Vulkan dieses oder ähnlichen Namens nie gegeben. Der Name scheint vielmehr nur eine naheliegende Umschreibung für Mons Sanctus gewesen zu sein; später betrachtete man ihn als selbständigen Berg und wie fälschlich Helgafell, aber richtig Hekla, als einen tätigen Vulkan. Übrigens ist es leicht möglich und hat sogar Wahrscheinlichkeit für sich, wie jeder bestätigen wird, der den nichtvulkanischen Hügel Helgafell am Breidifjördur bestiegen hat, daß auf dieser Höhe bei dem ehemaligen Kloster in katholischer Zeit (vor 1550) tatsächlich ein weit sichtbares Kreuz gestanden haben mag, wie wir dies bestimmt von andern Höhen auf Island wissen, z. B. Dalkross bei Blikalón im Nordland usw. So mag sich der Beiname 'Kreuzberg' für Helgafell erklären, und so gingen mutmaßlich alle drei Namen der 'Vulkane' Kreuzberg (Mons Crucis), Heilichberg (Mons Sanctus) und Hechelberg (Mons Hekla, auch Mons Casulae genannt) auf den einzigen mit Namen bekannten feuerspeienden Berg Hekla zurück. Dabei blieb aber die Kenntnis von der Tatsache bestehen, daß es auf Island mehr als nur einen tätigen Vulkan gab, und es lag nahe, daß man die Feuerherde in nicht allzu großer Entfernung von der Hekla mutmaßte. Tatsächlich ist die Katla kaum 50 km, die Trölladyngja auf Reykjanes nicht viel über 100 km vom Heklagebiet entfernt. Da man nun den 'Mons Sanctus' in die Nähe der Hekla verlegte, so mußte man natürlich auch das an seinem Fuße liegende Kloster dorthin übertragen, wie es die Carta marina zeigt.

Beachtenswert sind ferner auf der Karte des Olaus MAGNUS drei große Seen im Innern Islands, deren Fischreichtum durch Ruderer auf diesen Seen bezeichnet wird. Es läßt sich wohl annehmen, daß Olaus die Seen nicht willkürlich eingezeichnet hat, sondern daß sie sich auf Berichte über die den Isländern wohlbekannten großen und fischreichen Landseen Thingvallavatn (im W), Mývatn (im N) und entweder die fischreiche Seengruppe Fiskivötn oder das seeartige Lagarfljót (im O) beziehen. Des weiteren bedeuten vier Brunnen, wie auch aus den Anmerkungen des Olaus zur Karte hervorgeht, die auf Island vorkommenden vier Quellarten, nämlich die einfachen Quellen guten kalten Trinkwassers, die warmen Quellen, deren es bekanntlich tausende auf Island gibt, und von denen einige infolge ihres Gehalts an Kieselsäure eingetauchte Gegenstände 'versteinern', ferner die 'bierähnlichen' kohlensauren Sprudel und schließlich die ungenießbaren 'giftigen' Schwefel- und kochenden Schlammpfuhle. Diese unterschiedlichen Quellen erwähnte übrigens bereits SAXO, von dem Olaus diese Angaben, die er von Isländern oder Islandfahrern bestätigt hörte, übernommen haben mag. Die sonstigen Abbildungen auf der Carta marina erklären sich gleichfalls durchweg ohne Schwierigkeit. Die als 'Saxa' bezeichneten Runensteine kannte Olaus MAGNUS wahrscheinlich aus Schweden; auf Island kommen sie nur in geringer Zahl, meistens nur als kurze Grabinschriften vor und nicht, wie Olaus im Anschluß an SAXO meint, zur Verherrlichung alter Helden und ihrer Taten; in Wirklichkeit sollen sie wohl lediglich eine Verbildlichung der berühmten altisländischen Literatur im allgemeinen darstellen.

Unweit von Berghen findet sich ein Name Vallen, den 'Olafur Davidsson (in Timarit hins ísl. bókmentafjelags, Jg. 14 (1893)) als Vallanes, einen Hof beim Lagarfljót ansah, während Ahlenius darin einen Zusammenhang mit hvalur (Walfisch, vielleicht mit der Klippe Hvalsbak) zu finden glaubte. Vielleicht enthält der Name einen Hinweis auf die berühmte, örtlich allerdings falsch übertragene Stätte Thingvellir, von der Olaus MAGNUS sicherlich irgendwie gehört hatte, und welche Dänen, Engländer und auch Deutsche von jeher, teilweise bis heute, mit der Genitivform Thing-valla zu benennen pflegten. Die Gegenüberstellung von Berghen und Vallen als 'Berg und Tal', oder als Fjallasveit (ein hochgelegener Distrikt in Ostisland) und dem flachen Seestrand, ist zwar nicht unmöglich, scheint jedoch ziemlich erkünstelt. Vielleicht haben die verschiedenartigen unklaren mündlichen Berichte zusammen Olaus MAGNUS bei seiner Kartierung von Vallen beeinflußt.

Schließlich noch das Wort Ro'k oder Rók oder Roek, das als das englische rock = Fels oder Felskap gedeutet wurde. Wahrscheinlich ist es die heute noch übliche isländische Abkürzung R'vk für die bis auf Islands Besiedlungszeit (um 874) zurückreichende Niederlassung Reykjavik an der gleichnamigen Bucht, wobei v als o und das Apostroph als Akzent über o mißdeutet wurde. Wenngleich Reykjavik als Gehöft wie als Seehafen im 16. Jahrh. keine sonderliche Handelsbedeutung hatte, sondern die Kaufleute den damals viel besseren Hafen Hafnarfjördur bevorzugten, so hatte man doch von dem nahegelegenen bekannten Gehöfte Reykjavik mit den in seiner Nähe liegenden warmen Quellen usw., sicherlich Kenntnis, die in der abgekürzten Namensform ihren Niederschlag fand. Den Namen Rók übertrugen die Ausländer dann auch auf das Vorgebirge Reykjanes, den südwestlichsten Punkt der gleichnamigen Halbinsel, wo er sich auf der Carta marina findet."

Jörg-Friedhelm VENZKE (1987), weist auf drei Reiter in Ost-Island hin, die angeblich darauf hinweisen, daß die Isländer des öfteren in überseeische Kriegszüge verwickelt waren. VENZKE erscheint dieses mit Recht unwahrscheinlich. Er vermutet vielmehr, daß die galoppierenden Reiter und die historische Situation des frühen 16. Jh. eher für eine Andeutung der sich in Island etablierten Macht der Dänen spricht. Schweden hatte erst knapp 20 Jahre vor Erscheinen der "Carta marina" die dänische Herrschaft überwunden.

Sowohl bei Olaus MAGNUS wie auch bei Sebastian MÜNSTER wird Butter als isländischer Exportartikel erwähnt. Diese Angaben beruhen durchaus auf Tatsachen, wenn man weiß, daß die Bistümer und Klöster eine Unmenge von Grundstücken besaßen, für die der Pachtbetrag in Butter entrichtet wurde.[1] In der "Historia de gentibus septentrionalibus" (1555) wird Island an einer größeren Anzahl verstreuter Stellen erwähnt und teilweise auch ausführlicher behandelt. Am Schluß der Vorrede bringt die "Historia" eine eingedruckte, nur eine Buchseite ausfüllende Textkarte, die einen sehr verkleinerten Ausschnitt aus dem Mittelstück der "Carta marina" darstellt. Sie enthält außer den Länder- und Inselnamen, wie Islandia, nur vereinzelte andere Namen, dazu Bilder von Schiffen und Seeungeheuern. Diese Karte ließ Olaus MAGNUS zuerst in dem von ihm herausgegebenen Werke seines verstorbenen Bruders Johannes über die Kriege Schwedens (Rom 1554) als "Scandianae insulae index" erscheinen und fügte sie dann seinem eigenen Werke von 1555 bei. Der Name Thule ist auf ihr verschwunden, während er auf anderen Karten erscheint.

Auf der Holzschnittkarte aus dem Jahre 1555 ist ein Pygmäe oder Eskimo auf Grönland zu sehen. Schon die ägyptischen Seefahrer berichteten von Pygmäen im Lande Punt. Island ist nahe an Norwegen herangerückt; auf der Insel erscheinen neben den beiden Bischofssitzen noch zwei kleinere Ortschaften sowie mehrere Vulkane. Die gegenüber der "Carta marina" vereinfachte Darstellung — sie erinnert an die "Schonlandia"-Karte von Sebastian MÜNSTER — stellt einen gewissen Rückschritt dar.

Eine Parallele zu der Stellung eines Eskimos in Olaus MAGNUS "Historia de Gentibus" (1555) findet man übrigens in Michael WOLGEMUTs Einfüßler oder "Skiapode" aus der südlichen Hemisphäre, der seinen einen übergroßen Fuß wie

---

1) siehe THORODDSEN (1897): a.a.O.

einen Sonnenschirm emporhält. Er ist in SCHEDELs Weltchronik (1493) abgebildet.[1]

Außer einer lateinischen Neuausgabe des Gesamtwerkes ließ Heinrich PETRI in demselben Jahr – 1567 – in seinem Verlag in Basel eine etwas verkürzte deutsche Übersetzung des großen Werkes des Olaus MAGNUS unter dem Titel "Historien der mittnächtigen Länder . . ." erscheinen. Als Übersetzer der deutschen Ausgabe wird Johann Baptist FICKLER genannt. Die beigefügte Karte ist gezeichnet FW 1567, was darauf hindeuten könnte, daß es sich bei dem Zeichner um FICKLER aus Weil-Wilestadt selbst handeln könnte. Heute machen sich Fachleute die Interpretation von F. GRENACHER zu eigen, der aus den Initialen vielmehr die Buchstaben THW herausliest, was Thomas (Thomass) WEBER bedeuten könnte. Die "FICKLER-Karte" dürfte nicht nur die "Carta marina", sondern auch die Europakarte von MERCATOR aus dem Jahre 1554 sowie Karten von Anton WIEDS (1555) und Cornelis ANTHONISZOON (1543) als Vorlage gedient haben. Auf der FICKLER-Karte finden sich Namen, die auf der "Carta marina" fehlen, aber bei MERCATOR vorkommen.

Auf der "Carta marina" ist Grönland in Form von zwei Halbinseln dargestellt und erinnert an den FRISIUS-MERCATOR Globus von 1536–37. Die östliche Halbinsel ist wahrscheinlich der jüngere Grönland-Typ von DONIS, welcher vom nordeuropäischen Festland getrennt ist. Westlich von Island liegt das andere Grönland, das dem CANTINO-Typ ähnelt und wahrscheinlich auf der CLAVUS-Darstellung in der älteren Version von DONIS basiert. Sie zeigt auch eine Nordostpassage in Form eines Ozeans nördlich von Europa, wie es John Mandeville durch die Legende von einem abgetriebenen Schiff von Indien oder China nach Mitteleuropa wohl erstmalig in den Bereich der Möglichkeit rückte. Olaus MAGNUS wurde bestärkt in seinem Glauben an einer solchen Passage durch Paulus JOVIUS und dem polnischen Experten über russische Geographie, Mathias von MIECHOV. Letzterer war davon überzeugt, daß Rußland sich bis zum Nördlichen Ozean erstreckt.

Das "Hvetsargk", das wir zuerst auf der Karte von Jacob ZIEGLER gesehen haben, erscheint nun als Insel westlich von Island. Sofus LARSEN wurde von NORLUND in seiner Vermutung unterstützt, daß ein anonymer portugiesischer Reisebericht für Island zugrunde gelegt worden war.

In seiner "Historia" (1555) schrieb Olaus MAGNUS über die "Klippe Hvitsargk": "Auf ihr wohnten um das Jahr des Herrn 1494 (!) zwei berüchtigte Seeräuber

---

1) In der Weltchronik erschien auch die Deutschlandkarte von Hieronymus MÜNZER. Sie ist die erste im Buchdruck erschienene Karte Mitteleuropas, deren Vorbild die sogenannte CUSANUS-Karte von Nikolaus v. KUES war. Sie wurde wahrscheinlich 1439 gezeichnet, aber erst 1491 in Kupfer gestochen und im 16. Jh. gedruckt. Erst auf MÜNZERs Karte ist am linken oberen Rand "Vslant" zu sehen. England und Schottland sind nach Osten umgeklappt, die skandinavische Halbinsel parallel zur deutschen Ostseeküste und über einen Zipfel "Grundland" mit "Russia" verbunden.

PINING und POTHORST mit ihren Mitschuldigen, gleich wie zum Trotze und aus Verachtung aller Reiche und ihrer Kriegsmacht, da sie durch den sehr strengen Befehl der nordischen Könige, von aller menschlichen Gemeinschaft ausgeschlossen und wegen ihrer außerordentlich gewalttätigen Räubereien und ihrer vielen grausamen Taten gegen alle Schiffe, die sie in nah und fern wegnehmen konnten, für vogelfrei erklärt worden waren ... Auf dem Gipfel jener sehr hohen Klippe haben die erwähnten PINING und POTHORST aus einer bedeutenden Rundung mit Kreisen und Linien, die aus Blei bestehen, einen Kompaß hergestellt ....".

Im II. Buch befindet sich eine Abbildung mit 3 Vulkanen, von denen wieder einer als Mons Hekla und einer als Mons Crucis bezeichnet wird. Neben zwei Gipfeln steht "nix" (Schnee) und am Fuße des mittleren Berges ist eine Höhle oder Grube zu sehen, in die ein Mann mit Hilfe einer Leiter hinabzusteigen scheint, eine Darstellung, die auf der "Carta marina" fehlt.[1]

Daß der schwedische Geistliche und Historiker die beiden vermeintlichen dänischen Admirale als "Piraten" bezeichnete, ist verständlich. Nach den feindlichen Auseinandersetzungen zwischen Dänen und Schweden während der sogenannten Stockholmer Bluthochzeit war MAGNUS nicht gut auf die Dänen zu sprechen.

Der Pariser Kartenhändler Hieronymus GOURMONT machte sich die Kartendarstellungen anderer zu eigen, zeichnete sie um, kopierte sie und bot sie feil. Mit dem zuerst 1548 veröffentlichten Holzschnitt "Islandia" hatte er zweifellos den großen Erfolg. Er bediente sich schamlos der "Carta marina" von Olaus MAGNUS, da er das Interesse seiner Zeitgenossen für "wunderbare Erscheinungen" erkannte. So stellte er z. B. die Meeresungeheuer und auch das sagenhafte Seezeichen mit dem lateinischen Text heraus, der übersetzt lautet: "Der sehr hohe Berg Witserk, auf dessen Gipfel ein Seezeichen gemacht worden ist von den beiden Seeräubern PINING und POTHORST, zum Schutz der Seefahrer vor Grönland." Auf der Karte sieht man auch zwei Segler. Der Walfänger ist mit zwei Masten ausgerüstet. Die Größenverhältnisse des dreimastigen Fahrzeuges werden durch das Beiboot deutlich. Das sagenhafte Seezeichen geht auf die Gunnbjörnschäre zurück, die wir bei CLAVUS zuerst kennenlernten, und die in Verbindung mit der Karte von Johannes RUYSCH schon näher beschrieben wurde. Möglicherweise haben PINING und POTHORST bei der Berührung der grönländischen Ostküste dort ein dänisches Hoheitszeichen in Form eines Kompasses errichtet, wie die portugiesischen Entdecker es an der westafrikanischen Küste in Form eines steinernen Wappenpfeilers (padrāo) als Hoheitszeichen der portugiesischen Krone getan hatten. Daß die Anbringung eines See- oder Hoheitszeichens an dem Berge "Hvitserc" kein Phantasieprodukt zu sein braucht, beweist ein Bericht von Sigvard GRUBBE von 1599, der von einem Kompaß berichtete, der am Nordkap eingemeißelt wurde.

---

1) siehe THORODDSEN (1897): a.a.O.

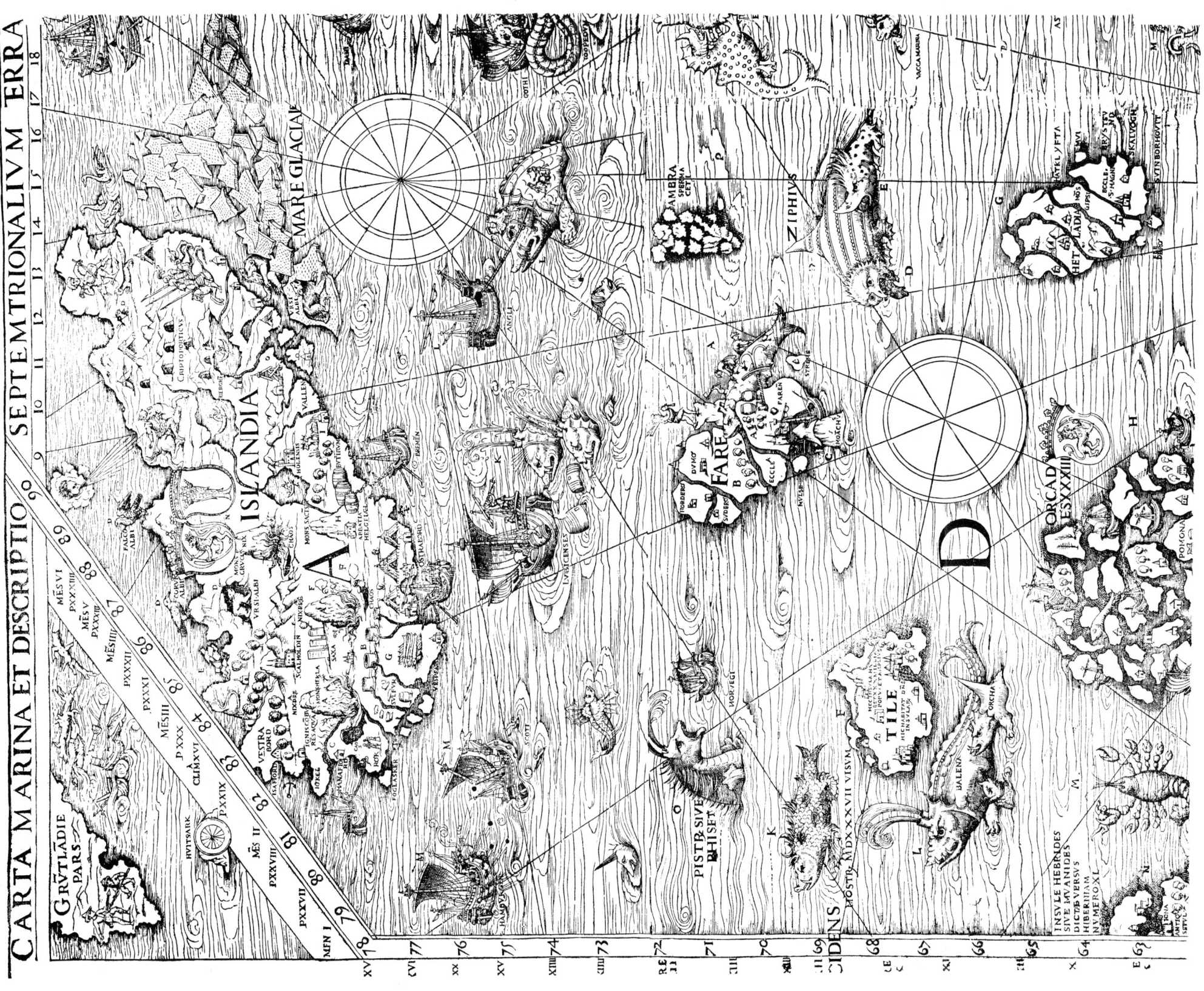

8. Olaus MAGNUS, "Carta marina", 1539 (Ausschnitt)

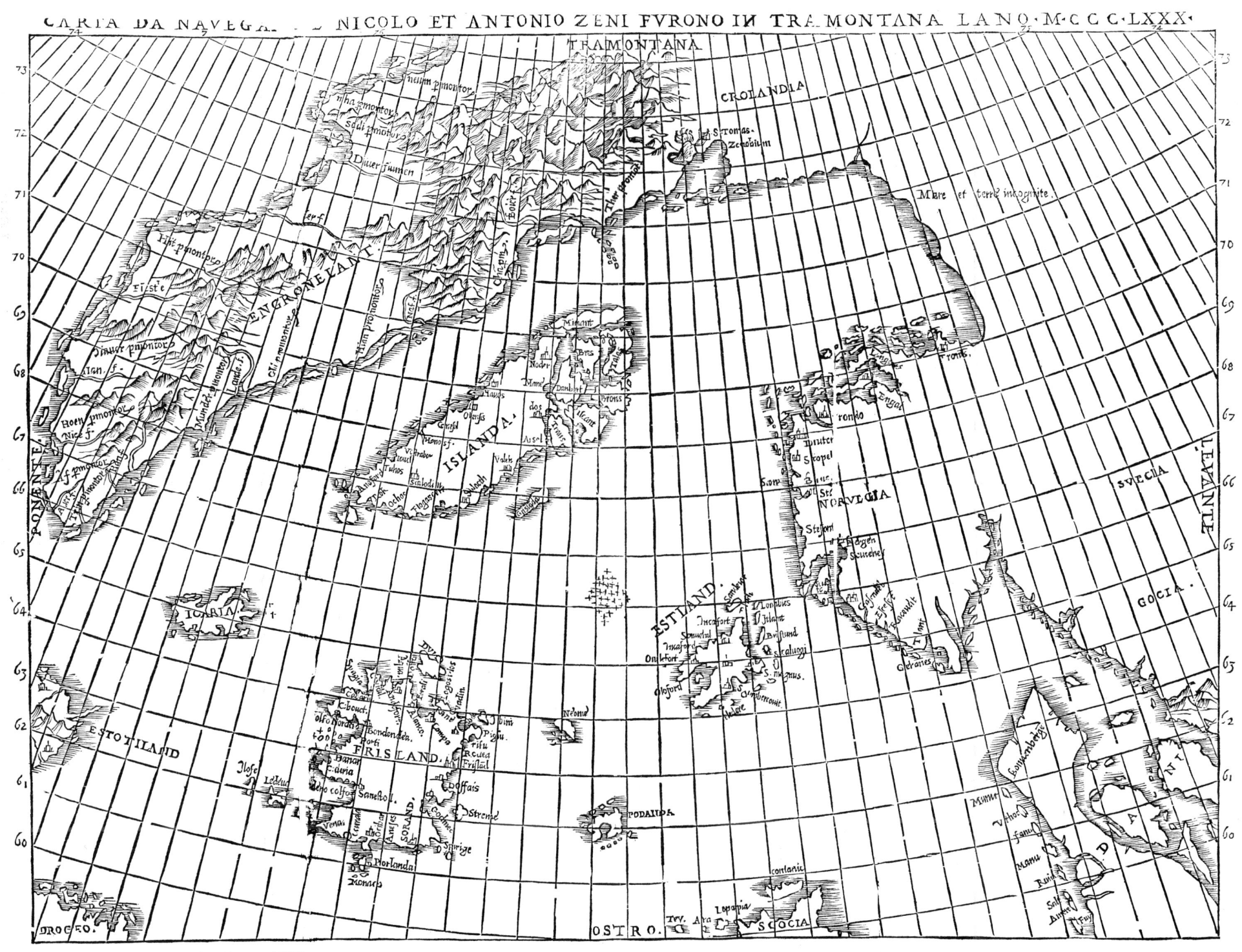

9. Nicolo ZENO, Nordlandkarte, 1558

1895 veröffentlichte Jindrich METELKA in Prag eine Faksimilekarte von Island zu einer Abhandlung in tschechischer Sprache unter dem Titel "Über eine bisher unbekannte Ausgabe der Islandkarte des Olaus MAGNUS vom Jahre 1548". Wenn sie auch im Umriß und (falscher) Lage wesentlich der Island-Darstellung der "Carta marina" entspricht, so ist es zweifelhaft, ob das Original von Olaus MAGNUS stammt.[1] Gemma FRISIUS (1508—1555/8), der eigentlich Reinarus hieß und ein von Kaiser Karl V. hochgeschätzter Arzt und Mathematiker war, beschrieb das Land und seine Vulkane ähnlich wie Sebastian MÜNSTER, ZIEGLER und Olaus MAGNUS in "Commentarius de Islandia".

Auf MERCATORs Karte von Europa aus dem Jahre 1554 (und teilweise auch auf seiner Weltkarte von 1569) sieht man der Gestalt Islands deutlich den starken Einfluß von Olaus MAGNUS an. Auf dieser Karte finden sich verschiedene Namen, von denen viele nur wenig von der ursprünglichen Form abweichen. Von Westen her geht eine mächtige Bucht ins Land, in der viele Inseln liegen, und die "Hanafiord sinus" benannt ist. Neben dem Namen "snauel jokel" steht: "das bedeutet schneeiges Vorgebirge, denn es ist immerwährend weiß von Schnee". Der nördlichste Fjord im Westlande heißt "Wolfssund". Mitten im Lande sieht man ebenfalls Seen, wie bei Olaus.

Mit Beginn des 15. Jh. hatten sich aus der Fülle verschiedener Formen nun feste Typen für Islands Kartenbild herausgebildet:

1) Der CLAVUS-DONIS-Typ, der Island in langgestreckter Form in Nord-Süd-Richtung, von einem Kranz kleiner Inseln umgeben, zeigt;

2) Der Carta-marina-Typ, der Island auch in langgestreckter Form, aber in West-Ost-Richtung darstellt;

3) Der Fixlanda-Typ, der durch die ZENO-Karte bekannt wurde und als Frislanda in alle späteren Karten des Nordens eingedrungen war. Die Insel ist annähernd quadratisch, die Ost- und Westküste nicht gegliedert.

XVI. Die Italiener

Da die in den PTOLEMÄUS-Ausgaben enthaltenen Karten bald nicht mehr den Ansprüchen der geographisch gebildeten und interessierten Kreise genügten, entstanden in Italien im Verlauf des 16. Jh. zahlreiche Offizinen von Kartographen und Kupferstechern, die das Wissen über verschiedene Länder in einzelnen Karten zusammenfaßten. Bis 1527 blieb die kartographische Tätigkeit in Italien von

---

1) siehe ERKES (1929): Island im Lebenswerke des Olaus Magnus. In: Mitteilungen der Islandfreunde XVII, Nr. 3—4, 1929, S. 82

portugiesischen Vorbildern abhängig. Spanischen Einfluß erkennt man erst in MAGGIOLOs Karte von 1527.

Die "Geographia", gedruckt 1548 in Venedig, war praktisch die letzte wichtige PTOLEMÄUS-Ausgabe und die erste, die in einer einheimischen Sprache, in diesem Falle der italienischen, hergestellt wurde. Sie war gleichzeitig der einzige Atlas, der von dem berühmten Kartographen Giacomo GASTALDI (um 1500–66) selbst produziert wurde. In diesem Atlas erschien dann auch die schon erwähnte Karte "Schonladia Nova". Eine ähnliche Karte von Girolamo RUSCELLI (um 1504–66) wurde dann unter dem gleichen Titel 1561 in Venedig veröffentlicht.

Auf der skizzenhaften Weltkarte im "Portolani" von Pietro COPPO (1470–1555 oder 56) aus dem Jahre 1528 ist Grönland als "Isola verde" nordöstlich von Cuba dargestellt, ohne daß eine Landmasse dazwischen liegt. Antonio LAFRERI (1512–77), geboren in Burgund, dessen ursprünglicher Name Antione Lafrere war und der 1553 mit einem anderen Kupferstecher in Rom ein Verlagshaus gründete, veröffentlichte erstmalig Atlanten, bei denen der Käufer die einzelnen, oft von verschiedenen Kartenzeichnern geschaffenen Tafeln selbst zusammenstellen konnte. Manche enthalten sogar im Ausland zuerst veröffentlichte Karten. NORDENSKIÖLD machte die Fachwelt 1889 zuerst auf diese Atlanten aufmerksam.

Fernando BERTELLI veröffentlichte 1566 und Giovanni Francesco CAMOCCIO 1571/72 eine Islandkarte, die sich in Bezug auf die Insel selbst kaum voneinander unterscheiden. Vorbild der etwas grob ausgeführten, spiegelverkehrten Karte beider Kartographen war die "Carta marina" des Olaus MAGNUS. Auch hier erscheint noch der Name "Chaos", vermutlich aus der ursprünglichen Verballhornung von "thurs" (bei CLAVUS) durch Olaus MAGNUS. Der "Atlante Veneto" (1690) von Vincenzo CORONELLI (1650–1718) schließt mit seiner Erdbeschreibung in Texten und Karten an die niederländische Schule an. Der venezianische Minoritenpater, zeitweise sogar Ordensgeneral, fertigte mehr als 500 prächtige Barockkarten an und stellte mit ihnen mehrere Atlanten zusammen. Außerdem schrieb er etliche Bücher über die verschiedensten Wissengebiete. Besonders berühmt wurde er durch die Anfertigung zahlreicher prunkvoller Globen in unterschiedlichen Größen. Abgesehen von den niederländischen Verlegern kann er als der angesehenste Kartograph des 17. Jh. bezeichnet werden. 1684 begründete er unter der Bezeichnung "Accademia Cosmografica degli Argonauti" die erste geographische Gesellschaft der Welt. Bei seiner Island-Karte in "Corso geografico" aus dem Jahre 1692 handelt es sich um eine verkleinerte und vereinfachte Darstellung von Joris CAROLUS, die später noch beschrieben wird.

XVII. Die Diepper Schule

Im Verlaufe des 16. Jh. verliert das Mittelmeer seine vorrangige Stellung in der Kartographie. Nicht nur in Mitteleuropa, sondern auch an den Küsten des Ärmelkanals und der Nordsee entstanden Ateliers, die Kartengeschichte machten. Spanien und Frankreich zogen portugiesische Steuerleute und Kartographen in ihre Dienste, die natürlich auch ihre Seekarten mitbrachten. Dieser Umstand erklärt den portugiesischen Einfluß auf die französischen Kartographen in der Mitte des 16. Jh. In Dieppe hatte sich seit Beginn des 16. Jh. eine Tradition eingebürgert, derzufolge die Kapitäne und Steuerleute der Admiralität Zeichnungen von Küsten und Häfen liefern mußten. John ROTZ (Jean Rose), ein prominenter Vertreter dieser Schule, bezeichnete Island als "Islonde" und "Islanda" in einer Gestalt, die sich von anderen Karten dieser Schule unterscheidet. ROTZ kam in Dieppe als Sohn eines schottischen Adligen zur Welt und ließ sich dort als Kaufmann nieder. Auf seiner Atlantikkarte, im "Boke of Idrography", das aus 16 Blättern besteht, rahmen die Küsten von Europa und Amerika den Ozean ein. Sie sind so orientiert, daß der Norden unten liegt; Labrador und Island sich also am untersten Rand der Karten befinden.

Die beiden Maßstäbe der geographischen Breite sind rechts und links der Karte zugeordnet. Sie orientieren uns auf den ersten Blick, wie der Kartograph das kartographische Problem der Abweichung der Magnetnadel löst: Nahe der europäischen Küste sind die Breitengrade von 33 bis 78° N angegeben, während sie an den amerikanischen Küsten von 29 bis 74° N verzeichnet sind. Mit dieser Verschiebung um 4 Grad zwischen O und W bringt ROTZ sein Verständnis der magnetischen Abweichung zur Kenntnis. Er zeigt damit an, daß bei einer Überquerung des Atlantiks in Ost-West-Richtung nach Westen hin eine starke Kompaßabweichung zu beobachten ist. Die Seefahrer der Renaissance lernten — oft durch eigene böse Erfahrungen —, daß sie noch viel größer ist, wenn man dem magnetischen Nordpol benachbarte Gegenden befährt.

Wie in fast allen Diepper Karten des 16. Jh. ist die lange, nach Osten spitz zulaufende, Landfläche einer Halbinsel mit der Inschrift "Cost of Labrador" vor ihrer Südküste zu sehen. Das mit Grönland verschmolzene Labrador wurde auch als Pseudo-Labrador oder Französisch-Labrador bezeichnet.

Guilleaume de TESTUs Bemerkung in seinem Atlas von 1556 ist ein Beleg dafür, daß die Franzosen selbst wenig von Island wußten. Die Gestalt von Island, die wir bei Nicolas DESLIENS (1541–1553), der HARLEIN-Karte (ca. 1542–46) und den Karten von Pierre DESCELIERS (1546–1553) finden, entspricht den zeitgenössischen portugiesischen Karten. Lediglich Ortsnamen sind zugefügt worden, wobei nur wenige davon auf isländischen Ursprung zurückgeführt werden können. Das ist nicht verwunderlich, da Seeleute lange ihre eigene Phantasie zu Hilfe nahmen. Einen Namen wie Portlanda kennen wir von alten katalanischen Karten. Oestremone ist zweifellos Vestmannaeyjar. Mit Orcae, Roca, Grimasi und Lamgas sind sicherlich Eyrarbakki, Reykjanes, Grimsey und Langanes gemeint. Die Fischer, die diese Informationen beschafft haben, pflegten in erster Linie die Ost-, Süd- und Westküste zu befahren. Die Nordküste von Horn bis Skjalfaudafloi war im allgemeinen, mit Ausnahme von Grimsey, unbekannt.

XVIII. Die ZENO-Karte

Abgesehen von PLATOs Atlantis-Fabel und PYTHEAS' Thule-Erzählung hat wohl kaum eine andere Literaturüberlieferung mit geographischem Hintergrund soviele wissenschaftliche Diskussionen und immer neue Auslegungen zur Folge gehabt wie das Buch "Dei commentarii del viaggio"[1], das 1558 in Venedig erschien. Das apokryphische Werk ist begleitet von einer Holzschnittkarte "Carta da navigatione Nicolo et Antonio Zeni, Furono in Tramontana L'ano MCCCLXXX" im Maßstab von ca. 1:7.000.000 (Abb. 9).

Buch und Karte wurden von einem Nachkommen der Brüder Nicolo und Antonio ZENO, Nicolo ZENO (1515–65), herausgegeben. Der begleitende Text beschreibt die angeblichen Fahrten seiner Vorfahren im Jahre 1380 unter anderem nach Frisland, Estotiland, Ikaria und Drogeo. Nicolo ZENO wollte in erster Linie den Nachweis führen, daß nicht KOLUMBUS aus Genua, sondern seine Vorfahren aus Venedig Amerika schon vorher gesehen hatten. Dabei war ihm augenscheinlich jedes Mittel recht.[2]

Mit der ZENO-Karte haben wir ein klassisches Beispiel für einen skrupellosen Fälschungsversuch, womit früher Kartographen zu Werke gegangen sind. ZENO stellte u. a. eine Insel "Frisland", im Text "Frislandia", dar und entfachte damit eine totale geographische Verwirrung, der zahlreiche zeitgenössische und nachfolgende Kartographen erlegen waren. ZENOs Vorstellungswelt hat noch bis ins 18. Jahrhundert hinein nachgewirkt. Die Zahl der Befürworter und Zweifler an der ZENO-Karte hielt sich bis zum Ende des letzten Jahrhunderts in etwa die Waage. Die ZENO-Karte erhielt auch Glaubwürdigkeit, weil MERCATOR die Insel Frisland zuerst auf seiner Weltkarte aus dem Jahre 1569 und noch in seinem Atlas von 1595 anerkannte, ebenso ORTELIUS ab 1575.[3] Selbst namhafte Gelehrte wie

---

1) Dei commentarii del viaggio in persia di M. caterino Zeno . . . et dello scoprimento dell' Isloe Frislanda, Estlanda, Engronelanda e icaria fatto sotto il polo Aretico, da due fratelli Zeni, M. Nicolo e M. Antonio, Venedig 1558
2) siehe DREYER-EIMBCKE (1984d): The Mythical Islands of Frisland. In: The Map Collector, Nr. 26, 1984, S. 48–49
RUGE (1886): Storia dell. Epoca delle scoperte del dott. Mailand 1886
ZABARELLO (1646): Origine della famiglia Zeno di Venetia. Padna 1646
ZURDA (1808): Dissertazione intorno di viaggi e scoperte settentrionali de Nicolo e Antonio Fratelli Zeni. Venedig 1808
3) HENNIG (1953): a.a.O.

A. von HUMBOLDT (1836) und A.E. NORDENSKIÖLD (1884) traten für die Echtheit der ZENO-Erzählung und -karte ein. Dabei hatte schon Georg v. HORN (1652) gesagt: "Es gibt weder auf dem Ozean, noch auf dem Festland, ein Aussehen der Länder, wie es dem Bericht des ZENO entspricht."[1] Die ZENO-Karte hatte im 16. und 17. Jh. wohl in erster Linie deshalb so viel Aufmerksamkeit auf sich gezogen, weil die "Carta marina" von Olaus MAGNUS, auf der sie in Ansätzen basierte, erst Ende des 19. Jh. bekannt wurde.

Die Wortverstümmelung Frislands auf der Karte findet auch eine Entsprechung im Text des Buches. Der unmögliche Name des Prinzen Zichmai, angeblich identisch mit dem im Jahre 1345 in Edinburgh geborenen Henry Sinclair, wurde vermutlich aus Wichmann korrumpiert. Wichmann war ein Vitalienbruder und Genosse des Hamburger Seeräubers Klaus Störtebeker. Die Glaubwürdigkeit des Buches und der Karte von ZENO ist durch neue wissenschaftliche Untersuchungen so erschüttert, daß es eigentlich sinnlos erscheint, weiter darüber zu rätseln, was mit Frisland und den anderen Phantasie-Inseln wirklich gemeint sein konnte. Ganze Abschnitte des ZENO-Buches entstammen nahezu wortgetreu dem Werke des Petrus Martyr "De nuper repertis insulis", das erst 1521 veröffentlicht wurde. Andere Stellen und Bilder sind aus dem unmittelbar vor dem ZENO-Buch publizierten großen Werke des Olaus MAGNUS über die Völker des Nordens, während die erstaunliche Beschreibung eines von Nicolo ZENO auf Grönland angeblich angetroffenen Dominikanerklosters, in dem die Wohnräume und die Kirche sich einer Warmwasserheizung erfreuten, einer anonymen "Beschreibung Norwegens und Islands" über ein Kloster in Nord-Norwegen entlehnt ist.

ZENO hat, wie wir vorher gesehen hatten, nicht den Begriff Frisland erfunden, sondern ihm erst in der Kartographie eine überragende Bedeutung gegeben. Die ZENO-Karte hat mit allen vorangegangenen Karten am meisten mit der portugiesischen Portolan-Karte Ähnlichkeit, die 6 Jahre vorher in BJÖRNBOs "Cartographia Groenlandica" (Platte VI) abgebildet wurde. Es ist daher nicht auszuschließen, daß sie ZENO als Vorlage diente. Auf dieser Karte liegt südöstlich von Grönland (Grutlanda) die Insel Frisland. An ihrer Ostküste sind 7 Inseln: Ninant, Bres, Talas, Brons und Scant, die anderen beiden sind ungenannt. Südöstlich davon liegt Grislanda. Südlich von Frisland ist Islanda (ca. 64–70 Grad). Östlich von Islanda sind Neomi und Podalida zu sehen (ähnlich wie bei Matteo PRUNES).

Wie man sich die Frage stellt, ob mit Thule Island gemeint war oder das mythische Land von PYTHEAS, so ist es auch mit Frisland. Manche haben es mit Island oder Thule, manche mit den Färöern identifiziert, wieder andere sahen es als eine selbständige Insel an. Auch Fernando COLOMBO schreibt in seiner "La Historia" (1570): "Tatsache ist, daß das von PTOLEMÄUS erwähnte Thule sich dort befindet, wo er es angegeben hat, und daß es sich heute Frisland nennt." Sicherlich

---

1) siehe auch LUCAS (1898): The annals of the voyages of the brothers Nicolo and Antonio Zeno in the North Atlantic Ocean. London 1898

war es für ihn identisch mit Island. CORONELLI hat 1692–1694 eine separate Karte (Abb. 10) von Frisland veröffentlicht und sie ebenso wie die Nebeninseln von ZENO übernommen, wenn auch die Phantasieinsel verschmälert dargestellt wurde. Spätere Karten von CORONELLI erklären durch einen Textblock mit einem Hinweis auf ZENO die Weglassung der Insel Frisland. Er deutet aber wie andere auch z. B. auf seiner Karte "Parte occidentale dell' Europa 1696" die Konturen noch verschwommen an, was als eine Kompromißlösung angesehen werden kann. Eine andere anonyme Karte italienischen Ursprungs von "Frisland" findet man u. a. in einem LAFRERI-Atlas von 1558–1572 und in der Sammlung der British Library, signiert "Petri de Nobilibus formis".

Im rückwärtigen Text seiner Karte schreibt HONDIUS (1613): "Frislandia oder Freezland (Freestland) war eine Insel den Alten gänzlich unbekannt und etwas größer als Irland. Das Klima ist sehr wenig lau. Die Einwohner haben keine Feldfrüchte, sondern leben meistenteils von Fisch. Die Hauptstadt dort hat den gleichen Namen wie die Insel und gehört dem König von Norwegen. Weit im Meer ist eine so große Menge aller Sorten von Fisch, daß viele Schiffe damit beladen werden . . . Diese Insel fängt in unseren Tagen an, wieder bekannt zu werden, und das durch die Entdeckungen der Engländer."

Als Martin FROBISHER im Juli 1576 "Sicht eines hohen und zerklüfteten Landes" herausgegeben hatte, war das die Grönlandküste in der Nähe von Kap Farvel, die er jedoch auf Grund der von ihm mitgenommenen ZENO-Karte für die imaginäre Insel Frisland hielt und dann sogar für die englische Königin in Besitz nahm. Dieses geschah vermutlich nur, weil ZENO, um genügend Platz zu schaffen, Island und Südgrönland zu weit nach Norden rückte.[1]

Auf der ZENO-Karte erkennen wir Norwegen mit "Grolandia" durch eine gewellte Linie verbunden. Wir lesen dort "unbekannte Meere und Länder". An der Küste von Grolandia öffnet sich eine breite Bucht mit dem etwas landeinwärts liegenden Kloster des Heiligen Thomas (St. Thomas Coenobium), das den Dominikanern gehört haben soll. Diese Darstellung entspricht seiner Erzählung von warmen Quellen (bis zu 108 Grad) auf einer Fjordinsel im besiedelten Gebiet von Grönland in der Nähe von Ruinen. Der Ort sei von Mönchen bewohnt, die in Häusern mit Domkuppeln lebten.

Im Ozean der ZENO-Karte liegen u. a. auch die Inseln Estland, Islanda, Ikaria und – durch den linken Kartenrand abgeschnitten – Estotiland und Drogeo. Da sich der Name Estotiland als Legende, nicht aber als Land auf mindestens 2 venezianischen Karten befindet, – "Esto tiland" (diese Insel) "soll Tile, Thule sein" – könnte es nicht verwundern, wenn bei ZENO daraus leichtfertig das Land Estoti-

---

1) CUNNING u. a. (1971): The discovery of North America. London 1971

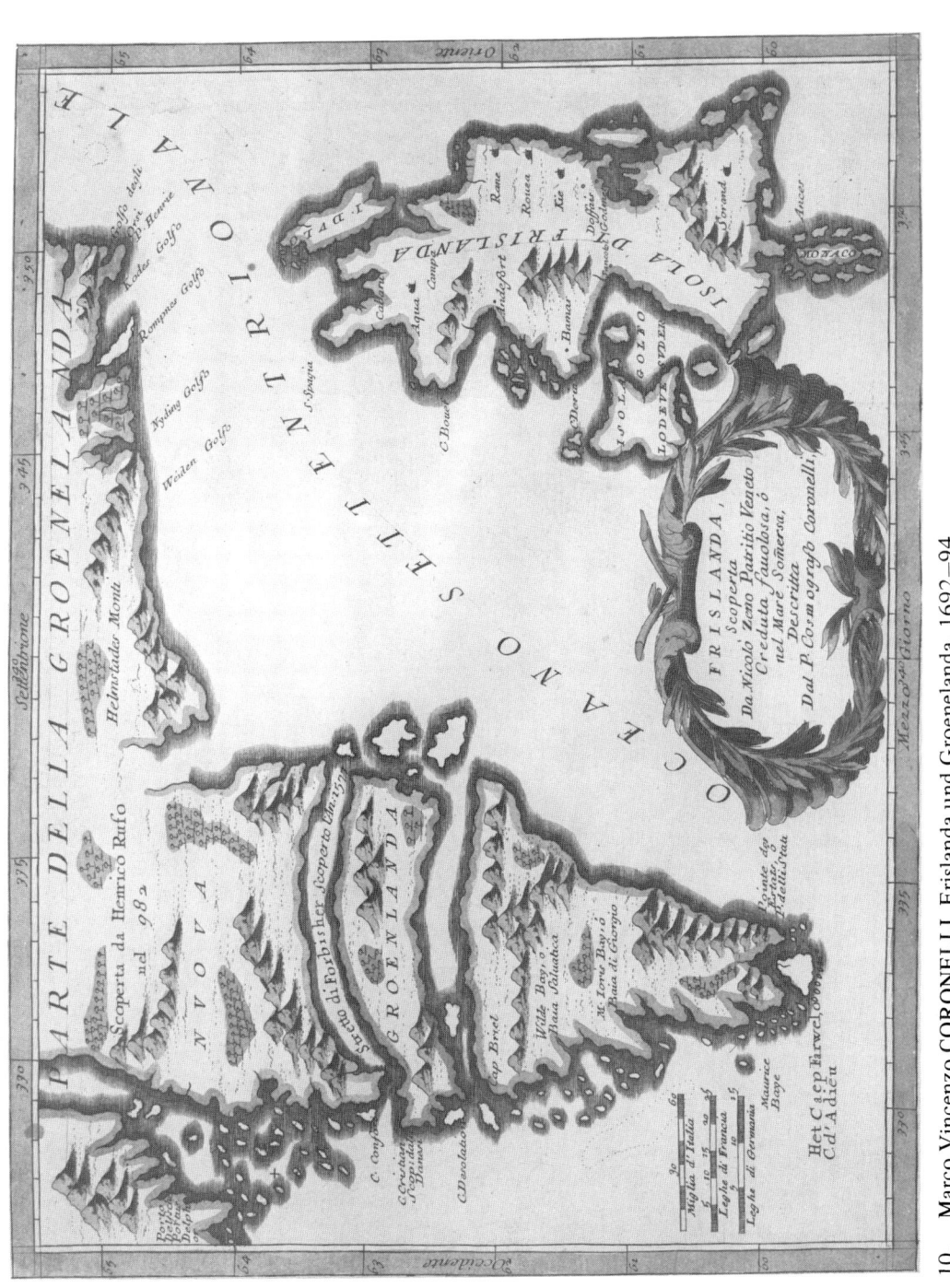

10. Marco Vincenzo CORONELLI, Frislanda und Groenelanda, 1692–94

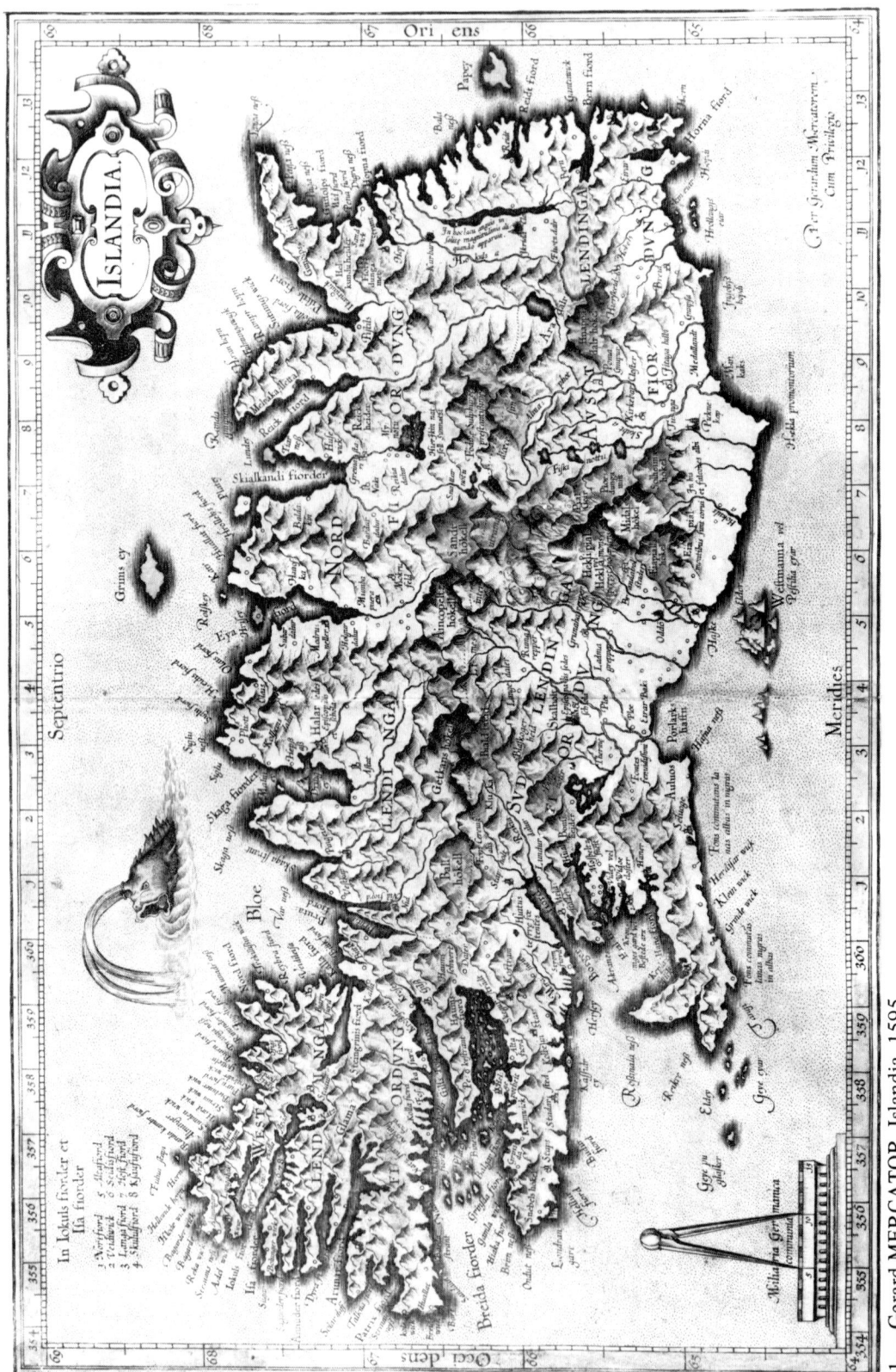

11   Gerard MERCATOR Islandia, 1595

land geworden ist.[1] Die zahlreichen Ortsbezeichnungen auf Grönland hat ZENO der Wiener Karte von Claudius CLAVUS entlehnt. Der Franzose Gabriel GRAVIER behauptet 1877 sogar, daß Estotiland in Wirklichkeit Escociland, das heißt Land der Schotten, wäre. Der Irrtum habe sich eingeschlichen, als in der Mitte des 16. Jahrhunderts in einem schlecht erhaltenen Manuskript ein 150 Jahre alter Text entziffert wurde. Die Friesen wären in eine fünf oder sechs Jahre zuvor von irischen Mönchen kolonisierte Gegend gelangt. Sie hätten sich dort mit den Nachfahren von deren Laienbrüdern getroffen, die zu den Klöstern der Coldees gehörten. Es gebe also nichts Überraschendes dabei, wenn diese eine eigene Sprache, Walisisch, und eine eigene Schrift, die altirische Ogham-Schrift, benutzt hätten und daß ihre Herren noch Lateinbücher besessen hätten. Auf einer französischen Karte um 1700 wird die gesamte Region südöstlich von Hudson Bay als Estotiland dargestellt. In einem dazugehörigen Hinweis heißt es u. a.: "Estotiland wurde durch Dänen entdeckt . . ." Der Name käme entweder von "East-out-land" oder von "esto fidelis usque ad mortem" und wurde reduziert auf "Estofi" mit dem Zusatz "land".

Andere behaupteten, daß Estotiland eine Modifikation von Estilanda oder Esthlanda sei, Namen, die für Shetland benutzt wurden (z. B. PRUNES 1533). Für ORTELIUS war Estotiland gleich Vinland.

So wie es separate Frisland-Karten gibt, so befindet sich im Besitz der British Library auch eine Karte von "Estland". Sie ist zusammen mit der LAFRERI-Karte von Frisland in den Reiseannalen von F.W. LUCAS' (1898) abgebildet worden. Haraldur SIGURDSSON glaubt an einen gemeinsamen Ursprung beider Karten mit den "De Islandia Insula"-Karten in vier oder fünf ähnlichen Versionen. Die Autoren von mindestens zwei dieser Karten sind BERTELLI und CAMOCCIO.

Die Phantasie entzündete sich auch an der Insel Drogeo, Drogio oder Droceo. F.W. LUCAS glaubte sogar an eine Wortkorruption von "Boca del Drago", einer Meerenge zwischen Trinidad und dem südamerikanischen Festland. Heinrich ERKES (1953) bemerkte, daß nordische, in Buchstaben geschriebene Zahlen für Eigennamen gehalten wurden. Adjektive, z. B. guter Hafen, wurden zu selbständigen Substantiven. Die Eisschollen, die wir auf der "Carta marina" von Olaus MAGNUS (1539) finden, wurden bei ZENO zu Inseln. Das durch Zeichen angedeutete Walfisch-Ambra zu Klippen. Rvk bedeutet Reykjavik. Auf der Olaus MAGNUS-Karte wurde v zu o verdruckt, also R'ok, bei GOURMONT zu "Rock". Hieraus machte ZENO "Rok". Die Flogascer finden sich auf der MAGNUS-GOURMONT-Karte ebenfalls als Foglasker (Isländisch: Fuglasker). Aus Hanefjord

---

1) Ähnlich wie bei dem angeblichen Hinweis "Me teste" — 'wie ich bezeugen kann' —, den Luthers Famulus Johannes Schneider über die Schilderung des Thesenanschlages durch den Reformator am 31.10.1517 gemacht haben soll. Lutherforscher glauben seit 1961, daß jenes "me teste" auf einem Lesefehler beruhte und in Wahrheit "modeste", — 'in bescheidener Weise' — heißen soll.

wurde Anafjord und aus dem Wort Chaos ein Ortsname Ochos. Im Südwesten der Insel Island lesen wir bei ZENO "Raff". Sollte damit "Rif" (Snaefellsnes) gemeint gewesen sein, ein Hafen, in dem 1467 die Engländer den isländischen Gouverneur Björn Thorleifsson töteten?

Girolamo RUSCELLI und Josephus MOTETIUS (ca. 1504–1566) haben mit ihren Karten von 1561 bzw. 1562, obwohl sie sich sonst ganz eng an ZENOs Karte anlehnten, den Halbinsel-Charakter von Grönland nicht übernommen, sondern durch einen breiten Meeresarm, dessen Begrenzung nach Osten nicht angegeben ist, von der Nordküste der Alten Welt getrennt. Das vierfache, in den Ecken des Bilderrahmens gravierte Antiqua-"G" auf RUSCELLIs Karte deutet auf GASTALDI als Autor hin. Tommaso PORCACCHIS' "Descrittione dell'isola d'Islandia" von 1572 benutzte die ZENO-Karte als Muster für die Form der Insel Island, der fiktive kleine Inseln vorgelagert sind.

Wenn auch MERCATOR Frisland darstellte, fühlte er sich gerechtfertigt durch Vergleiche mit den katalanischen und portugiesischen Karten, die auch Frislanda und Islanda bzw. Islandia zeigten. Auch auf MERCATORs großem Atlas von 1595 wurde an Frisland und der alten isländischen Form festgehalten. In einem Brief an seinen Freund Abraham ORTELIUS rügte MERCATOR, daß "die Herrschaft der Wahrheit" in vielen Karten fehlte, und daß jene aus Italien auf diesem Gebiet besonders schlimm seien. Dachte er dabei vielleicht an ZENO? Immerhin, die ZENO-Karte demonstriert die Macht des Irrtums. Aber was für Lawinen hat dieser Irrtum ins Rollen gebracht! Arthur Koestler hat die Theorie aufgestellt, daß der handelnde Mensch auf "Irrtum programmiert" sei und nur durch Irrtum in Fahrt gebracht werden könnte. In der Tat, die Entdeckungsgeschichte wäre undenkbar gewesen ohne die Dinge, die auf alten Karten zu sehen bzw. nicht zu sehen waren. Selbst ihre Irrtümer erweisen sich als "ignis fatuus", als Leuchtfeuer, das die Phantasie der Entdecker erst so recht beflügelte. Hier hat sich vielfach das alte Sprichwort bewahrheitet, das lautet: "Der geht am weitesten, der nicht weiß, wohin er geht."

XIX. Erste Suche nach einer Nordwestpassage

Seitdem man wußte, daß KOLUMBUS nicht, wie er geträumt, den Weg westwärts ins Land der Seide und zu den Schätzen Indiens gefunden, sondern einen neuen Erdteil entdeckt hatte, bewegte die Seefahrer, die Geographen und Kartographen immer wieder eine Frage: Gibt es eine Durchfahrt von Ost nach West auch im hohen Norden? Mit der Nordwestpassage bezeichnet man den rund 5780 km langen Seeweg, der vom nördlichen Atlantik durch die arktische Inselwelt Nordamerikas und längs der Nordküste dieses Erdteils durch das Nordpolarmeer und die Beringstraße zum Pazifik führt. Wie bei der Suche nach der Nordostpassage bildete das Bestreben, einen von Portugiesen und Spaniern nicht beherrschten Seeweg nach Ostasien zu finden, den Anlaß zu diesen Entdeckungsfahrten.

Auf Karten von Sebastian MÜNSTER "existierte" allerdings schon eine imaginäre Nordwestpassage, die zu den Molukken führt. In einer Legende nördlich der Verrazano-See, die Florida von "Francisca" trennt, heißt es nämlich "per hoc fretu ider patet ad Molucas".

Die Geschichte von der ersten eigentlichen Suche nach einer nordwestlichen Durchfahrt sollte mit Sebastian CABOT (1480 – um 1557) beginnen. Er war der Sohn des durch seine Reisen berühmten italienischen Entdeckers John CABOT (gest. um 1501). Seine angebliche Reise 1508–1509 (?) bleibt nach wie vor zweifelhaft und läßt sich durch die Kartographie nicht mit einer an Sicherheit grenzenden Wahrscheinlichkeit beweisen. Sowohl Originalberichte als auch Karten über eine von ihm geleitete Fahrt sind uns nicht mehr zugänglich. Als Sekundärquelle gilt auch der berühmte Historiker Peter Martyr, der mit CABOT befreundet war, und Fr. L. de GOMARA. Letzterer schrieb, daß CABOT auf seiner zweiten Reise über Island nach dem Kap Labrador, wie man eine Zeitlang auch die Südspitze von Grönland, das heutige Kap Farvel, nannte, gefahren sei, bis er den 58. Breitenkreis erreicht hätte. Man vermutet wohl nicht zu Unrecht, daß CABOT in Island Kunde von den Vinlandfahrten der alten Isländer erhalten hat.

Es gilt als wahrscheinlich, daß Sebastian CABOT den Eingang der Hudson Bay gefunden hatte, die er für die erhoffte Passage hielt; jedoch war dies ein streng gehütetes Geheimnis. Fest steht, daß er nach seiner Rückkehr nach England der führende Verfechter für die Suche nach einer Passage entweder nordöstlich zur Straße von Anian oder nordwestlich durch die Straße von Bocalaus (Belle Isle), war.

Als ein wichtiger Hinweis auf eine nordwestliche Fahrt ist die von Humphrey GILBERT (1537–83) angeführte Tatsache zu werten, daß zu seiner Zeit noch Karten CABOTs in der königlichen Privatgalerie in Whitehall zu sehen waren. Heute ist keine dieser Karten mehr erhalten. Auf der Weltkarte von CABOT aus dem Jahre 1544,[1] die im wesentlichen eine Kopie von Nicolas DESLIENS von 1541 ist, findet man noch keine nordwestliche Durchfahrt. In der Nähe von Labrador sehen wir eine Insel "Y de Demones", die später auch von ORTELIUS (1570) und MERCATOR (1569) übernommen wurde. Die Vermutung, daß CABOT so lange in Spanien weilte und sein Wissen um eine Nordwestpassage, die er für England herausgefunden hatte, geheimhalten mußte, ist recht unwahrscheinlich. Warum hat er dann den Freiheitsraum vorher und nachher nicht genutzt, um sich deutlicher über seine Reisen auszusprechen? Unbestreitbar dokumentiert der Globus von Gemma FRISIUS aus dem Jahre 1537 eine frühe Kenntnis der Hudsonstreet und der Hudson Bay. Es bleibt zu fragen, warum der Globemacher CABOT nicht als Entdecker bei der Darstellung einer so bedeutenden Meeresstraße vermerkt hat, wenn dieser ihn angeblich sogar dabei beriet und entsprechende Tafeln dazu lieferte. So ist die Kartographie leider nicht in der Lage, dieses historische Geheimnis ein wenig mehr zu lüften.

---

1) sie wurde erst 1843 in Bayern entdeckt.

Die frühere Leiterin der Kartenabteilung der British Library, Helen WALLIS (1980), wies auf einen noch älteren Globus als den von 1537 hin, welcher die von Sebastian CABOT entdeckte Nordwestpassage verzeichnet. Es handelt sich um den anonymen Holzschnitt, der wahrscheinlich aus Nürnberg stammt und dem dortigen Instrumentenmacher Georg Hartmann (1489–1569) oder aber Maximillian Transylvanus zugeschrieben wird. Der Globus zeigt "Fretum Trium Fratrum" zwischen Amerika und Asien. Lange Zeit wurde der Globus mit ca. 1540 datiert. Die englische Kartenexpertin glaubt, Beweise dafür zu haben, daß das Werk vor 1533 vollendet wurde, denn es ist im Portrait des "Botschafters" von HOLBEIN (London, 1533) zu sehen. Die mathematischen Instrumente im Portrait sind ohne Zweifel identisch mit denen von Nicholas KRATZER, dem Astronomen von Henry VIII. Sie erscheinen nämlich auch in HOLBEINs Portrait von KRATZER aus dem Jahre 1528, das sich jetzt im Louvre befindet. Wenn auch die Globen nicht auf KRATZERs Portrait zu sehen sind, so besteht die Wahrscheinlichkeit, daß sie von ihm stammen. Die Darstellung der Nordwestpassage als verlängerte Meeresstraße mit der östlichen Einfahrt in 50–53° N, die sich westlich bis zum Polarkreis erstreckt, basiert zweifellos auf Informationen von Sebastian CABOT. Die Existenz dieses Globus in England Anfang des dritten Jahrzehntes des 16. Jh. bestätigt jedenfalls, daß die Kenntnis von einer Nordwestpassage in offiziellen Kreisen wenigstens 15 Jahre vor CABOTs Rückkehr nach England bekannt war.

Allmählich wurde die Suche nach der Nordwestpassage weniger interessant. Das Hauptziel war, das Land "Meta incognita" zu finden, das FROBISHER entdeckte und das von der Königin so genannt wurde. Durch FROBISHERs Landung in Grönland wurde diese große Insel praktisch wiederentdeckt. Sein kartographisches Material ist das erste, das von Leuten hergestellt wurde, die tatsächlich in Grönland gewesen waren. Als FROBISHER im August 1578 endgültig die Heimfahrt antrat, lief eines seiner Fahrzeuge, die "Buss Emmanuell" oder "Busse of Bridgewater" angeblich im Südosten von Frisland unter 57 Grad nördlicher Breite auf eine bewaldete Insel, deren Küste man zwei oder drei Tage folgte. Die Insel, die den Namen "Buss" erhielt, blieb unter dieser oder ähnlicher Bezeichnung, z. B. "Van Buss", "eine Brandung, eine Viertelmeile lang mit untiefem Wasser", seit der HONDIUS-Karte von 1608 bis zur Mitte des 19. Jahrhunderts auf hauptsächlich niederländischen Karten erhalten. Als man die Insel nicht wiederfinden konnte, meinte man, sie sei versunken. Berichtet wurde zuerst über die imaginäre Insel von George BEST 1578 durch HAKLUYT. Die anderen Zeugen einer visuellen Wahrnehmung waren James HALL (1606) und Thomas SHEPHERD (1671). Letzterer zeichnete sogar eine eigenständige Karte, ähnlich wie CORONELLI es mit "Frisland" tat. SHEPHERDs Karte erschien 1673 in John SELLERs "English pilot". Erst durch J. ROSS und W. E. PARRY wurde klar, daß Buss nie existiert hat.

FROBISHERs Expeditionen verliehen der Kartographie neue Anregung, so die ovale Weltkarte zu seinen Reisen, die von George BEST 1578 in London veröffentlicht wurde. Diese Holzschnittkarte ist vielleicht nach einer Zeichnung von

James BEARE angefertigt, der, wie BEST berichtete, auf FROBISHERs Expedition "die Karten der Küste angefertigt" hat. Eine ununterbrochen schiffbare Passage vom Atlantik zum Pazifik wird durch "Frobuszhers Straightes" und der "Straight of Anian" gebildet. Die Karte war als Propaganda für die Nordwestpassage gedacht und sollte demonstrieren, daß sich hier eine kürzere Route nach Cathay, Japan und den Gewürzinseln bot, als durch die Nordostpassage oder als die spanischen und portugiesischen Seewege südlich von Amerika und Afrika.

Die Landmasse eines nördlichen Kontinents stellt sich bei John BEST als eine Art "Dach der Welt" dar, das durch die Paradiesflüsse in große, polare Inseln unterteilt wird. Sieben Jahre später ist dieses "Dach" ebenso deutlich auf einer anonymen portugiesischen Weltkarte zu sehen, die sich im Besitze der Bibliothèque Nationale in Paris befindet. Sie wird Pedro de LEMOS oder Sebastião LOPES zugeschrieben. Diese Darstellung eines nördlichen Kontinents ist auch noch während eines ganzen Jahrhunderts gelegentlich in der abendländischen Kartographie zu finden.

FROBISHER segelte bei der ersten Fahrt (1576) auf der Heimreise (1.–6. Sept.) die Südküste Islands entlang, und auf der zweiten erwähnt er das Treibholz, das er auf dem Meere antraf, sowie englische Fischerboote bei Island. Er sagte, die Isländer hätten zur Feuerung und zum Häuserbau fast kein anderes Holz als Treibholz. Er war der Meinung, dieses komme von Neufundland und treibe mit der Strömung von West nach Ost.

Viele Spekulationen und Legenden ranken sich um den Namen Jo SCOLVOS Groetland. Wer war dieser Johannes SCOLVOS, dessen Name vom spanischen Priester Francesco Lopez GOMARA in seiner Geschichte von Amerika 1553 zuerst erwähnt und auf der Karte von Michael LOK (1582), (dem Hauptgeldgeber für FROBISHERs Expedition von 1576–78) westlich von Grönland verewigt wurde? WYTFLIEP sagte 1598, SCOLVUS sei 1476 jenseits von Norwegen, Grönland und Friesland entlanggesegelt und so in die nördliche Polarstraße gekommen, um dann nach Labrador und Estotiland weiterzusegeln.

Auf dem Pariser ECUI-Globus befindet sich neben der Insel Grönland nördlich der Davisstraße folgende Legende: "Quij populi, ad quos Joanes Scovus danus pervenit anno 1476". Sein Name wurde häufig verballhornt. Scolnos, Scolvo Colonus, Scolum, Scolom. Die Polen halten sich an Kolnus, welche Schreibweise sie mit der polnischen Stadt Kolno in Verbindung zu bringen versuchten, um ihren sonst spärlichen Entdeckungsfahrerlorbeer zu mehren. Der ehemalige Direktor der Nationalbibliothek in Lima, Luis Ulloa, und Jacques de MAHIEU (1977) verstiegen sich sogar zu der Vermutung, die von Rudolf CRONAU unterstützt wird, daß es sich um KOLUMBUS gehandelt haben könnte, dessen Reise nach dem großen Norden dann nicht 1477, sondern schon ein Jahr früher stattfand. Ulloa fiel es anscheinend schwer, aus lautlichen Gründen zu erklären, daß der (angebliche) "Katalane" COLON und "SCOLNUS" Namen des gleichen Mannes gewesen sein müssen. Richard HENNIG (1940) erinnerte in diesem Zusammenhang an die früher scherzhalber geäußerte Vermutung, COLON könne ein geborener Kölner gewesen sein, da die latinisierte Form Colonus doch "der Mann aus Köln" heiße. In Wirklichkeit herrscht heute kaum ein Zweifel daran, daß es sich bei Johannes SCOLVUS um einen "Pilotus", d. h. um einen Lotsen der PINING-POTHORST-Expedition gehandelt hat, der vermutlich vorher norwegischer Seefahrer war.

Weit entrückt erscheinen FROBISHERs Entdeckungen auf der Karte von Christian SGROOTEN, die zu seinem 1592 fertiggestellten Atlas gehört. Sie liegen dort vor der Nordküste Amerikas, etwa im Meridian der Stadt Mexiko.

In Fortsetzung der Fahrten von FROBISHER, einen nordwestlichen Seeweg nach Indien und China zu finden, lief der englische Seefahrer John DAVIS, ebenfalls im Auftrag Londoner Kaufleute 1585 von England aus. Am 20. Juli sichtete er das südliche Ostgrönland, das ihn zu folgendem Ausruf veranlaßte: "The most deformed rocky and mountainous land that ever we saw." Deswegen nannte er diesen Landstrich "The land of desolation". Die von DAVIS gezeichneten, von seinen drei Reisen mitgebrachten Seekarten sind nicht mehr erhalten, wurden aber von ihm und von späteren Entdeckern wie HUDSON und BAFFIN erwähnt. DAVIS erkannte bereits, daß sich Amerika gegen Norden in Inseln auflöst. Er autorisierte Emery MOLYNEUX (gest. 1598/99), seine Entdeckung auf dem ersten in England hergestellten Erdglobus zu verzeichnen. Er wurde 1592 mit finanzieller Hilfe des Londoner Kaufmanns William Sanderson, der auch DAVIS' Expedition förderte, und mit Sir Walter Raleigh's Nichte verheiratet war, fertiggestellt. In Bezug auf Grönland hat sich ein Irrtum eingeschlichen, der sich in der Kartographie bis zur Mitte des 19. Jahrhunderts halten sollte und im folgenden beschrieben wird. Es ist anzunehmen, daß die Interpretation der Daten von John DAVIS selbst stammte. Der Zeichner hatte sich zweifellos bemüht, nur tatsächlich entdeckte Länder darzustellen, und vermied es, sich nur auf Mutmaßungen zu stützen. Der Kartograph stand aber vor der Schwierigkeit, die berichteten Landungen von FROBISHER und DAVIS miteinander und diese wiederum mit der Geographie der ZENO-Karte zu verbinden.

John DAVIS fuhr auf seiner zweiten Reise (1586) mit zwei Schiffen geradewegs nach Grönland, die anderen beiden sandte er nach Island, um die Straße zwischen dieser Insel und Grönland zu erforschen.

Sechs Jahre später erschienen John DAVIS' Entdeckungen auf einer Weltkarte, die Richard HAKLUYT (um 1552–1616) mit der MERCATOR-Projektion veröffentlichte und die vermutlich von MOLYNEUX und dem Mathematiker Edward WRIGHT (gest. 1615) angefertigt worden ist. Die Karte gibt den Inhalt des Globus unter Berücksichtigung einiger Erkenntnisse aus neueren Entdeckungen wieder. Man sieht auf ihr ein "Freisland" anstelle von "Frisland". DAVIS erreichte wie FROBISHER auch Südostgrönland, das er vielleicht wegen des Unterschiedes von 10 Grad in der Länge nicht mit Friesland identifizierte. DAVIS war überzeugt, daß Grönland sich fast 6 Grad weiter nach Süden erstrecke als frühere Karten angaben und (unrichtig) daß FROBISHER, der von "Freisland" westwärts segelte, die nächste Landung auf Grönland (nicht auf der Baffin-Insel) gemacht haben müsse. Deshalb sind sowohl auf dem Globus von 1592 als auch auf der HAKLUYT-Karte von 1598 FROBISHERs Entdeckungen nach Südwestgrönland verlegt und dort auch benannt worden, wo wir Meta incognita, Frobishers Straight und Queen Elizabeth's Foreland sehen. Die Folgen finden später in einer Karte von Joris CAROLUS aus dem Jahre 1626 und deren Vergrößerung, die 1634 veröffentlicht wurde, sehr deutlich ihren Niederschlag. Die englischen Anstrengungen, eine Nordwestpassage zu finden, fanden auch ihren Niederschlag in den meisten niederländischen Karten von der Erde und Amerika, die von Cornelis CLAESZOON (1600), von BLAEU (1607) und van den KEERE (1611) veröffentlicht wurden.

Durch seine genaueren Kartierungen und Beschreibungen förderte DAVIS 1585 bis 1587 nicht nur den Walfang, sondern bereitete auch die Fahrt von HUDSON (1607), sowie die von BAFFIN (1616), vor. Die Reisen von HUDSON sind auf HONDIUS'-Karte von 1611 über die nördlichen Länder zu sehen, sowie auf einer selbst von ihm gezeichneten und von Hessel GERRITSZ (1581–1632) 1612 veröffentlichten Karte. Auf dieser ist der Name "Farewell" zum ersten Mal für den südlichen Punkt Grönlands benutzt worden, aber nicht für das gegenwärtige Kap Farvel, sondern für das etwas weiter westlich gelegene Kap Christian. Erst bei Johannes von KEULEN ist "Staatenhoeck" 1720 mehr oder weniger identisch mit dem jetzigen Kap Farvel. Wenn ein Vorgebirge an der Ostküste Grönlands auf einer späteren Karte von Poul EGEDE im Jahre 1788 "Cap Frobisher" genannt wurde, muß das auf eine Verehrung für den bekannten Seefahrer zurückzuführen sein.

James HALL erforschte und kartierte die Westküste von Grönland vom Godthaab Distrikt bis Egedesminde. Die Erinnerung an ihn ist noch lebendig in den geographischen Namen, die ihren Ursprung in seinen Reisen haben, die er für den dänischen König durchführte. Seine Erfahrungen wurden auch zum Bestandteil der "Grönlandske Chronica", die 1608 von Claus Christoversen LYSCHANDER, von dem in Verbindung mit dem isländischen Bischof Gudbrandur noch die Rede sein wird, geschrieben wurde.[1]

MERCATOR zeigte Grönland zuerst 1537, und zwar nacheinander in dreifacher Form, von Rußland bis Neufundland: "Groenbint" als Halbinsel, "Groeladia" als Insel nahe Islands und Irlands und als Land mit fünf portugiesischen Ortsnamen, eine Art Kombination von Labrador und Grönland. Auf seiner Europakarte von 1554 sehen wir die Insel "Margaster Insula" als kleines Eiland im Süden vor Grönland, später aber größer im Osten vor Grönland. Auf seiner Weltkarte von 1569 liegt ganz oben Grocland, darunter folgt das wirkliche Grönland, das bis zum 60. Grad nördlicher Breite herabreicht.

---

1) vgl. BOBE (1928): a.a.O.

Henry HUDSON (ca. 1550–1611) entschleierte einen Teil der Ostküste von Grönland, die am 13.6.1607 zuerst vor ihm auftauchte. Am 21.6. erblickte er unter 73°C N ein hohes Festland, das er "Hold with Hope" nannte. Auf der Karte von J. HONDIUS in J. J. PONTANUS "Rerum et urbis Amstelodamensium historia", Amsterdam 1611, liegt Hold with Hope, mit dem die Nordostküste Grönlands ausläuft, aber unter 75° C. Das Kap bzw. Land wurde später in "Broer Ruys" umgetauft.[1] A. PETERMANN hat, "um dem ersten Entdecker dieses Gebietes gerecht zu werden" die alte Bezeichnung wieder zu Ehren gebracht und jenen Teil "Hudson-Land" benannt.

XX. Erste niederländische Kartographie über Island

Das 16. Jh. erreichte noch knapp vor seinem Ende eine Wendemarke auf dem Gebiete der Seekartographie durch die Niederländer. Gleichzeitig drängt immer mehr der dekorative Stil der westeuropäischen Kartenmacher vor, nicht zuletzt aus kommerziellen Gründen, um sich das Wohlwollen zahlungskräftiger Auftraggeber zu sichern, der Fürsten, Städte und Patrizier, deren Wappen, Motto, Verdienste usw. mit dem Titel der Karte in ornamentalem Rahmen zur Darstellung gelangten. Im 17. Jh. feierte die dekorative Ausstattung der Karten wahre Triumphe.

Das europäische Zentrum der Kartenmacher im 16. und 17. Jh. entstand nicht in den Ländern, die in der Seekartenproduktion eine gewichtige Vergangenheit aufzuweisen hatten, sondern weit abseits, in den Niederlanden. Das hatte mehrere Gründe: Zum einen hatten die südeuropäischen Mächte ein wohlbegründetes wirtschaftliches Interesse daran, Karten über die von ihnen entdeckten Länder und Seewege geheim zu halten. Zum anderen waren die bisher nicht an diesen Entdeckungen beteiligten Staaten begierig darauf, für sich selbst Wege zu neuen Ufern und Schätzen zu finden. Dies galt sowohl für England, wo man großes Interesse für die Nordost- und Nordwestpassagen zeigte, wie auch für die Niederlande selbst mit ihrem schnell wachsenden Handel. Zum dritten hatte inzwischen die Erfindung der Druckkunst den Weg für eine weitere Verbreitung von Schriften und Karten geebnet.

Das goldene Zeitalter der niederländischen Kartographie begann eigentlich mit Abraham ORTELIUS (1527–98) aus Antwerpen, vor allem mit dessen großem Atlaswerk "Theatrum Orbis Terrarum", das 1570 zuerst erschien und bis 1612 in 42 Folioausgaben verbreitet wurde. Das war der erste moderne Atlas, und die ORTELIUS-Atlanten ersetzten allmählich die bisherigen ptolemäischen Kartenwerke. Die Karten des ORTELIUS waren aber keine Seekarten, sondern sie dienten in erster Linie der Befriedigung der geographischen Neugier der Zeit mit der Herausgabe möglichst genauer Blätter.

---

1) TRAP (1928): The Cartography of Greenland. In: Comm. Dir. Geol. Geograph Inv. Greenland (Ed.). Greenland, Vol. I, 1928, S. 37–179. Kopenhagen und London

Antwerpen war im 16. Jh. und Amsterdam im 17. Jh. nicht nur zum wirtschaftlichen Zentrum Europas hinsichtlich des Überseehandels, sondern auch zum Ausgangspunkt für den Transfer von Kenntnissen ferner Länder und für die Verbreitung neuer Ideen zu einem "Medienzentrum" geworden. Dazu kam in Amsterdam die nur mäßig gehandhabte Zensur. Der Rückgang der wirtschaftlichen Bedeutung der Stadt Antwerpen gegen Ende des 16. Jh. wirkte sich auch auf die Buch- und Kartenproduktion aus. Das brachte Amsterdam — damals eine der reichsten Städte der Welt — auch die Vormachtstellung in der Kartenherstellung ein.

Wenn die Wiedergabe der niederländischen, deutschen, dänischen, norwegischen und schwedischen Küsten bis etwa 1580 recht unvollständig war, so lag das mit daran, daß die Hanse bis zum Ende des 15. Jh. einer freien Seefahrt Widerstände entgegenbrachte. Die Seeleute, die damals die Nord- und Ostsee befuhren, haben sich in erster Linie auf ihre Kenntnis dieser Küsten verlassen und nahmen Handbücher zu Hilfe, von denen das älteste bekannte das deutsche "Seebuch" aus der Mitte des 14. Jh. ist, das sich heute noch in der Commerzbibliothek in Hamburg befindet.

Fast ein Jahrhundert blieb Amsterdam das Zentrum der Kartenherstellung. Die sechs bedeutendsten Kartenfirmen hatten hier ihren Sitz: HONDIUS-JANSSON-WAESBERGER, VISSCHER, BLAEU, de WIT-MORTIER-COVENS, DANKKERT, ALLARD. Sie verkauften ihre Produkte — in viele Sprachen übersetzt — in alle Welt. In heftigem Konkurrenzkampf stellten sie immer reicher ausgeschmückte Karten und umfangreichere Atlanten her. So gab JANSSON 1658 bis 1662 seinen 11bändigen Atlas Major heraus und drei Jahre später BLAEU seine 12bändige Geographia Blaviana (1664—65), für die heute über DM 300.000 bezahlt wird. Die Verleger kopierten die Karten immer wieder voneinander, um sie feiner gestochen, reicher geschmückt und besser koloriert neu anzubieten. Aber man tat wenig, um die Karten nach neueren Erkenntnissen zu verbessern oder durch zeitgemäßere zu ersetzen.

Der Däne Lauritz BENEDICT (gest. 1604) hatte 1568 in Kopenhagen ein Fjord- und Hafenverzeichnis (Søkartet offner Øster oc Vester Søen) veröffentlicht. Sein Werk, das auf Angaben von erfahrenen Seeleuten beruhte, ist die vollkommenste Beschreibung der isländischen Küste, die im 16. Jh. vor dem Erscheinen der Karte von Gudbrandur zur Verfügung stand. Den Karten von Gudbrandur konnte er für sein Verzeichnis kaum etwas entnehmen. Er gibt aber dennoch die Richtungen und Entfernungen von einem Vorgebirge oder Hafenplatz zum anderen an der ganzen isländischen Küste ziemlich richtig an. Er machte auch eine Menge Ortsangaben, die größtenteils entstellt, aber dennoch zu verstehen sind. Da BENEDICT die Fahrten von den Niederlanden und Deutschland und nicht von Dänemark beschreibt, liegt die Vermutung nahe, daß seine Informationen von deren Seefahrern stammen. BENEDICT erwähnt auch einige Inseln wie Vido (Videy), Vebeny (Vestmannaeyjar) und Grímse (Grimsey).

Die älteste uns erhaltene Segelanweisung für Island ist "Dits Caerte Vandersee", gedruckt 1561, wobei die Ortsnamen in Harmonie mit modernen isländischen Namen erscheinen. Die Karte ist vermutlich von dem Niederländer Cornelis ANTHONISZOON (1500–53), der bereits eine ähnliche Anweisung, allerdings ohne Island, im Jahre 1544 herausgegeben hatte. Das Kapitel über Island wurde später in Deutsch, Dänisch und Englisch nachgedruckt. Einen wesentlichen Fortschritt bedeutete Lucas Janszoon WAGHENAERs (gest. um 1598) "Spieghel der Zeevaerdt". Dieses von Christophe PLANTIN in vorzüglichem Druck herausgegebene großformatige zweibändige Werk mit den von Jan van DENTECUM gestochenen 44 Kupferstich-Karten im Maßstab von 1:370.000 erschien 1584–85 in Leyden. Nach einem vorangehenden Abschnitt über Navigation wurden darin die von den Niederländern häufig befahrenen Wege entlang der Küsten von Cadiz bis an die Ostsee und nach Norwegen systematisch beschrieben. Dazu gibt WAGHENAER Skizzen von Küstenansichten, die sogenannten Vertoonungen, sowie Kartenskizzen, die "Scheetskaarts". Wir dürfen annehmen, daß der Autor, der selbst als junger Mann zur See fuhr und als Lotse mitwirkte, mit seinem Werk allen Kollegen helfen wollte, die ihren Dienst anhand des oft unzulänglichen "Leeskartenboeken" versehen mußten. WAGHENAER kombinierte die Fragmente mit älteren Karten und schuf damit den ältesten erhaltenen Seeatlas der Welt.

In dem WAGHENAERschen Werk finden wir zum ersten Male eine ununterbrochene Kette von Einzelkarten der Küste, daneben auch eine Generalkarte. Auf letzterer dehnt sich das Gebiet weiter nach Osten aus, erreicht dadurch einen Platzmangel im nördlichen Norwegen, in dem das Weiße Meer zu weit ans Land schneidet. Der Bottnische Meerbusen muß sich daher ein Verdrängen nach Westen gefallen lassen. Island ist zu weit nach Süden gezeichnet, ferner schneidet in Norwegen, dessen Küste einen scharfen Knick aufweist, ein Fjord weit ins Land. Island liegt zwischen 65 1/2° und 69° und ist nur auf einer Westeuropa-Karte kreisförmig zu sehen und daher sehr ungenau. Seine Island-Darstellung ist eine getreue Kopie der Manuskript-Portolan-Karte von Bartholomeo de LASSO. Es sind viele Namen von Vorgebirgen und Fjorden entstellt genannt, von denen man die meisten aber verstehen kann. Vermutlich hat sich der Autor nach dem Fjord- und Hafenverzeichnis von Lauritz BENEDICT gerichtet. Island erscheint in der englischen Ausgabe von 1588 als Nachstich einer Karte von HONDIUS, und damit genauer dargestellt.

Gegenüber der "Schonlandia"-Karte von Sebastian MÜNSTER stellt Abraham ORTELIUS' (1527–98) Nordlandkarte "Spetentrionalium regionum descriptio", die 1570 zuerst im "Theatrum Orbis Terrarum" erschien, eine Verbesserung dar. Die Nordküste Europas und die Britischen Inseln erscheinen bereits recht real. Island besitzt bereits seine richtige Westost-Ausrichtung. Philip GALLE (1537 bis 1612), ein Freund des ORTELIUS, verkleinerte die Karte des "Theatrum" für seinen Taschenatlas. Die gereimten Kommentare zu den Tafeln schuf der Dichter Pieter Heyns. Ähnliche kleinformatige Kartenwerke mit den gleichen Karten, aber anderssprachigem Text, gelangten auch in Frankreich, Italien und England zum Verkauf. Bemerkenswert sind GALLEs zwei Eintragungen in Island: "Watlinck

Fier" an der Ostküste und "Thulios" (vielleicht eine Verballhornung von Thule?) an der Westküste.

Die Nordlandkarte von ORTELIUS war auch das Motiv für eine isländische Briefmarke, die am 6. Juni 1984 aus Anlaß der Briefmarkenausstellung NORDIA 84 im Werte von 40 Kr (114 x 76 mm) ausgegeben wurde. Den Entwurf besorgte der Isländer Prostur MAGNUSSON, und gestochen wurde die Karte vom Schweden Czeslaw SLANIA.

XXI. Islands erster Kartograph Gudbrandur THORLAKSSON

Kurz vor der Reformation, im Anfang des 16. Jh., war die Gelehrsamkeit auf Island nur gering. Nur sehr wenige Priester waren gebildet und hatten Kenntnis des Lateinischen, was damals allein den Schlüssel zu höherer Bildung und zu den Wissenschaften bedeutete. Um die Mitte des 16. Jh. begann das Verlangen nach Bildung zu entflammen, und durch die aus Deutschland kommende neue Glaubenslehre kam Bewegung in die Gelehrtenkreise. Plötzlich suchten viele Isländer im Ausland, insbesondere in Deutschland, ihre Bildung. Um die Mitte des Jahrhunderts wurden Schulen in Hólar und Skálholt gegründet, und dieselben haben ohne Zweifel großen Nutzen für die Bildung des Priesterstandes gehabt, welcher vor der Reformation noch recht unwissend war.

Die isländische Kultur wandelte sich nach innen und äußerte sich mehr mit der Feder auf Pergament und Papier. Die erste Druckerpresse wurde zwar schon vom letzten katholischen Bischof Jón Arason 1530 durch Jón "Swede" alias Jón Mattheusson oder Matthiasson eingeführt, dessen Sohn Jón Jonsson der erste Drucker wurde. 1534 wurde in Hólar wahrscheinlich als sein erstes Werk das "Breviarium Holense" gedruckt. Nach seinem Tod hatte Gudbrandur THORLAKSSON den Mangel erkannt, der unter der isländischen Geistlichkeit an Büchern herrschte. Ob inzwischen eine zweite Presse in Nüpufell existierte oder die erste dorthin verlegt wurde, ist ungewiß. Tatsache ist aber, daß von 1594 bis zum 18. Jh. einzig und allein die Hólarpresse existierte, die sich im Besitz Gudbrandur THORLAKSSONs befand. Die auf ihr gedruckten Bücher sind bis auf wenige Ausnahmen religiösen Inhalts: Gebetsbücher, Katechismen, Passionale und natürlich die erste Bibel. 1685 wurde die Presse nach Skálholt durch Thordur THORLAKSSON überführt und 1703 wieder nach Hólar zurückgebracht. Mit der Buchdruckerkunst kam das Papier nach Island und löste rasch das Pergament als Material für Manuskripte ab. Islands Beitrag zur eigenen Kartographie bestand aber bis zum letzten Jahrhundert mehr im know-how und Entwurf von Karten, ohne daß Karten selbst gedruckt wurden.

Im 16. Jh. haben wahrscheinlich wenige Leute auf Island Landkarten besessen. Im Sigurdsregister werden Bücher zu Hólar an verschiedenen Stellen unter dem Inventar aufgezählt, aber keine einzige Karte außer an einer einzigen Stelle: im Kloster zu Munkadverá befand sich 1550 "eine Landkarte".

Mit Beginn des 15. Jahrhunderts schien es, als hätten die Engländer mehr Kenntnisse von Island als andere nordische Länder. Als der erste ausländische Reisende in Island, der über seinen Aufenthalt vor dem Jahre 1542 berichtete, gilt Andrew BOORDE (gest. 1549). Sein Buch wurde etwa 1547 zuerst veröffentlicht und der berüchtigten Prinzessin Mary der Blutigen gewidmet. Nach einer kurzen Beschreibung von Norwegen folgt eine solche von Island:[1]

> *"Island liegt vor Norwegen. Es ist ein grosses Eiland, rings vom Eismeer eingeschlossen. Das Land ist erstaunlich kalt und an einzelnen Stellen ist die See gefroren und voller Eis. Dort wächst kein Korn, und Brot haben sie nur wenig oder gar keins. Anstatt Brotes essen sie Stockfisch und verzehren rohe Fische und rohes Fleisch. Sie sind tierische Geschöpfe, ungesittet und unwissend. Sie haben keine Häuser, sondern liegen in Höhlen beisammen wie die Schweine. Sie verkaufen die isländischen Hunde und geben ihre Kinder weg. Sie essen Talgkerzen und Lichtstummel und ranziges Fett, rückständigen Talg und anderes schmutziges Zeug. Sie tragen Felle wilder Tiere. Sie gleichen den Leuten aus dem neu entdeckten Lande Kalikut (Calyco)."*

BOORDE berichtete hauptsächlich von Seefahrern, die Isländer mit Eskimos oder anderen wilden Völkern zusammenwarfen, denn niemals haben sich Isländer in Tierfelle gekleidet.

Es scheint erwiesen zu sein, daß zur Zeit der Landnahme etwa 25.000 qkm (oder 25 % des Landes) von Birkenwald überwachsen waren verglichen mit nur 1—2 % heute. Eine einfache Rechnung ergibt, daß jeder Isländer im Laufe der 1100 Jahre täglich die Waldfläche um einen Quadratmeter verkleinert hat.

Der erste Brite, der über Isländer schrieb, ohne jedoch selbst auf der Insel gewesen zu sein, war, wie schon erwähnt, Giraldus CAMBRENSIS aus Wales. Im 16. Jahrhundert reduzierten die Engländer ihren Fischfang um Island und begannen ihn an der Ostküste Amerikas. Seit der "Carta marina" von Olaus MAGNUS und dem Globus von MERCATOR 1541 gab es für ein halbes Jahrhundert wenig Fortschritte in der Kartographie Islands. Auf dem genannten Erdglobus, dessen in Kupfer gestochenen Streifen im Jahre 1868 erstmalig bei einer Versteigerung in Gent auftauchten, erscheint Island, das sich vorher entlang der Halbinsel Grönland erstreckte, jetzt wie bei ZIEGLER in west-östlicher Ausdehnung nördlich vom Polarkreis.

---

[1] siehe THORODDSEN (1897): a.a.O., S. 116

Islands Radkarte vom 12. Jahrhundert, die sich in "Det kongelige Bibliothek" in Kopenhagen befindet, hat keine geographische Konfiguration, aber geographische Namen in vertikaler Folge.

Im streng politischen Sinne sollte eine Original Island-Karte nicht nur Island im Kartenbild zum Inhalt haben, sondern auch dort hergestellt und von isländischen Künstlern entworfen sein. Daß diese Voraussetzung sich bis zu Björn GUNNLAUGSSON nicht erfüllte, tut der isländischen Kartographie keinen Abbruch, denn der Mangel wird kompensiert von Islands erstem Kartographen, dem Bischof Gudbrandur THORLAKSSON und dessen Urenkel Thordur THORLAKSSON, der im 17. Jahrhundert in seine Fußstapfen trat. Ein anderer Isländer, Sigurdur STEFANSSON, Rektor der Skálholt-Domschule wäre beinahe durch den Kopisten seiner Grönland- und Nordamerikakarte zum ersten isländischen Kartographen gemacht worden. Seine Karte trug nämlich das Ursprungsjahr 1570. Arni MAGNUSSON erkannte Anfang des 18. Jahrhunderts zuerst den Irrtum, denn STEFANSSON wurde in diesem oder dem vorhergehenden Jahr erst geboren und starb 1594 oder 1595. Das Original seiner Karte ist verlorengegangen, aber Thordur THORLAKSSON hatte 1670 eine Kopie seiner Übersetzung von Björn JONSSONs "Grolands beskribelse" beigegeben. Vorlage dürfte eine Karte nach der Art der 1569 von MERCATOR gedruckten Weltkarte gewesen sein, ergänzt durch die Nachrichten über die "Neue Welt" in alten isländischen Werken. U. a. kommen die Namen Grönlandia, Frisland, Feröe, Helleland, Marckland, Skraeglingeland und Promontorium Vinlandiae vor. Die Karte erstreckt sich über das nördliche Meer vom 40. bis zum 75. Grad n. Br. Island ist in einer viel richtigeren Weise dargestellt, als es früher üblich war, und beinahe an der richtigen Stelle: da sieht man die Westfjorde, den Breidifiord, den Faxafiói, Grimsey und Langanes, und dieses alles fast genau in der richtigen Lage.[1] STEFANSSONs Karte ist die älteste, die wir kennen, auf der die isländische Besiedlung korrekt an der Westküste Grönlands gezeigt wird.

Sigurdur war Gelehrter, Künstler und Dichter in lateinischer Sprache. Nach Beendigung seines Studiums in Kopenhagen kehrte er um 1592 nach Island zurück, wurde Magister an der bischöflichen Domschule in Skálholt und war bis zu seinem Tode 1594 oder 1595 Rektor. Sigurdur STEFANSSONs Tod machte viel von sich reden, weil das Volk glaubte, die Elben hätten seinen Tod verschuldet. In Wirklichkeit soll er im Schlafe in den Fluß Brúará gerollt und ertrunken sein. STEFANSSON verfaßte die erste wirkliche allgemeine Landesbeschreibung Islands unter dem Titel: "Qualiscunque Descriptio Islandiae". Diese erste größere Schilderung von Island wurde in verschiedenen isländischen Literaturverzeichnissen erwähnt. Die Handschrift seines Werkes ging nach seinem Tode mit aller Wahrscheinlichkeit an seinen Vorgesetzten, den Bischof Oddur Einarsson, über, der den Inhalt vermutlich später noch bearbeitete, erweiterte und abschreiben ließ. Der Historiograph Thormódur Torfason, gewöhnlich latinisiert Thormodus TORFAEUS

---

1) siehe THORODDSEN (1897): a.a.O., S. 187

genannt, brachte die Jahre 1650–1654 als Zögling der Domschule in Skálholt zu und nahm in dieser Zeit eine Abschrift von der anonymen und nicht ganz vollständigen Handschrift, ursprünglich aus der Feder von Sigurdur STEFANSSON, mit sich nach Dänemark. Dort lieh er sie dem Polyhistor Marcus Meibom (1621 bis 1710), der von 1653–1663 Bibliothekar in Kopenhagen war. Dieser ließ durch einen Lohnschreiber eine Abschrift nehmen, während TORFAEUS sein eigenes Exemplar 1662 mit nach Island zurücknahm. Aus Meibom's Nachlaß kaufte die Handschrift Zacharias Konrad von Uffenbach (1683–1734), und dessen Nachlaß 1749 der Hamburger Professor Johann Christian Wolf, der sie der Hamburger Bibliothek schenkte. Hier erstellte der ehemalige Hamburger Oberbibliothekar Prof. Fritz Burg Forschungen über den Ursprung des Werkes und gelangte zur Überzeugung, daß es sich tatsächlich um das verlorengeglaubte Werk von STEFANSSON handelt. Er veröffentlichte dann 1928 den lateinischen Text, zusammen mit einer ausführlichen Einleitung.[1]

Gudbrandur THORLAKSSON[2] wurde 1542 in Nordisland geboren. Er studierte bis 1564 in Kopenhagen und wurde 1570 Bischof von Hólar. Obgleich Gudbrandur hauptsächlich Theologie studierte, wäre er, wie sein berühmter Vetter zweiten und dritten Grades Arngrimur JONSSON feststellte, auch ein guter Mathematiker geworden. Zu seinen großen wissenschaftlichen Verdiensten gehört es, daß er die Breitengrade so genau feststellte, daß er die Position von Hólar mit $65°44'$ fast genau berechnete. Gudbrandur war auch mit Tycho BRAHE (1546–1601) befreundet und stand mit ihm im Briefwechsel. Er besaß und studierte Werke der bedeutendsten Astronomen und Mathematiker seiner Zeit. Der berühmte isländische Bischof hat auch einen Himmelsglobus angefertigt, den er seinem einst engsten Freund und späteren Feind, Johannes Bocchalt, dem Generalgouverneur von Island, präsentierte. Er existiert nicht mehr. Seine Absicht, einen Erdglobus herzustellen, um Islands geographische Position genauer darstellen zu können, konnte wegen Krankheit nicht verwirklicht werden.

Im Jahre 1570 veröffentlichte Abraham ORTELIUS seine berühmte Kartensammlung "Theatrum orbis terrarum", die aber noch keine Karte von Island enthielt. Eine solche, sehr dekorative, erschien im Nachtrag des Jahres 1590[3] unter dem Titel "Islandia", datiert 1585, im Maßstab von ca. 1:1.700.000.[4] (Abb. 12) Sie wurde in mehreren Auflagen bis 1612 gedruckt. ORTELIUS selbst war kein originaler Kartograph. Wir kennen nur fünf Karten, die er selbst noch vor 1570 geschaffen hatte. In der Regel machten Vertrauensmänner für ihn die geeignetsten

---

1) im Selbstverlag der Staats- und Universitäts-Bibliothek. Siehe ERKES (1928b): Eine wertvolle Entdeckung. In: Mitteilungen der Islandfreunde, XVI, Heft 3, 1928, S. 41–43
2) siehe HERMANNSSON (1926): Two Cartographers. Ithaca, N. Y. 1926
HERMANNSSON (1931): The Cartography of Iceland. Ithaca, N. Y. 1931
SIGURDSSON (1978): Kortasaga Vol. II. Reykjavik 1978
DREYER-EIMBCKE (1984a): Deutschlands Beiträge zum Kartenbild Islands und Grönlands. In: Kartographisches Colloquium. Lüneburg '84, 1984, S. 87–96
3) Additamentum IV Theatri Orbis Terrarum
4) vgl. THORODDSEN (1897): a.a.O.

12. Abraham ORTELIUS, Islandia, 1590

Karten ausfindig, die auch vielfach genannt werden. Island erscheint auf der Karte in ganzer Breite des Blattes, umgeben von phantastischen Meerwundern, die sich teilweise auf Olaus MAGNUS' "Carta marina" zurückführen lassen, ebenso wie die Eisbären auf Eisschollen rechts oben. Die Buchten und Halbinseln erscheinen überdimensioniert. Die Berge sind, wie zu jener Zeit üblich, als kleine Aufrißbildchen wiedergegeben. Sämtliche bedeutenden Fjorde sind auf der Karte zu sehen, und ihre Namen sind zugeordnet, am meisten im Westen. Das Land ist in Viertel eingeteilt, und vielfach sind die Namen einzelner Bezirke angegeben, man sieht auch die Namen der Bischofssitze, Klöster, Handelsplätze sowie der wichtigsten Gehöfte und diejenigen einiger Berge und Gletscher. Der Hekla wird eindrucksvoll während einer Eruption gezeigt. Wie eine perspektivische Wiedergabe der Berge entsteht die Wirkung eines Luftbildes. Dabei steht geschrieben:

"Die Hekla wird von beständigen Ausbrüchen und Schneestürmen heimgesucht und wirft unter ungeheurem Getöse Steine aus." Auf dem Flachlande östlich der Thjórsá steht: "Hier ist die Schnellfüssigkeit der Pferde so gross, dass sie 20 Meilen in einem Stücke laufen können." In dem Gebirge am Lómagnúp sind Füchse abgebildet, die einander in den Schwanz beißen, und dabei steht geschrieben: "Schlaues Verfahren der Füchse um Vogelnester zu finden und auszunehmen." Beim Lagarfljót steht: "In diesem See befindet sich eine ungeheure Schlange, die den Bewohnern schadet. Sie zeigt sich, wenn umwälzende Ereignisse bevorstehen." Etwas südlich vom Mývatn steht: "Ganz vorzügliche Schwefelgruben," was sich zweifellos auf die Fremrinámur, nicht auf die Gruben bei Reykjahlid bezieht, denn gerade dort wurde im 16. Jahrhundert Schwefel gewonnen. Südlich von Hólar im Hjaltadal steht: "Menschen, Hunde, Schweine und Schafe unter einem Dache." Oberhalb Stafholt in der Mýrasýsla nahe dem Baldjökul ist eine Mineralquelle, bei der steht: "Bierquelle, die einstmals infolge der Gewinnsucht ihres Herrn ihren Ort verändert hat." Westlich vom Borgarfjörd steht: "Schluchten, aus denen übelriechende Luft aufsteigt." Im Ölfus steht: "Siedende Quellen." Dies bezieht sich zweifellos auf die Springquellen bei Reykir und im Hveragerdi. Auf dem Vorgebirge Reykjanes sind zwei Quellen angegeben, eine im Selvog: "Eine Quelle, in der weiße Wolle schwarz wird," und ganz außen auf Kap Reykjanes die andere: "in welcher schwarze Wolle weiß wird." Diese letztere befindet sich auf der Karte genau an der Stelle, wo in der Tat der Gunnuhver und noch viele andere siedende Lehmpfützen liegen. In solchen Lehm- und Schwefelbassins rufen die sauren Dämpfe mancherlei Farbenveränderungen hervor, und es ist daher durchaus nicht unwahrscheinlich, daß diesen Erzählungen tatsächliche Beobachtungen zu Grunde liegen.[1]

Früher glaubte man, daß Mineralquellen (ölkeldur), Springquellen und andere warme Quellen aus bestimmten Anlässen, z. B. wenn das Blut Unschuldiger in sie floß

---

1) zitiert nach: THORODDSEN (1897): a.a.O., S. 235 f.

usw., ihren Platz wechselten. All den Sagen liegt die Tatsache zugrunde, daß sich Mineralquellen und Springquellen oftmals bei Erdbeben und Vulkanausbrüchen aus natürlichen Ursachen verändern, indem Risse in der Erdrinde entstehen.

Das "Theatrum" erhielt seinen Rang bis zum Anfang des 17. Jahrhunderts. Seine Islandkarte enthält keine Angabe über den Autor, nur daß sie Frederik II. von Dänemark durch Andreas Velleins (Anders Sörensen Vedel, 1542–1616), einem bekannten dänischen Historiker, gewidmet war. Da der König 1588 starb, wird er die Karte womöglich nicht mehr gesehen haben. Lange Zeit wurde die Karte Vedel zugeschrieben, was darauf zurückzuführen ist, daß er in der Liste der Karten-Autoren von ORTELIUS aufgeführt wurde. Wir wissen aber heute, daß die Karte auf Zeichnungen von Gudbrandur THORLAKSSON beruht. Dieses wurde von zwei seiner Zeitgenossen, dem dänischen Historiker Claus Christoversen LYSCHANDER (1557–1623) und dem Bischof JONSSON, bestätigt. Wir wissen aber nicht, wann er die Karte gezeichnet hat. Es existierte lediglich eine Liste über Kirchen und Fjorde, welche er benutzt hatte. Im "Theatrum orbis" von ORTELIUS befindet sich auch eine lange Beschreibung von Island, in der Verschiedenes aus anderen Werken zusammengetragen wurde und auch auf Arngrímurs Erstlingswerk "Commentarius de Islandia"[1]) verwiesen wird. ORTELIUS schenkt noch vielen Fabeln Glauben, so daß seine Angaben aus Dichtung und Wahrheit bestehen. Er kommt auch auf Thule zu sprechen, daß viele es mit Island gleichsetzten, er aber nicht daran glaube. Thule liegt seiner Meinung nach auf der skandinavischen Halbinsel, wobei er sich hauptsächlich auf PROCOPIUS bezieht.

ORTELIUS bespricht die Namen von Island und sagt, es heiße Islandia oder Eisland, Snelandia von dem vielen Schnee, und Gardarsholm oder Gardars Insel von ihrem Entdecker Gardarus, wie er ihn lateinisch nennt. Er sagt weiter, das Land sei 100 deutsche Meilen lang, doch sei es zumeist unbebaut und bergig und im Norden könne wegen der heftigen Nordwinde nicht einmal Gestrüpp aufkommen. Island ist um 1260 unter die Herrschaft des Königs von Norwegen gekommen und der König von Dänemark und Norwegen schickt alljährlich seinen Statthalter hin, dem die Isländer gehorchen, wie sie es früher ihren Bischöfen taten.

ORTELIUS setzt seinen Bericht mit der Angabe fort, daß Island in vier Viertel eingeteilt werde, und gibt deren Namen an. Er erwähnt die beiden Bischofssitze "Schalholt" und "Hola" und die Schulen, die an beiden bestanden. Darauf zählt er die Klöster auf, deren Namen er jedoch sehr entstellt. Außer diesen, sagt er, gebe es auf Island 325 Kirchen, wie er von Vedel erfahren haben will.[2])

---

1) JONSSON (1593): Brevis commentarius de Islandia; quo scriptorum de hac insula errores detegentur, et extraneorum quorundam conviciis, ac calumniis, quibus Islandis liberius insultare solent, occurritur. Hafniae 1593
2) siehe THORODDSEN (1897): a.a.O., S. 145

Dann wird den Meerungeheuern und Seeungetümen breiter Raum gewidmet. Da ist zunächst vom Narwal die Rede. Wer sein Fleisch äße, müsse bald sterben. Sein Zahn sei sieben Ellen lang, rage ihm aus dem Kopf hervor und würde als Einhorn verkauft. Damals wurden die Narwalzähne als Mittel gegen Gift teuer bezahlt. Man hielt sie für Hörner eines Wundertieres. Der Kopf der Pottwale, so berichtete ORTELIUS, sei größer als der ganze Rumpf. Erwähnt wird noch der Pferdewal, der Rochenwal, der Grönland- und Springwal, der Schwertfisch und die Seekuh. Alle Tiere benennt er mit ihren isländischen Namen. Die Tatsache, daß es auch noch einige Deutungen isländischer Namen gibt, die sich auf der Karte finden, dürfte ein weiterer Beweis dafür sein, daß die Karte und die Informationen aus Island stammen. Kein anderer als Gudbrandur wäre in der Lage gewesen, sie zu beschaffen. J.F. VENZKE (1985a) weist auf die in der für die damalige Zeit typische Profilzeichnung hin, die zentralisländische Plateaugletscher darstellen; der Hofsjökull trägt hier den Namen "Sandjökull".

Thordur THORODDSEN glaubte, daß Gudbrandur seine Karte schon 1571 vollendet und sie zum Empfang der Bischofsweihe in Dänemark übergeben haben könnte. Die Messung der geographischen Lage von Hólar, die vermutlich erst 1585 erfolgte, brauchte seiner Ansicht nach nichts mit der Karte zu tun zu haben. Auf beiden Karten ist Island, wie allgemein auf den älteren Karten, zu weit nördlich angesetzt worden. Auf der ORTELIUS-Karte liegt Island zwischen $64°$ und $67°3/4'$ n. Br., auf der von MERCATOR zwischen $64\ 1/2°$ und $68°6'$ n. Br.

Hólar war ursprünglich katholischer, später evangelischer Bischofssitz, insgesamt von 1106 bis 1798, also fast 700 Jahre lang, und wahrscheinlich auch Sitz einer Priesterschule mit wenigen Unterbrechungen seit der Amtszeit Jon Ogmundssons, des ersten Bischofs zu Hólar. Der Bischof Gudbrandur unterhielt auch freundschaftliche Beziehungen zu Hamburg, das er persönlich kennengelernt hatte. Das in Hólar gedruckte Bibelwerk wurde in Hamburg gebunden, wo der Bischof auch einen Buchbinder verpflichtet hatte, der in Hólar die Isländer sein Handwerk lehren sollte. Dort erschien diese Bibel dann auch im Jahre 1584. Der isländische Bischof hatte auch vom dänischen König die Erlaubnis erhalten, Baumaterial auf eigenen Schiffen für Kirchen und Schulen holen zu lassen und kaufte den Hamburgern eigens für diesen Zweck ein Schiff von 120 Tonnen ab, das aber bald nach dem Auslaufen untergegangen sein soll. Die Hamburger hatten im 16. Jh. nicht nur den Islandhandel in der Hand. Sie besaßen auch eine Art Monopol für den Personenverkehr zwischen Island und dem Kontinent. Die meisten Leute, die im 16. Jh. von Island nach Kopenhagen fahren wollten, benutzten Hamburger Schiffe. Mit diesem Personenverkehr war auch eine Art Postdienst verbunden. So überbrachten Hamburger Kaufleute 1548 ein päpstliches Schreiben an den isländischen Bischof von Hólar, Jon Arason.

Über den Handel hinaus erstreckten sich die Beziehungen zwischen Island und Hamburg auf geistige Dinge, auf den literarischen Verkehr der Gelehrten und persönliche Kontakte.[1] Waren die Interessen der mit den Bewohnern Islands Handel treibenden Hamburger rein wirtschaftlicher Natur, so dürften die Reize, die die damals geistig hochstehende Stadt für die Isländer besaß, eher auf kulturellem Gebiet zu suchen sein. Im April 1602 kam unter Christian IV. ein Abkommen zustande, das nur den Städten Kopenhagen, Malmö und Helsingör das Handelsrecht für Island einräumte. Den deutschen Kaufleuten wurde der Islandhandel untersagt, doch erhielten sie immerhin die Erlaubnis, die von ihnen gepachteten isländischen Häfen bis zum Ablauf der Pachtzeit zu behalten. Bis ins dritte Jahrzehnt seit Beginn des dänischen Monopols segelten noch jährlich 5-10 deutsche Schiffe – auf dänische Rechnung – nach Island, und doppelt so viele erreichten Hamburg von Island aus. Erst durch Verordnungen von 1622 und 1623, wonach das neu angelegte Glückstadt an der Elbe, das damals zu Dänemark gehörte, zum Umschlagplatz für isländische Güter gemacht wurde, kamen die hamburgisch-isländischen Beziehungen zeitweilig zum Erliegen. Der Kontakt zum Kontinent und England riß aber nie ganz ab. Holländer suchten mit Vorliebe Bjarnareyar und Engländer die Umgebung vom Snaefellsnesjökull auf. Mehrmals wurden Verbote erlassen und härteste Strafen angedroht, doch erst Ende des 17. Jh. konnte durch strenge Kontrollen der Schleichhandel weitgehend ausgeschaltet werden.

Auf den ersten Blick erscheint es verwunderlich, daß der lebhafte Handel zwischen den deutschen Hansestädten und Island die deutsche Kartographie nicht mehr beflügelt hatte. Aber diese Abwesenheit von Karten existierte während der gesamten Hansezeit wie schon vorher bei den Wikingern. So haben wohl in dieser Zeit in erster Linie politisch motivierte Entdeckungsfahrten der Portugiesen, Spanier, Engländer und Niederländer zu kartographischen Leistungen geführt.

Auf der ORTELIUS/THORLAKSSON-Karte findet man etwa 250 Namen, die teilweise schwer zu entziffern sind. Weil der Autor eine Handschrift benutzte, die nur auf Island bekannt war, wurden die von ihm aufgeführten Ortsnamen vielfach Opfer von Fehlinterpretationen. Während die Ortsnamen von Isländern stammen, dürften die Legenden von ausländischen Autoren geschrieben worden sein.

In der Kartographie sind Plagiate oder "Raubdrucke" durchaus üblich gewesen. Überspitzt läßt sich sogar sagen, eine Karte entstand, indem man eine andere zumindest teilweise kopierte. Voltaire hat einmal gesagt: "Originale nennt man die noch nicht entdeckten Plagiate." In Frankreich wurde die ORTELIUS-Karte etwa von 1619-31 unter Weglassung des Autors und Austausch des Inset-Inhaltes u. a. von Le CLERC (1560-1621) herausgebracht. Außerdem hat der Kopist z. B. den Namen "Vartz" ausgelassen und Kollefiord für Kollafiord und Ollofiord für Kroffiord geschrieben.[2]

---

1) siehe BAASCH (1889): Forschungen zur hamburgischen Handelsgeschichte I. Die Islandfahrt der Deutschen. Hamburg 1889. Staats- und Universitäts-Bibliothek. Hamburg und Island. Hamburg 1930
2) siehe Österreichische NATIONALBIBLIOTHEK (1984): Katalog Island und das nördliche Eismeer. Wien 1984, S. 74

Im Jahre 1595, fünf Jahre später als ORTELIUS, erschien in der letzten von MERCATOR selbst herausgegebenen Ausgabe des gleichnamigen Atlas eine neue Karte von "Islandia" im Maßstab von ca. 1:2.150.000 (Abb. 11), deren Quellen ebenfalls auf Bischof Gudbrandur zurückgehen. Die Karte, die bis 1630 in verschiedenen Auflagen gedruckt wurde, aber von anderen Kartographen erst 1735 durch Henri du SAUZET verwandt wurde, hat große Ähnlichkeit mit der ORTELIUS-Karte, ist jedoch zuverlässiger und einfacher in der Darstellung, aber nicht so dekorativ. Um seinen Kunden noch mehr zu bieten, sind 290 Toponyme, also 40 mehr als bei ORTELIUS, aufgeführt. Die neuen Namen sind sehr zweifelhaft und haben keine andere als eine quantitative Funktion. Der Trick, dem Kunden mit einer höheren Anzahl von Ortsnamen zu imponieren, um damit auch den Konkurrenten auszustechen, ist in der Geschichte der Kartographie durchaus üblich gewesen. So verteilte Sir Robert DUDLEY (1573–1649) auf seiner "Carta particolare dell' Isola di Islandia e Frislandia" aus dem ersten Seeatlas eines Engländers, 1646, insgesamt 265 Namen auf die isländische Insel. Sie sind vielfach verstümmelt oder erscheinen mehrfach oder aber in merkwürdiger Zusammensetzung.

Wie auf der ORTELIUS-Karte stehen auch bei MERCATOR einige Hinweise, während sonst die meisten Wunderdinge weggelassen sind. Zwischen Stafholt und dem Baldjökul steht nur: "fons cerevisialis" und am Lagarfljot "in diesem See ist einmal eine ungewöhnlich große Schlange gesehen worden." Die stinkenden Schluchten sind gleichfalls genannt. Gudbrandur hatte geglaubt, der Aradalur befinde sich im Vatnajökul nahe den Quellen der Jökulsá i Axarfirdi. Später jedoch hat man den Thórisdal und Aradal für ein und dasselbe gehalten. Die Skoptá läßt man aus dem Fiskivötn kommen und das Hverfisfljót heißt Almannafljót, wie es auch früher wirklich geheißen hatte.

Matthias QUAD von KINKELBACH (1557–1613) aus Deventer, der sich in Köln auf die Publikation kleinformatiger Atlanten und geographischer Handbücher spezialisierte, ließ 1608 eine verkleinerte ORTELIUS-Karte drucken. Abgeändert wurden lediglich die Kartuschen. So zeigt die "Islandia"-Karte ein Portrait von Christian IV., der sehr an der Ausweitung seines Landes und in Zusammenhang damit auch an Geographie interessiert war. 1599 hatte er sogar selbst das Nordkap umsegelt.

Es wird vermutet, daß Gudbrandur THORLAKSSON Informationen durch Heinrich Rantzau 1526–1598 erhielt, der politisch in Schleswig-Holstein tätig war und auch als Kunstmäzen galt. Heinrich Rantzau bekleidete 45 Jahre lang die höchsten Ämter, die ein schleswig-holsteinischer Adliger im Lande überhaupt erreichen konnte. Er diente 3 Königen als oberster Verwaltungsbeamter, Lieferant politischer Nachrichten, Ratgeber und Diplomat. Schon als Zwölfjähriger wurde er auf die Universität Wittenberg geschickt und scheint dort zumindest zeitweise zu Luthers Tischgenossen gehört zu haben. Die persönliche religiöse Überzeugung sollte aber nicht nach außen treten, um das Gespräch unter den Humanisten aller Konfessionen nicht zu stören. Er hatte gute Kontakte zu Katholiken, aber auch ebenso gute zu Calvinisten und zu lutherischen Theologen wie David CHYTRAEUS in Rostock.[1] Seine Funktion als Finanzmann trug ihm auch den Titel des "norddeutschen Fuggers" ein. Er sammelte einen Reichtum an Kunstschätzen und Büchern. Die Bibliothek im Schloß Breitenburg machte er zu einer der bedeutendsten seiner Zeit und Breitenburg selbst zum Zentrum des Humanismus im Norden. Auf der Durchreise nach Prag hielt Tycho BRAHE sich bei ihm auf. Rantzau muß aber auch sehr sparsam gewesen sein. Diesen Eindruck vermittelt uns eine Karte von Braun und Hogenberg um 1580, die das Land zwischen Hamburg und Skagen umfaßt. Am unteren Rand tritt der Stecher einen Grafen buchstäblich ins Kreuz. Er hatte als Auftraggeber schlecht bezahlt. Es war kein Geringerer als unser Heinrich Rantzau. Er war mit Vedel befreundet und hatte mit vielen Gelehrten des Kontinents korrespondiert, so auch mit MERCATOR im Jahre 1585–1589, obgleich eine solche Korrespondenz über Island nicht belegt ist. Gerard MERCATORs Sohn Rumold schrieb auf der anderen Seite, daß sein Vater sich bei Informationen über England, Schottland und Island sehr auf Bernard FURMERIUS aus Leeuwarden verließ, dessen Informationsvermittler Richard STANYHURST, David CHYTRAEUS u. a. waren. CHYTRAEUS war mit Arngrímur JONSSON, dem Vetter von Gudbrandur THORLAKSSON, befreundet, Claus Christoversen LYSCHANDER sein Schüler, womit sich der Kreis wieder schließen würde. 1591 wandte sich der Wissenschaftler Albert MEYER aus Lindholm an Heinrich Rantzau mit der Bitte um Vermittlung beim dänischen König Christian IV., ihm die Teilnahme an der von Dänemark beabsichtigten Grönland-Expedition zu gewähren, oder wenn diese Expedition nicht zustande käme, dann sollte er ihm die Mittel bewilligen, um die geschichtlichen, geographischen und naturwissenschaftlichen Verhältnisse Islands und anderer Inseln des Nordens zu erkunden. Der Professor der Mathematik in Kopenhagen, Thomas Fink, schrieb 1592 an Rantzau, er erwarte mit Sehnsucht dessen Kalendarium, um es an Bischof Gudbrandur THORLAKSSON zu übermitteln, ein isländischer Student solle es nach Island mitnehmen. Dieser Student werde demnächst auch eine Abhandlung über seine Heimat Island schreiben. Es war vermutlich Sigurdur STEFANSSON, der beinahe Islands erster Kartograph geworden wäre.

Die Beziehungen, die die Isländer im 16. Jh. zu den Deutschen hatten, veranlaßten viele von ihnen, die deutsche Sprache zu erlernen. Der isländische Bischof Gizurr Einarsson beherrschte das Deutsche so gut, daß er sich darin völlig fehlerfrei auszudrücken verstand und deswegen sogar vom dänischen König Christian III. bestaunt wurde. Die Königin Dorothea, selbst eine Deutsche, wollte es gar nicht glauben, daß Gizurr Isländer war.

David CHYTRAEUS (1531–1600), dessen eigentlicher Name "Kochhafe" ist, widmete sich dem Studium der Theologie, der klassischen Sprachen und Literatur, Mathematik, Physik, Astronomie und mit besonderer Vorliebe der

---

1) siehe ERKES (1928c): Island des David Chytraeus. In: Mitteilungen der Islandfreunde, XVI, Heft 1, 1928, S. 8–9

Geschichte. Schon früh schloß er sich mit größtem Eifer Luther an. Kaum 20 Jahre alt, wurde er zur Universität Rostock berufen und wurde dort während fast eines halben Jahrhunderts sozusagen der "lebendige Mittelpunkt" der Universität. David CHYTRAEUS wurde zusammen mit Johann FREDLER 1592 von Arngrímur JONSSON auf seiner Reise nach Kopenhagen in Rostock besucht. Über Island berichtete David CHYTRAEUS in "Chronicon Saxoniae", 1586[1], bzw. in der erweiterten Ausgabe 1588, Rostock (wo 1546 schon CORVINUS' Postille in isländisch gedruckt wurde). Die Vorarbeiten und Stoffsammlungen begannen schon um 1578. Der sich auf Island beziehende Auszug aus der 1588er Ausgabe lautet u. a.: "Außer den erwähnten weiten Gebieten auf dem Festlande unterstehen dem Königreich Norwegen zahlreiche Inseln im westlichen Meer. Unter ihnen ist Island die größte, die, wie einige meinen, bei den Alten "Thyle" hieß. Angeblich stammt der Name von einem ägyptischen König Thyles. Wie auch immer es sich mit dem König Thyles verhalten mag, so erstreckt sich Island unter dem Polarkreis vom 35. Längengrad über 100 Meilen nach Osten. Von Island seitwärts liegen zunächst die Gemonen, dann beim 64. Breitengrad die Färöer, südlich daran die Shetland-Inseln, die einige "Thilensell" nennen, und weiter sich anreihend die Orkneys, die bis zur Küste Schottlands reichen."

An die Fabel von König Thyles hat der Autor offenbar selbst nicht so ganz geglaubt. Die unrichtigen Behauptungen über die Ausdehnung Islands sowie die Breitenlage Islands entsprechen älteren irrigen Angaben. Unter den Gemonen müssen, ihrer geographischen Kennzeichnung nach, die Westmännerinseln gemeint sein. Heinrich ERKES vermutet, daß der sonst nicht benutzte Name Gemonen eine unklare Erinnerung oder Anlehnung an die antike Bezeichnung "Häfemoden" für Shetland sein könnte. Die Benennung Shetlands als "Thilensell" ist sicherlich eine Verstümmelung aus "Thile insula". Diesen Begriff findet man allerdings auch auf einer Anzahl älterer Karten für eine Insel in unmittelbarer Nähe der Orkneys, dort wo in Wirklichkeit die Shetlandgruppe liegt. Das Werk "Enchiridion" von David CHYTRAEUS und Martin CHEMNITZ wurde übrigens von Bischof Gudbrandur übersetzt und 1600 in Hólar verlegt. Davids jüngerer Bruder Nathan (1544–1598), der zuletzt Rektor des Gymnasiums in Bremen war und sich von Luther ab und Calvin zugewandt hatte, machte Mitteilungen über Island in seinem Buche[2], das 1594 in Herborn erschien. Die Beschreibung Islands im IX. Kapitel "De Islandia insula" entnahm er wörtlich einer ihm vorliegenden, nicht näher bezeichneten Landkarte. Sie enthielt nur das, was aus älteren Schriften schon von Jakob ZIEGLER (1532), Sebastian MÜNSTER (1544), Albert KRANTZ (1575) und anderen allgemein bekannt war.

---

1) Die 1. Ausgabe erfolgte 1586 unter dem Titel "Vandaliae et Saxoniae Alberti Cranzii Continuatio, während der Titel der etwas erweiterten Ausgabe, 1588 "Chronicon Saxoniae et vicini orbis Arctoi" lautet.
2) CHYTHRAEUS (1594): Variorum in Europa itinerum deliciae seu inscriptionum monumenta. Herborn 1594

Wir lesen über Island u. a.:[1] "Die Bewohner dieser Insel bauen sich unterirdische Häuser, deren Wände sie aus Walknochen aufführen. An Holz aber gebricht es sehr, da dort die Bäume nur kümmerlich und selten gedeihen. Aber der allmächtige Schöpfer beschert ihnen alljährlich in reichem Masse das Nötige, denn aus den nördlichen Gegenden treiben viele lange Bäume von mancherlei Art an, die durch die Gewalt des Sturmes entwurzelt sind und von der Strömung gleich Wracks angeschwemmt werden, deren sich die Einwohner bedienen."

Auf Island gab und gibt es keine Häuser, die aus Torf gebaut sind. Dennoch unterlief vielen Schriftstellern bei der Beschreibung isländischer Häuser dieser Fehler. Das mag auf die ungenügende Unterscheidung der beiden Bedeutungen "Torf" und "Rasen" bei der Übersetzung aus dem isländischen "torf" oder dem dänischen "torv" beruhen.

Eine Kopie von "Brevis commentarius de Islandia" von Arngrímur wurde nachweislich auch an ORTELIUS geschickt. Philipp Nicolai aus Hamburg bat in zwei Briefen 1603 und 1606 um ein Bild von Holár und eine Karte der Diözese zur Veröffentlichung in "Theatrum geographicum", was aber anscheinend nicht geschah. Arngrímur bezog sich in seinen Arbeiten auf die ORTELIUS-Karte, nennt aber weder Gudbrandur noch Vedel. Der isländische Karten-Experte Haraldur SIGURDSSON glaubt den Grund darin zu sehen, daß Arngrímur mit der Karte nicht zufrieden war, aber eine Kritik an dem für ihn wichtigen königlichen Historiker Vedel vermeiden wollte.

Wegen der Unterstützung, die sein Vater von ihm erfahren hatte, widmete Rumold MERCATOR den zweiten Band seines MERCATOR-Atlasses dem Gönner Heinrich Rantzau. MERCATORs Sohn Arnold drehte übrigens Island auf seiner Karte von 1558 um 180 Grad, so daß der Osten zum Westen und der Westen zum Osten wurde.

Jodocus HONDIUS brachte erstmals 1607 einen "Atlas Minor" auf den Markt, für den er die Karten des ebenfalls von ihm publizierten MERCATOR-Atlasses reduzierte. Derartige kleinformatige Kartenwerke hatten allerdings schon vorher existiert, herausgegeben etwa von Philip GALLE oder Barent LANGENES. Der "Atlas Minor" war ein finanzieller Erfolg und erschien in etlichen Auflagen, hauptsächlich in lateinischer und französischer Sprache. 1621 verkaufte man die ursprünglichen, von HONDIUS gestochenen Platten nach England und ersetzte sie ab 1628 durch die von Pieter KEERE (1571–1646), einen Schwager des älteren HONDIUS und Abraham GOOS. Ab ca. 1634 führte Johann JANSSON (1588 bis 1664), ein Schwiegersohn von HONDIUS, den Verlag allein. Neben großen, immer umfangreicher werdenden Atlanten brachte er laufend auch die "Atlantes Minores" zum Verkauf. So wurde die reduzierte Island-Karte von MERCATOR noch viele Jahrzehnte hindurch von seinen Nachfolgern gedruckt.

---

1) siehe THORODDSEN (1897): a.a.O.

Gudbrandur bewog die Brüder Bjarni, Jón und Einar, die Söhne des Tómas aus Hvanndal, im Jahre 1580 die Kolbeninsel (Mevenklint) aufzusuchen. Es war die einzige Forschungsreise jener Zeit, die uns bekannt ist. Die Brüder machten zwei Versuche mit einem Ruderboot und verbrachten dann 7 Tage auf der Insel, die voller Vögel war. Von der Insel aus konnten sie von Island nicht mehr sehen als drei kleine Erhöhungen.[1]

Bischof Gudbrandur stand mit vielen Ausländern im Briefwechsel. In der Sammlung HAKLUYTs "Principal navigations" findet sich z. B. ein Brief von ihm an den Priester Hugo Branham in Harwich aus dem Jahre 1595. Dieser Engländer hatte an Gudbrandur geschrieben und ihn u. a. nach einigen benachbarten Ländern, besonders Grönland, gefragt. Darauf antwortete Gudbrandur, man sei der Ansicht, daß die unbewohnten Strecken Grönlands rings um das ganze Polarmeer bis an die äußersten Grenzen von Norwegen reichten und daß diese Gegend Bjarmaland heiße. Danach verweist er auf Isländer, die früher Grönland in Besitz genommen hätten, und daß die Briten alljährlich Verkehr mit den Grönländern unterhalten — sicherlich ein Beleg dafür, daß man in Island von den Fahrten FROBISHERs und anderer Engländer wußte.

Zur Zeit Gudbrandurs gingen sowohl Engländer als auch Dänen auf Entdeckungsreisen nach Grönland und dessen ehemals bewohnte Siedlungen. Dazu wandten sie sich wegen Nachrichten nach Island, denn deren Bewohner waren die einzigen, die von der Besiedlung durch ihre Vorfahren etwas wußten. Deshalb zeichnete Gudbrandur auf Veranlassung von Bischof Hans Poulsen RESEN 1606 eine Skizze der nördlichen Meere und folgte dabei der Schrift Arngrimur JONSSONs über Grönland. Die Karte ist von großer Bedeutung als Beleg für die gute Kenntnis des Bischofs von Grönland. Dieses Land reicht bei Gudbrandur bis in den Norden des Eismeers in nordöstlicher Richtung bis nach Norwegen hin. Er zeigte auch den alten Schiffsweg nach Grönland richtig, vorbei an der Südspitze in die großen Südwestfjorde hinein.

Das Original befindet sich in der Kongelige Bibliotek in Kopenhagen. Es ist aber damals der Öffentlichkeit nur durch eine Kopie von RESEN bekannt geworden. Die Skizze zeigt neben Grönland auch Island, die skandinavischen Länder, die Britischen Inseln, Frisland und Teile des nordamerikanischen Kontinents. Island liegt zwischen dem 63. und 66°40'. Breitengrad und hat die gleiche winkelförmige Gestalt wie auf der MERCATOR-Karte von 1595. Die Darstellung von Grönland entspricht in etwa der auf der ZENO-Karte (68°50'). Die Insel ist aber im Süden breiter. Der Autor sagt, daß die gesamte Ostküste unbewohnt sei und markierte drei schneebedeckte Berge, deren nördlichster Hvitserkur ist, direkt gegenüber von Snaefellsjökull auf Island. In Übereinstimmung mit Gemma FRISIUS

---

[1] ERKES (1915 u. 1985): Die Kolbeninsel. In: Mitteilungen der Islandfreunde, III, Heft 4, 1915, S. 65–70
und: Die Kolbeninsel. In: Island-Berichte, 26. Jahrg., Heft 3–4, 1985, S. 195

und Olaus MAGNUS ist im Ozean zwischen Grönland und Island ein Felsen zu sehen. Im Süden von Grönland, getrennt von Amerika durch eine Meerenge, ist Ginnungagap eingezeichnet. Östlich davon ist ein tiefer Abgrund, welcher nach dem Glauben der Altvorderen die Gezeiten verursachte. RESENs Kopie enthält einige Änderungen. Den Felsen zwischen Island und Grönland identifizierte er mit "Gunnbjarnarsker", den südlichen Berg an der Ostküste Grönlands nannte er Högeland und Hvarf, und an der Ostküste von Herjolfsnes fügte er Sand hinzu. Er war wohl im Zweifel wegen einer Route und machte eine punktierte Linie von Snaefellsjökull nach Hvitserkur und nannte sie "vetus navigatio", während sie auf der Originalkarte "nova navigatio" heißt. Sollte es vielleicht die Route gewesen sein, der Erik der Rote auf der ersten Reise nach Grönland gefolgt war?

XXII. Erste Reiseliteratur über Island

Die Insel Island zog das besondere Interesse von Schriftstellern und Gelehrten an sich. Gerade ihre Unerreichbarkeit machte sie besonders reizvoll und umwob sie und ihre Einwohner mit einem Kranz von Sagen, der bei manchen Darstellern den Eindruck der Wirklichkeit hervorrief. Da die meisten älteren Beschreibungen des Landes nicht auf eigenen Kenntnissen beruhten, sondern auf den unzuverlässigen Schilderungen von Schiffern und Seeleuten aufgebaut waren, denen die eigene Phantasie noch zu Hilfe kam, so begegnen uns oft höchst merkwürdige, aber dennoch durchaus unterhaltsame und spannend zu lesende Äußerungen. Männer, die Island nie zu Gesicht bekommen hatten, konnten sich nicht genug tun im Erfinden von amüsanten Charaktereigenschaften sowie Zügen im Leben dieser Nordbewohner.

Die längste Landbeschreibung Islands im 17. Jh. verfaßte Jens Lauritzson WOLFF (geb. 1582): Er schrieb (1651), daß Island 60 Meilen lang und 30 Meilen breit wäre.

Arngrímur JONSSON (1568–1648) kam mit 8 Jahren zu seinem Vetter Bischof Gudbrandur, wo er bald die Schule besuchte. Im Alter von 17 Jahren segelte Arngrímur auf Bischof Gudbrandurs Rat und Veranlassung nach Kopenhagen und besuchte dort vier Jahre lang die Universität. Im Jahre 1589 kehrte er heim, mit den besten Zeugnissen versehen, und wurde alsbald Magister in Hólar. Wahrscheinlich wurde er schon ein Jahr später zum Priester geweiht und übernahm das Amt eines Dompredigers. Um 1591 fuhr Arngrímur mit Gudmundur Einarsson, welcher ebenfalls mit dem Bischof Gudbrandur verwandt war, über Hamburg und durch Holstein und Jütland nach Kopenhagen. Arngrímur JONSSON war der erste Isländer, welcher isländische Sagen und Altertümer studierte. Da er lateinisch schrieb, wurde er im Ausland bald bekannt und lenkte mit seinen Werken im Ausland wie im Inland die Aufmerksamkeit der Gelehrten zuerst auf die alte Geschichte des Nordens, so daß sogar Ausländer anfingen, etwas Isländisch zu lernen. Sein ganzer

Sinn war so auf Geschichte und Altertumskunde gerichtet, daß Bischof Gísli Oddson 1635 von ihm sagte, in seinen Schriften über Island sei er trockenen Fußes über alle Naturwissenschaften hinweggesprungen, die damals erst neu zum Leben erweckt wurden.

In Bezug auf Geographie und Kartographie ist demnach wenig aus seinen Büchern anzuführen. Eine eigentliche Beschreibung Islands gab es auch nicht, obgleich seine ausländischen Freunde ihn darum baten. Dennoch hat Arngrímur mit seinen Veröffentlichungen Anstöße zu einem neuen isländischen Geographieverständnis gegeben. Aus seinen Werken bekam man im Ausland ein besseres Bild von diesem Land als früher.

Arngrímur JONSSON war auch Gudbrandurs "Verlagslektor". Von diesen beiden Großen der Geistesgeschichte stammen auch die ersten schriftlich manifestierten Bekenntnisse zur "Sprachreinheit" und die ersten sprachpflegerischen Empfehlungen an Dichter und Schriftsteller. Tatsächlich setzte Arngrímur diese auch erfolgreich in die Tat um. Eines seiner in isländischer Sprache verfaßten Produkte, die Übersetzung von Martin MÖLLERs "Soliloquia animae" – "Eintal sálarenar" (1662) – wurde zum Bestseller der Erbauungsliteratur.[1]

Es ist wohl nicht ganz ohne Ironie, daß der Zorn des hervorragenden Vertreters des isländischen Reformationszeitalters Arngrímur JONSSON sich gerade gegen einen Hamburger Bürger richtete.[2] Zweck und Ziel von Arngrímurs Erstlingsschrift gab er auf dem Titelblatt an und erläuterte sie in seiner Widmung an Christian IV. auf das eingehendste. Wenn er darin zu den damals weitverbreiteten Islandbeschreibungen eines Sebastian MÜNSTER, eines Gemma FRISIUS, eines Olaus MAGNUS, des Hamburgers Albert KRANTZ und anderer Stellung nimmt, so gilt seine Polemik doch ganz besonders dem Manne, dessen Namen er sich fast auszusprechen scheute, dem Hamburger Gories PEERSE. Dieser, der, wie aus dem Kassenbuch der Islandfahrerbrüderschaft ersichtlich ist, von Beruf Schiffer war, hatte als solcher Island bereist und seine Eindrücke, untermischt mit den bunten und nicht immer wahrheitsgetreuen Schilderungen der Seeleute, in einem niederdeutschen Gedicht "Van Yislandt" niedergelegt, das um 1561 bei Joachim Löw und 1594 bei W. Seelmann in Hamburg erschienen war.[3] Daß sein Gedicht trotz mancher Ungereimtheiten auf eigenen Beobachtungen beruhte, wurde auch von Thorvald THORODDSEN (1892–94)[4] anerkannt und als erste deutsche Beschreibung von Island nach eigener Anschauung bezeichnet. Es hat doch kaum

---

1) siehe KLOSE (1931): Island Katalog. Kiel 1931
2) siehe DREYER-EIMBCKE (1979): Hamburg und Island – eine halbtausendjährige Tradition. In: Island-Berichte, 20. Jahrg., Heft Nr. 2, 1979, S. 68–76
   BONDE (1930): Arngrímur Jónsson und Hamburg. In: Festschrift: Hamburg und Island. Hamburg 1930
3) SEELMANN (1883): Gories Peerses Gedicht von Island. In: Jahrbuch des Vereins für niederdeutsche Sprachforschung, 9. Jg. Norden 1883
4) siehe THORODDSEN (1897): a.a.O.

eine deutsche Stadt gegeben, von der die Fahrt nach Island mit so großer Ausdauer betrieben wurde wie diese Hansestadt. Weder die königlichen Verbote noch die Tücke der Meere oder sonstige feindliche Mächte vermochten die Hamburgischen Kaufleute von diesen Reisen abzuhalten. PEERSEs Angaben liegt vielfach ein Körnchen Wahrheit zugrunde. Von den Ausbrüchen des Hekla gibt er eine richtigere Beschreibung als die meisten seiner Zeitgenossen, und was er von den Verkehrsverhältnissen im Innern des Landes schrieb, war korrekt. PEERSE war eben kein Gelehrter, so daß er von den lateinischen Schriften nicht beeinflußt wurde, die voller Gespenster und Wundergeschichten waren. Er schrieb so, wie ein See- oder Handelsmann das Land sah. Eine Ausnahme waren die üblichen Geschichten von den Hunden, die mit Martin BEHAIM begannen.

Später griff Arngrímur erneut zur Feder, um seine Heimat gegen die Angriffe von Dithmar BLEFKEN zu verteidigen. BLEFKEN erzählt, daß 1563 zwei Hamburger Frachtschiffe eine Fahrt nach Island antreten wollten. Ihre Besatzung habe sich an die Hamburgische Kirche gewandt, ihr nach altem Brauch einen Geistlichen als Reisebegleiter zu stellen. Dabei sei die Wahl auf ihn gefallen. Am 10.4. habe er Hamburg verlassen und sei am 14.6. in den isländischen Hafen Haffneffordt (Hafnarfjördur) eingelaufen. Nachdem er noch Grönland besucht und dann auf Island überwintert hatte, will er bei seiner Rückreise die merkwürdigsten Abenteuer erlebt haben. Er fuhr zunächst nach Lissabon, hielt sich dann angeblich in Afrika auf und kehrte schließlich nach Deutschland zurück. 1582 wurde er bei einer Reise von Bonn nach Köln, die er wegen der Veröffentlichung seiner die ganze Zeit über sorgfältig gehüteten Island-Beschreibung unternahm, von Räubern überfallen. Von einem seiner Bekannten wurde er dann in einem verlassenen Hause in Bonn aufgefunden. Sein Manuskript sei ihm dann wieder zugestellt worden. Der Reisebericht von BLEFKEN erschien zuerst 1607 in Leiden, und wurde in mehrere Sprachen übersetzt. Das, was er über das Kloster St. Tomas von grönländischen Mönchen gehört haben will, ist vermutlich einem Buch von Marcolini entnommen worden.

Arngrímurs Schrift gegen BLEFKEN erschien in Island zuerst 1612 in der Hólar-Presse und ein Jahr später bei Heinrich Carstens in Hamburg. Gudbrandur THORLAKKSON weist aus seiner eigenen Kenntnis der Dinge, der Personen und der von BLEFKEN erwähnten Örtlichkeiten nach, daß dieser zu der angegebenen Zeit gar nicht in Island gewesen sein kann und daß auch seine Reise nach Grönland auf bloßer Erfindung beruht. Auch der aus Stuttgart gebürtige Polyhistor und Hofhistoriograph Erzherzog Karls in Graz, Hieronymus MEGISER (1553–1618) schrieb neben zahlreichen anderen Werken ein Buch über die nordischen Länder, das erstmals 1607 in Leiden erschien.[1] Darin behandelte er auch Island nach der Beschreibung von Dithmar BLEFKEN. Die in dem Buch enthaltene Karte von Island stammt von Christof VOGEL und beruht auf den Arbeiten von ORTELIUS.

---

1) MEGISER (1613): Septentio Novantiquus oder die newe Nort-Welt. Leipzig 1613

Während Arngrímur von seinen Landsleuten mit Haß und Mißgunst verfolgt wurde, stand er im Ausland, insbesondere in Deutschland, Dänemark und Holland in hohem Ansehen. Mit seinen Werken konnte er das "Image" der Isländer aufpolieren. Er versuchte zu beweisen, daß auch auf diesem abgelegenen Eilande Menschen wohnten, welche in den damaligen Wissenschaften auf gleicher Stufe mit den Bewohnern des europäischen Festlandes standen.

Der ostfriesische Prediger David FABRICIUS (gest. 1617) verfaßte 1616 eine kleine Schrift über Island. Seine höchste Berühmtheit erlangte er 1611 mit der Entdeckung der Sonnenflecken zusammen mit seinem Sohn. Selbst ein solcher Gelehrter fiel auf BLEFKEN herein und trug noch dazu bei, seine wundersamen Geschichten zu verbreiten. Den Mittelpunkt von Island nahm er mit 65 1/2° n. Br. an und die Entfernung vom Meridian von Ferro mit ca. 14°. Danach seien es von Deutschland nach Island ungefähr 260 Meilen. Die Insel sei von Osten nach Westen 20 Tagesreisen lang und an der breitesten Stelle 4 Tagesreisen breit. Im ganzen Umkreis, so FABRICIUS, messe die Insel 280 deutsche Meilen.

Der Pfarrer Jón DADASON (gest. 1676) schrieb u.a. 1660 in Arnarbaeli "Gandreid" (Hexensabbat) und machte darin einige geographische Angaben:

"Man rechnet, Island liege und befinde sich auf dem westlichen Teile der nördlichen Halbkugel im 7. climate und 14. parallelo, 80 Meilen nordwestlich der Faeroer, 160 Meilen von Dänemark und gegen Süden in latitudine ab aequatore unter dem 64 1/2 gradu. Aber Petrus Appianus setzt es unter 65 gradus. Am wahrscheinlichsten ist es durch Erdfeuer aus dem Meere emporgehoben und wird auf 60 Meilen in der Länge und 30 Meilen in der Breite geschätzt."

Danach bezieht er sich auf die Islandbeschreibung von ORTELIUS und SAXO GRAMMATICUS und PTOLEMÄUS. Bezüglich der Tageszeiten sagt er: "Die spanischen und deutschen Kompasse zeigen in solcher Polnähe nicht richtig, so daß dadurch falsche Tageszeiten entstehen."

In der ersten Hälfte des 17. Jh. widmete sich keiner mit solcher Liebe der isländischen Wissenschaft und stand niemand in solch regem Verkehr mit Isländern wie der Naturforscher Ole WORM (1588–1654). Seine Familie stammte ursprünglich aus den Niederlanden. Er selbst wurde in Aarhus geboren, studierte in Deutschland, Frankreich, Italien und in der Schweiz und erwarb sich ein großes Vermögen. Seinen Reichtum verwendete er zum Wohle der Wissenschaft. Seine naturhistorische Sammlung übertraf alle übrigen ihrer Zeit und wurde von der gesamten gelehrten Welt bewundert. Wegen seiner antiquarischen Studien trat er auch in Beziehungen zu Isländern, und zwar zunächst zu Arngrímur. Die jungen Isländer in Kopenhagen spornte er zum Studium der alten geschichtlichen Erzählungen Islands an und sensibilisierte ihr Bewußtsein dafür.

Viel ist von den Fortschritten in der eigentlichen geographischen Forschung des 17. Jh. gegenüber den vorangegangenen Jahrhunderten nicht zu berichten. Vielmehr enthalten die meisten literarischen Produkte dieses Jahrhunderts lediglich Angaben allgemeiner Art über Land und Leute, ohne daß sie auf selbständige Forschungen beruhten.

Reiseliteratur, deren Inhalt sich von der geographischen Wahrheit so weit entfernte, hat kaum zur Verbesserung des Kartenbildes beigetragen.

1646 oder 1647 erließ der Sekretär von König Christian IV., Otto Krag (1611 bis 1666), ein Schreiben an die beiden isländischen Bischöfe Thorlák Skúlason (1597–1656) und Brynjólf Sveinsson (1605–75), in dem er sie aufforderte, Auskunft darüber zu geben, was in den Berichten ausländischer Schriftsteller über Island wahr und was falsch sei, besonders in denen von MERCATOR und Jodocus HONDIUS. Beide Geistliche antworteten 1647. Thorlákur scheint angenommen zu haben, daß Island mit Thule identisch sei. Brynjólfur wies verschiedene falsche Angaben der beiden Kartographen über Island zurück. Er sprach von den drei Vulkanen, die Island nach authentischen Angaben besäße, und daß niemand Kreuzberg oder Helga kenne.

XXIII. Joris CAROLUS Flandrus – Schlüsselkarten von Island und Grönland.

Dem dänischen Rektor und Bischof Johannes Poulsen RESEN wird eine Karte zugeschrieben, die aus dem Jahre 1605 datieren soll und Grönland, Island und Teile Nordamerikas zeigt. Sie befindet sich in der Kongelige Bibliothek in Kopenhagen. Im Titel seiner Karte, bei der Osten oben liegt, nennt der Autor seine Quellen: "eine uralte Karte, vor Jahrhunderten von Isländern grob gezeichnet, denen das Land (Grönland) damals wohlbekannt war." Die Karte zeugte von soviel Kenntnis von nordamerikanischer Geographie, daß Fachleute dazu neigen, ihren Ursprung in der Bootsmannschaft der königlichen Expedition zu sehen, die unter König Magnus Eriksson Mitte des 14. Jahrhunderts, also 170 Jahre vor der offiziellen Wiederentdeckung durch VERRAZANO, zur Hudson Bay gereist war. RESEN hat die Karte dann einfach übernommen und sie mit Breitengraden versehen, die erst nach Beginn des 15. Jahrhunderts durch seinen Landsmann CLAVUS eingeführt wurden.

Trotz des größeren Maßstabes, der sorgfältigeren Ausarbeitung und einer Fülle geschriebener Anmerkungen ist RESENs geographische Darstellung die gleiche wie die der Karte von Sigurdur STEFANSSON, die 15 Jahre früher gezeichnet worden war. Auf beiden hat Grönland die gleiche Orientierung und die gleichen Umrisse. Das Festland im Süden davon weist drei Buchten auf, die zwei breite Halbinseln ("Helleland" und "Markland") bilden. Das "Promontorium Vinlandiae bonae" mit einer tiefen Bucht im Westen hat bei 50° N genau die gleiche Gestalt und Position. Zu dieser Grundkarte hat der dänische Bischof für die amerikanischen Küstenortsnamen eine Anleihe aus der Weltkarte von MERCATOR (1569) gemacht und zahlreiche Anmerkungen über spätere Entdeckungsfahrten hinzugefügt. An der Nordostküste Grönlands sehen wir die Landmarke "Hvitserk" "ex Islandorum narrationibus" und an der Südwestküste "Erics fjord" und "Vesterbygds fiord". Die Davisstraße ist irrtümlich von OSO nach WNW orientiert, mit einer Anmerkung über DAVIS' Reisen. Weiter hinauf sind zwei Zeichen in Anmerkungen erklärt. Sie zeigen die Punkte an, wo die drei Schiffe der dänischen Expedition von 1605, also im gleichen Jahr wie der Ursprung der Karte, die westgrönländische Küste erreicht, und Frobishers Strait und andere Punkte auf der Baffin-Insel sind nach Südwestgrönland in die Nähe von "Erics fjord" verlegt.

RESEN bringt FROBISHERs Entdeckungen auch mit "Helleland", das er mit ZENOs "Estotiland" gleichsetzt und das nur die Baffin-Insel sein kann, in Verbindung. Eine Anmerkung berichtet darüber, daß FROBISHER einen Mann, eine Frau und ein Kind im Jahre 1577 von hier nach England gebracht hat. Drei kleine Zeichnungen aus dem Eskimoleben sind vermutlich von dem Holzschnitt in Dionyse SETTLEs Bericht über die Reise von 1576 übernommen. George BESTs Bericht über die Reise von 1577 wird von RESEN als Quelle für die Darstellung von Baumstämmen genannt, die von Amerika über die Dänemarkstraße nach Island treiben. Östlich von Ginnungagap ist wie bei Gudbrandur der tiefe Abgrund eingezeichnet worden, welcher angeblich die Gezeiten verursachte. Der Autor setzte gewissenhaft hinzu: "Obgleich wir durch die Modernen anders informiert wurden." Die Insel Frisland ist halb so groß wie Island und ist in ihrer Gestalt eine Anleihe von MERCATOR und MAGINI. Die Karte trägt eine Widmung an den König Christian IV. und seinen Kanzler, Christian Friis.

In jedem Jahr zwischen 1605 und 1607 schickte Christian IV. Expeditionen nach Grönland, um die Verbindung mit dem alten Land der Krone wieder herzustellen. Die letzte zuverlässige Information über Reisen nach Grönland geht zurück auf das Jahr 1410. Ohne Erfolg wurden von dänischen Königen nachweislich Expeditionen im Jahre 1566, 1579 und 1581 unternommen.

Christian IV. betrachtete sich selbst als Herr des nördlichen Teiles des Atlantik, zweifellos aufgrund seiner Überzeugung, daß Grönland mit dem russischen Festland verbunden sei. Die damaligen Karten bestätigten ihm das ja auch.

Die Kapitäne auf zwei von den drei Schiffen, die Christian IV. am 2. Mai 1605 nach Grönland schickte, waren Engländer. Die Instruktionen des dänischen Königs beruhen zweifelsohne auf der Gudbrandurschen Karte von 1606. Der Chefpilot des Flaggschiffes "Trost" war James HALL, der wahrscheinlich an John DAVIS' Entdeckungen teilgenommen hatte oder aber mit dessen Karten vertraut war.[1]

---

1) siehe BOBE (1928): a.a.O.

HALL zeichnete die Küste bis zur Disko Bay. In "Purchas His Pilgrims" (London, 1625) findet man seine ausgezeichnete topographische Beschreibung von Grönland. Seine Seekarten von der Reise im Jahre 1605 befinden sich in der British Library.[1] L. SKELTON vermutet, daß der Zeichner Josiah HUBBARD aus Hull war. Im Jahre 1612 machte HALL eine weitere Reise nach Grönland, dieses Mal allerdings für ein Konsortium englischer Kaufleute. Mit ihm fuhr auch John GATOMBE, der bekannt wurde als Kartograph einer Karte von Grönland.[2] GATOMBE nannte Tindingen "Cape Comfort".

1619 wurde Joris CAROLUS Flandrus, identisch mit Joris CAROLUS van Enkhuyzen, von Christian IV. in Dienst genommen. Er arbeitete für die Noordsche Compagni. In einem zeitgenössischen Werk aus Island wird CAROLUS auch Joris Holzbein genannt, da er bei der Belagerung von Ostende ein Bein verloren hatte. Er war ein bekannter Lotse in der Nordsee und nahm an drei Expeditionen teil, die auf der Suche nach der Nordwestpassage waren. Er war der einzige seiner Zeit, von dem wir wissen, daß er in Island weilte, und zwar im Jahre 1625, wie aus einem Brief aus Bessastadir vom 7.9.1625 hervorgeht, der an den König Christian gerichtet war. Später verübte er Selbstmord aus Gram oder Enttäuschung, in Meta Incognita kein Geld gefunden zu haben.

CAROLUS' Islandkarte "Tabula Islandiae" im Maßstab von ca. 1:1.600.000 (Abb. 13) befand sich zuerst in einer unvollendeten Kartensammlung von Jodocus HONDIUS zwischen 1615 und 1629.[3] Da Joris CAROLUS die Bewilligung von holländischen Behörden zur Herstellung seiner Island-Karte 1626 bekam, ist das wohl auch das Jahr der Fertigstellung. Publiziert wurde sie von Willem Janszoon BLAEU und Johann JANSSON zwischen 1630 und 1670 in Amsterdam und von deren Nachfolgern bis 1700. Im Jahre 1672 brach ein Feuer in der Druckerei und im Lager von BLAEU aus. Andere Kartographen kauften die verbliebenen Platten auf, machten aber kaum davon Gebrauch. Nach dem Tod von Johann JANSSON 1664 ging die Produktion in den Niederlanden zurück. Zeitweilig gelangten die Platten in englische Hände. Die CAROLUS-Version von BLAEU, aber mit neuem Kartenrand und Kartusche, erschien in "The English Atlas" 1680—83 durch Moses PITT. Die Karte wurde dann von Carel ALLARD, SCHENCK & VALK sowie COVENS & MORTIER in Amsterdam bis zum 18. Jh. und durch Nicolas SANSON (1600—1667) in Paris gedruckt. Sie prägte so fast 100 Jahre die isländische Kartographie und ist eine Kombination aus den Umrissen der ORTELIUS-Karte

---

1) sie erschien auch in Churchills "A Collection of Voyages and Travels", London 1732
2) siehe KEJLBO (1980): Map Material from King Christian. The Fourth Expedition to Greenland. In: Wolfenbüttler Forschungen, Bd. 7, 1980, S. 193—212
3) siehe HERMANNSSON (1931): The Cartography of Iceland. Ithaca, N.Y. 1931
   WIEDER (1919): The Dutch Discovery and Mapping of Spitzbergen (1596—1829). Amsterdam 1919
   SCHILDER (1984): Development and Achievements of Dutch Northern and Arctic Cartography in the Sixteenth and Seventeenth Century. In: Arctic. Vol. 37, 4, 1984, S. 510—511

und den Namen von MERCATOR mit allen Fehlern. Die Länge der Insel entspricht der MERCATOR-Karte, aber die Breite ist kleiner und nähert sich damit mehr der Wirklichkeit. Insgesamt verzeichnet die Karte 270 Namen. CAROLUS plazierte eine Gruppe von acht Inseln vor die Westküste Islands westlich von Isafjordardjup, die er nach der Beschreibung von Ivar BARDSSON "Goubermann-Inseln", später auch Goubermans Eylanden nannte, und die zuerst bei Jodocus HONDIUS dem Jüngeren auftauchte. Wichtig für die Island-Karte von CAROLUS war, daß Willem Janszoon BLAEU (1571–1638) sie in seiner "Atlantis Appendix" (1630) – genauso wie übrigens sein Konkurrent Johann JANSZOON – aufnahm und in allen folgenden Ausgaben seiner Kartenwerke beibehielt.

Willem Janszoon BLAEU wurde 1571 in Alkmaar(?) in Nordholland geboren. Er hatte bei einem der besten Kenner der Astronomie sowie Verfertiger von Meßinstrumenten und Globen, bei Tycho BRAHE in Dänemark, gelernt. 1599 gründete er in Amsterdam seine Firma zur Herstellung von Karten, Atlanten, Globen sowie astronomischen Meßinstrumenten und Tabellenwerken. In Anerkennung seiner Verdienste hat die mächtige Ostindische Compagnie BLAEU zu ihrem Kartographen ernannt. Als er im Jahre 1638 starb, führten seine Söhne Joan und Cornelis die Firma weiter. Ein besonders schönes Exemplar von "Tabula Islandiae" findet sich im sogenannten "Atlas BLAEU-Van der HEM". Das Werk, das ursprünglich vom Amsterdamer Notar Laurens van der HEM (1621–78) als eines von insgesamt 50 Büchern mit über 2000 Tafeln zusammengestellt wurde, gelangte 1730 in den Besitz von Prinz Eugen und nach seinem Tode in den der Wiener Hofbibliothek.

Auf einer späteren Seekarte des Nordatlantiks, die CAROLUS für eine späte Auflage des WAGHENAER-Atlasses anfertigte, findet man südöstlich von Island auch die Enkhuyzen-Inseln, genannt nach Joris' Heimatstadt, von der er behauptete, daß sie 1617 entdeckt worden wäre. Auf späteren niederländischen Karten finden wir zusätzlich auch "Gombar Schaer". Gegen Ende des 17. Jahrhunderts bemerkte dann van KEULEN, daß keine dieser Inseln in Wirklichkeit existierte. Dennoch findet man sie auf Seekarten bis Ende des 18. Jahrhunderts. Der Franzose KERGUELEN-TREMAREC hat umsonst nach ihnen gesucht.

Joris CAROLUS hat mit seiner Karte "Nieuw Pascaert van Ijslant" aus dem Jahre 1626, die ihren Ursprung von seiner Reise des Jahres 1615 hatte und mit einer vergrößerten Ausgabe 1634 im wahrsten Sinne des Wortes grönländische Kartengeschichte gemacht.[1] Nach dem MOLYNEUX-Globus aus dem Jahre 1592 und dessen Weltkarte von 1598 zeigten spätere Karten im Süden Grönlands zunächst jeweils zwei Buchten, die allmählich immer mehr zu Seestraßen auswuchsen, wie z. B. bei Hessel GERRITSZ 1612. Erst Joris CAROLUS blieb es vorbehalten, sie von der östlichen bis zur westlichen Küste durchzuziehen, so daß zwei Durchfahrten an der Südspitze Grönlands entstanden. CAROLUS gab nur der südlicheren

---

1) KEJLBO (1971): Hans Egede and the Frobisher Strait. In: Geografisk Tidsskrift 70, S. 59–139. Kopenhagen 1971

Durchfahrt den Namen "Frobishers Straat". Beide Durchfahrten wurden dann später von anderen Kartographen unterschiedlich bezeichnet.

Bei 61° N an der Westküste von Grönland ist der Name "Mr. Joris Hoeck" (SCHILDER, 1984, S. 503) zu sehen, womit Joris CAROLUS vermutlich an seine Teilnahme an der Reise der Noordsche Compagnie im Jahre 1615 erinnern wollte.

Eine exzellente Aufnahme stellt die Manuskriptkarte von Hessel GERRITSZ (1625) "Carte nautique des bords de Merdu Nord et Norouest" dar. Sie schließt zahlreiche niederländische Namen in Labrador und an der Westküste von Grönland (so weit wie 68° N) ein.

400 Jahre später wurde die Besiedlung Grönlands durch die Isländer an der grönländischen Ostküste angenommen, die in Wirklichkeit an der südwestlichen Spitze war, wie allerdings erst 1828 durch die Expedition von Wilhelm August GRAAH bestätigt wurde. Aber bereits Aron ARCTANDER setzte "Osterbygd" in seinem in der Wochenzeitschrift "Samleren" 1792 erschienenen Tagebuch an die richtige Stelle und benutzte dabei die alten Namen. In den Sagen stand, daß "Eystribygd", Ostsiedlung (Osterbygd) (nahe der heutigen Ortschaft Julianehaab), die eine Wikingerkolonie geheißen hätte und "Vestribygd", Westsiedlung (bei Godthaab), die kleinere, zweite. Also, folgerte man, müsse die mächtigere Ostsiedlung an der Ostküste und die Westsiedlung an der Westküste gelegen haben. Das war aber ein Mißverständnis, hervorgerufen durch die Tatsache, daß die Ostsiedlung in den innersten Fjordwinkeln lag, und daß man ein paar Tage Westkurs steuern mußte, wenn man dort auf das Nordmeer hinausfuhr. Die Entfernung zwischen beiden betrug über 330 km. Ein Schleier des Geheimnisses liegt noch immer über dem Schicksal der Wikinger auf Grönland seit dem Jahre 1410. Um das Jahr 1000 soll ein relativ mildes Klima geherrscht haben. Vegetationskundliche Untersuchungen haben zutage gefördert, daß der Futterwert der grönländischen Weiden damals zweieinhalb bis drei Mal besser war als der der Weiden auf Island. Wie jüngste Klimaforschungen mit Hilfe von Eisbohrungen nachgewiesen haben, fand ein Klimasturz um 1300 bis 1350 statt. Als die grönländischen Wikinger aus dem Scheinwerferlicht der Geschichte Anfang des 15. Jh. verschwanden, war das Klima — so die Forscher — wieder so gut wie um das Jahr 1000. Damit dürfte das Argument der Klimaverschlechterung ausscheiden. Ebenfalls wohl das der Pest. Die Pestzüge des 14. Jh. in Nordeuropa haben die Grönländer überlebt. Fridtjof NANSEN stellte vor dem Ersten Weltkrieg die Theorie auf, die Grönländer hätten sich nach dem Abbruch der Verbindungen mit Europa mit den von Norden (im Raum von Thule) nach Süden vordringenden Eskimos vermischt und seien in ihnen aufgegangen. Einer anderen Theorie zufolge seien die Grönländer durch Piratenangriffe der Basken oder Engländer ausgerottet worden. Die Ausrottungstheorie gilt heute als die wahrscheinlichste. Schon um 1356 ging eine Teilsiedlung von Österbygd an die Eskimos verloren. Aus Archivquellen und Ausgrabungsbefunden geht hervor, daß sie auch Vesterbygd in ihre Gewalt genommen hatten. Von ihrer Bewaffnung her,

waren sie dazu in der Lage und sicher auch zu derartigen Vernichtungskämpfen bereit. Als die Kalmarische Union 1387 die drei skandinavischen Länder unter eine einzige Krone brachte, nämlich die der Dänenkönigin Margarethe, verlagerte sich das politische Schwergewicht von Drontheim nach Kopenhagen. Dort hatte man ohnehin noch weniger Neigung, die Verbindung über so lange Entfernungen hinweg, mit Grönland zu pflegen.

Der Bischof von Gadar, Ivar BARDSSON, berichtete, daß Vestribygd schon vor Eystribygd untergegangen sei. Die Skarlinger (Eskimos) hätten die ganze Siedlung geplündert, so daß dort nur noch Ziegen, Schafe, Rindvieh und Pferde, aber keine Menschen überlebten.

Der dänische Archäologe Paul Nörlund hat bei Ausgrabungen von Gräbern in Grönland merkwürdige Entdeckungen gemacht. Körper der Bestatteten waren fast durchweg verkrüppelt, zwergwüchsig, unterernährt, rachitisch. Diese Feststellung bestätigte die Theorie, die Grönland-Normannen seien in der Isolation physisch degeneriert als Folge jahrhundertelanger Entbehrungen im sogenannten "grünen Land". Auf einer unbewohnten Insel Grönlands fand der isländische Kapitän Jón (?) im Jahre 1540 als letzter einen Grönland Normannen, wenn auch als Leiche. Der Hamburger Kapitän Mestemaker hat ein Jahr später an der westgrönländischen Küste auch nicht die geringsten europäischen Siedlungsspuren mehr entdeckt.

Die beiden Karten von Joris CAROLUS sind auch noch aus einem anderen Grunde von besonderer Bedeutung: Sie zeigen erstmals zahlreiche Namen an der Südostküste Grönlands, die auf dem Mythos der östlichen Besiedlung (Österbygd) beruhen. Kap Farewell wurde durch "Staatenhoeck" ersetzt. Es ist unwahrscheinlich, daß die zahlreichen Fjorde, welche in Details wiedergegeben wurden, das Ergebnis eigener geographischer Nachforschung waren. Zehn der niederländischen Namen stammen aus der inzwischen verschollenen holländischen Übersetzung von Ivar BARDSSONs "Beschreibung von Grönland" durch Willem BARENTSZ. Die holländischen Namen stimmen auch nicht mit der englischen Übersetzung von BARENTSZ' Manuskript überein, das Purchas 1625 in London druckte. Die Plazierung der Fjorde und deren Namen wurden jahrhundertelang auf niederländischen Seekarten kopiert, was in starkem Maße zur Vorstellung beigetragen hat, daß die östliche Besiedlung an der Ostküste Grönlands zu finden sei. Daß die Konfiguration der Küste der Wirklichkeit sehr nahe kommt, ist wohl reiner Zufall. Wenn die Holländer sie gesichtet hätten, trügen die Fjorde sicherlich die Namen in ihrer Muttersprache.

Eine Karte vom Nord- und Nordwestatlantik, um 1628, von Hessel GERRITSZ (1581–1632), die sich in der Bibliothèque Nationale in Paris befindet, verdient noch unsere besondere Aufmerksamkeit.[1] GERRITSZ war nicht nur Kartograph

---

1) siehe KEJLBO (1971): a.a.O.

der Holländischen Ostindienkompanie, sondern seit deren Gründung 1621 auch der Holländischen Westindienkompanie. Dank dieses Amtes war er auf dem laufenden und konnte alle Schiffsexpeditionen berücksichtigen, die Ende des 16. und Anfang des 17. Jahrhunderts versucht hatten, die Nordwestpassage zu entdecken. Die Karte zeigt westlich des Nullmeridians Westgrönland und die amerikanische Küste von Baffin Bay bis nach Virginia und östlich außer Ostgrönland noch Spitzbergen, Island, Großbritannien. Die Zeichnung der Umrisse und die Namenseintragungen auf GERRITSZ' Karte spiegeln getreulich die jüngsten Seereisen wieder: Martin FROBISHER (1576–78), John DAVIS (1583–87), George WAYMOUTH (1602), James HALL (1605–07), Henry HUDSON (1607–10), Thomas BUTTON (1612), William BAFFIN (1615–16) und William HAWKERIDGE (1625).

Frobisher Bay (Frobisher Straith) ist im Südosten Grönlands eingezeichnet, während FROBISHER ja in Wirklichkeit Baffin Island erreichte und einen Golf ein wenig nördlich der Hudson Strait entdeckt hatte. Noch war nicht bekannt, daß es sich bei Baffin Island um eine Insel handelt. GERRITSZ weist in Baffins Bay bereits auf möglicherweise vorhandene Passagen hin. Er konnte nicht ahnen, daß Roald AMUNDSEN, als er drei Jahrhunderte später als erster die Nordwestpassage in Ost-West-Richtung bezwang (1903–1906), diese Route benutzte. Die wenigen Illuminierungen beschränken sich auf große Segler, Eskimokajaks, verschiedene Walfische, besonders in der Nähe von Spitzbergen.

Hessel GERRITSZ veröffentlichte bereits 1612 einen Bericht über Henry HUDSONs Suche nach einer NW-Passage in einem Pamphlet (Descriptio de delineatio Geographica). HUDSONs Karte von seiner Entdeckung kam mit dem Schiff zurück und fand ihren Weg bis Amsterdam, wo sie 1612 von GERRITSZ veröffentlicht wurde.

Der Sekretär der französischen Botschaft in Stockholm, Isaac de la PEYRERE, der 1644 den Bericht "Relation de l'Islande" vollendete, der aber erst 1663 veröffentlicht wurde, schrieb auch "Relation du Groenland" (1647)[1].

Das letztere Buch beginnt mit einem Kommentar zur Karte, die von Chapelain gezeichnet sei. Er habe den südlichen Teil von Grönland in zwei Inseln aufgeteilt. Das geschah aufgrund einer Karte in der Bibliothek des Kardinals Mazarin mit dem Hinweis, daß sie von dem Sohn Martinus des Holländers Arnoldus (genannt den Briel) stamme. Das Kartenbild deckt das gesamte von PEYRERE beschriebene Gebiet von Spitzbergen im Osten bis zum Winterhafen von Jens MUNK im Westen ab. Die Position von Kap Farvel basiert auf Angaben von MUNK. Hingegen läßt er die Längenausdehnung Grönlands offen, weil seine Quellen darüber nichts aussagen. Die Karte ist in holländischen und deutschen Ausgaben mit Kartuschen von isländischen (!) und grönländischen "Wilden", einem "grönländischen Schiff" und

---

1) siehe MØLLER (1981): Isaac de la Peyrére: Relation du Groenland. In: Tiddskriftet Grønland, 29. Jg., Charlottenlund 1981

einem "Seebär" versehen. PEYRERE war weder selbst auf Island noch auf Grönland. In seinem Bericht über Island stützte er sich auf Auskünfte von Arngrímur JONSSON, BLEFKEN und vom Leibarzt des dänischen Königs Christian IV., dem Sammler und Altertumsforscher Ole WORM.

Der holländische Kapitän C.G. ZORGDRAGER war selbst 1699 in Island gewesen. Er beschreibt das Land recht ausführlich, wobei er allerdings viele Passagen wörtlich aus Isaac PEYREREs Island-Bericht übersetzte.

XXIV. Thordur THORLAKSSON

Bischof Thordur THORLAKSSON, der Urenkel von Bischof Gudbrandur THORLAKSSON, wurde 1637 in Hólar geboren und starb 1697.[1] Er studierte ebenfalls in Kopenhagen und später in Wittenberg, besuchte danach Paris, die Niederlande, Norwegen und verschiedene Male wieder Kopenhagen, bevor er 1667 seinen Magister machte und sich dabei auch mit Kartographie beschäftigte. Am meisten Neigung zeigte Thordur für Geometrie und Astronomie. Er gab Kalender heraus und maß die geographische Lage von Skálholt. Ähnlich wie Arngrímur JONSSON schrieb Thordur THORLAKSSON 1666 "Dissertatio chorographica historica de Islandia"[2] als Abrechnung mit jenen Schreiberlingen, die Island diffamierten, indem sie von anderen abschrieben oder selbst vorsätzliche Lügen über das Land verbreiteten, wie Dithmar BLEFKEN.

Thordurs Werk beschäftigte sich auch mit den Längen- und Breitengraden Islands (Hólar 65°40' n. Breite und 15° Länge), und er äußerte sich sehr skeptisch über ZENO. Er glaubte nicht, daß "Engrovelandia" oder "Engronlandia" mit dem Grönland Eriks des Roten identisch wäre. Thule ist für ihn mit Island identisch, da der Breitengrad nach PTOLEMÄUS mit Island gleich ist. Im 4. Kapitel behandelt er die Geographie Islands. Zwei Berge nennt er die merkwürdigsten auf Island: den Snaefellsjökull wegen seiner Höhe und die Hekla wegen ihrer Ausbrüche, weist aber die verschiedenen Ammenmärchen darüber zurück.

1668 stellte Thordur in Kopenhagen ein Buch über Grönland zusammen, das niemals gedruckt wurde, aber fünf Karten von Bischof Gudbrandur, Sigurdur STEFANSSON, Jón GUDBRANDSON, eine Kopie aus Hendrik DONCKERs Atlas von 1666 und von Thordur (1668) selbst enthielt.

---

1) siehe HERMANNSSON (1926): Two Cartographers. Ithaca, N.Y. 1926
2) THORLAKSSON (1966): "Dissertatio chorographic-historica De Islandia, Brevissimam Insulae hujus. Descriptionem propones ac Anctorùm simul qvorundam de eâ errores detegenes, qvam. In Illustri Academia Wittebergensi sub praesidio viri Admodum Reverendi, Amplissimi et Excellentissimi Du Aegidii Strauch..." Reprint, Reykjavik 1982

Es handelt sich bei dem Werk über Grönland in erster Linie um eine Übersetzung der Beschreibung und der Geschichte Grönlands von Björn JONSSON mit kritischen Anmerkungen des Übersetzers und einem Anhang mit einer Kurzfassung des Grönlandberichtes des Bischofs Ivar BARDSSON.

Alle Karten, die uns von Thordur bekannt sind, müssen zwischen 1668–1670 in Kopenhagen entstanden sein, wo sie sich auch noch befinden. Seine erste Manuskriptkarte "Islandia Juxta Observationes Longitudinum et Latitudinum Gudbrandi Thorlacij Thorlacio . . ." (Abb. 15) entstand 1668 und zeigt, wie auf früheren Karten, auch die Grenzen der Diözesen (Syslur). Der offensichtlich größte Fehler der Karte ist die winkelförmige Form der isländischen Südostküste. Es ist anzunehmen, daß Thordur die Karte seines Urgroßvaters benutzte, was auch durch den Titel logisch wäre. Ob er das Original besessen hatte, ist nicht bekannt. Sie gleicht mehr der MERCATOR-Karte als der von ORTELIUS. Um 1674 schickte die Royal Society in London einige Anfragen sowohl an Bischof Thordur als auch an Páll BJÖRNSSON (1620–1706) in bezug auf Lebensbedingungen und Naturwunder. Die Antwort des letzteren wurde veröffentlicht in "Societys Transactions", während von Thordurs Antwort nichts bekannt ist. Die Insel erstreckt sich von $63°45'$ bis $66°35'$. In der linken Ecke ist das Wappen Islands, der gekrönte Dorsch, zu sehen, aber als Schildhalter treten hier ein Mann und eine Frau in isländischer Tracht auf. Die Karte "Nova et accurata Islandiae delineatio, auctore Theodore Thorlacio Islando" 1670, ist auf dickem Papier gezeichnet.[1] Sie besteht aus vier Abschnitten: Es beginnt mit einem lateinischen Text, gefolgt von einem dänischen, einem isländischen in Runen und einem isländischen in gewöhnlichen Buchstaben. Sie reicht von $63°43'$ (Portland) bis $66°46'$ (Horn). Der Polarkreis geht quer über den Raudanúp, der auf der äußersten Spitze der Landzunge liegt. Seine insgesamt drei Island-Karten, die 1668 bzw. 1670 entstanden, beruhen auf Messungen seines Urgroßvaters. Die dritte Karte "Nova et accurata Islandiae delineatio" von 1670 zeigt zahlreiche Verbesserungen gegenüber den beiden vorhergehenden. Die Südost- und Ostküste hat gebogene Linien bekommen anstelle der relativ geraden Küste und der Nordwest-Orientierung der östlichen Fjorde, welche er sonst von Gudbrandur übernahm. Der Nordost-Zipfel der Insel, Langanes und Melrakkaslétta, wurde stumpf gemacht wie auf den Karten von MEJER und RESEN. Die westliche Halbinsel ist zu lang geraten und ihre Ostküste eine ziemlich gerade Linie von der Quelle des Hrútafjördur bis zum Geirölfsgnúpur. Ortsnamen sind zahlreicher, und zum Teil unterscheiden sie sich von vorhergehenden. Die Darstellung des zentralen Hochlands zeigt keine Verbesserungen, sondern weiterhin große Unkenntnis. Thordur war aber vertraut mit den Hauptrouten zwischen Nord und Süd quer durch das Land und dürfte sie zum ersten Mal sichtbar gemacht haben. Von den Gletschern zeigte er nur Balljökull und Geitlandsjökull. Die Karten von Thordur erlitten das gleiche Schicksal wie viele andere Produkte in der dänischen Kartographie, sie wurden der Außenwelt vorenthalten und brachten keine Weiterentwicklung.

---

1) THORODDSEN (1897): a.a.O.

13. Joris CAROLUS, "Tabula Islandiae", 1615–29

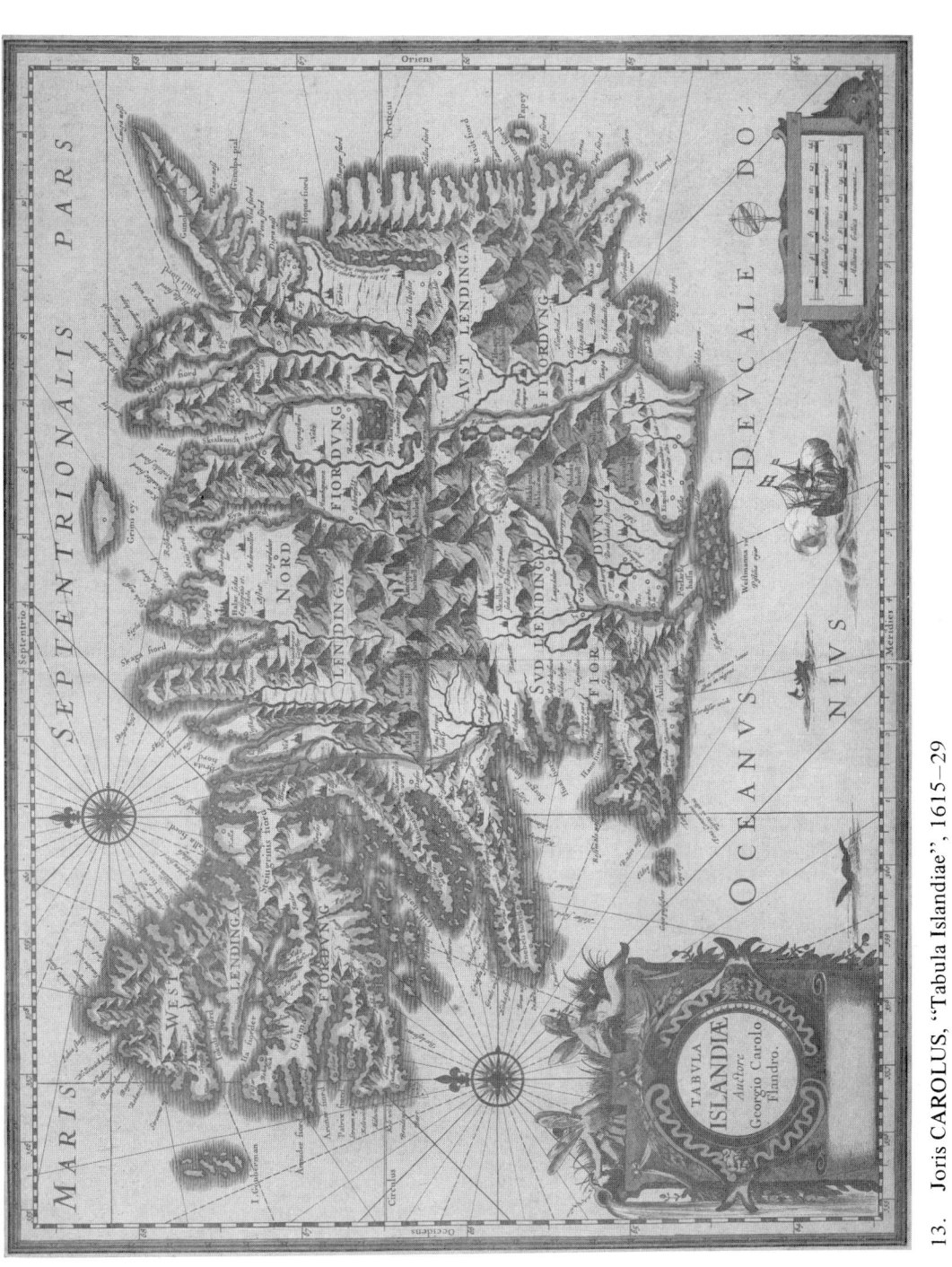

14. Alain Manesson MALLET, Isle d'Island, 1683

15. Thordur THORLAKSSON, Islandia, 1668

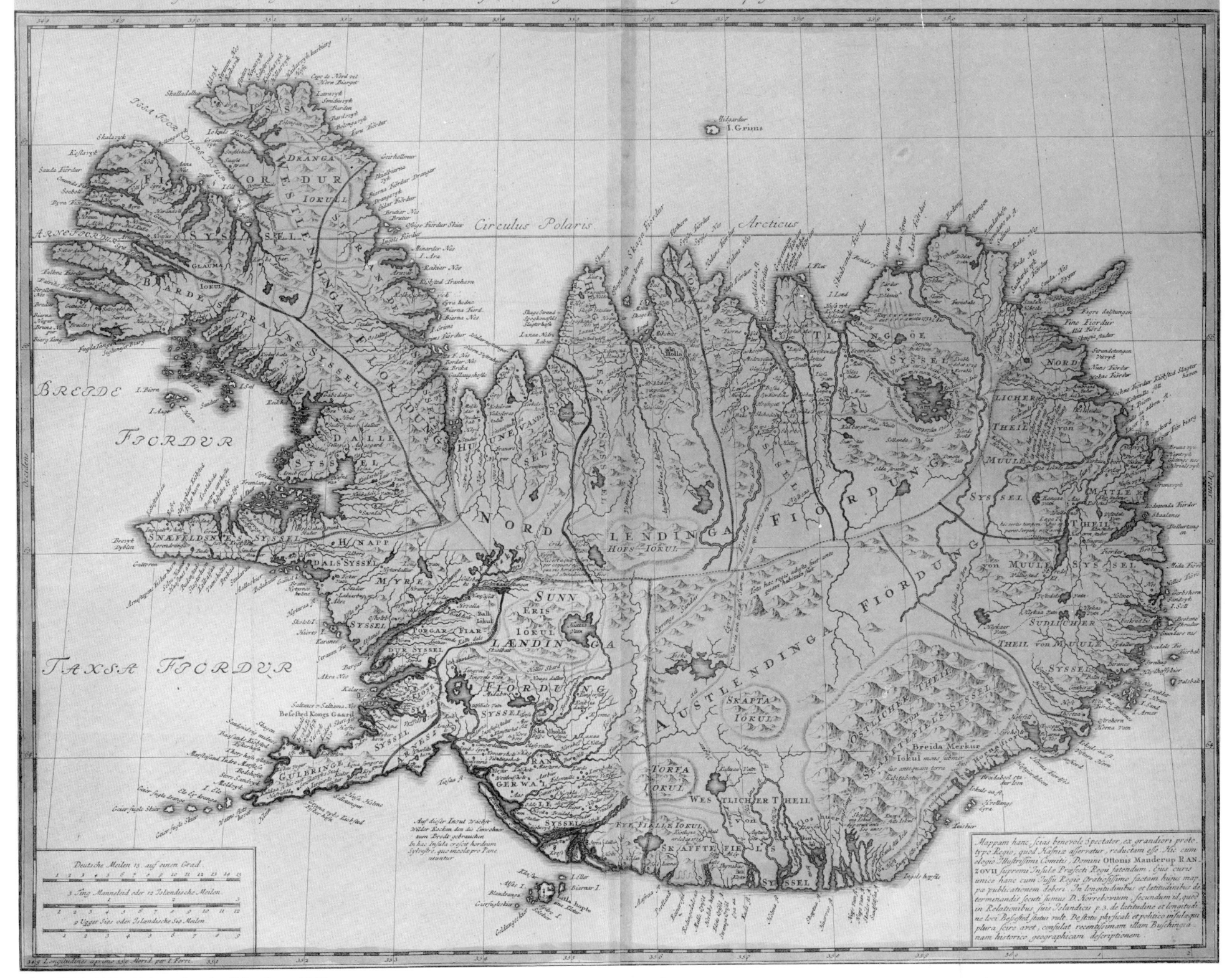

16. HOMANNs Erben, Insulae Islandiae, 1761

Die Karten "Grönlandiae situs et delineatio . . ." (1668) und "Theodori Thorlacci Grönlandiae delineatio . . ." (1669) sind im Prinzip identisch. Auf der zweiten sind weniger Namen verzeichnet, und die Gestalt von Island ist etwas genauer. TORFAEUS hat die erste Karte 1706 reproduziert, aber ohne Kartusche, vermutlich weil er sie nur für seine eigene Karte benutzte.[1] Thordurs größere Karte von der nördlichen Region, die sich im Besitze des Sökartarkivet in Kopenhagen befindet, zeichnet sich durch mehr Genauigkeit, mehr Namen und künstlerisch reichere Darstellung aus. Sie wurde dem Generalgouverneur von Island und engen Freund des Autors Henrik BJELKE, gewidmet. Sie enthält auch Namen von Gudbrandur wie Ginnungagap. Das Bemerkenswerteste sind die Namen in Norwegen in der altnorwegischen Sprache, deren Schrifttradition schon im 14. Jh. abriß, zusammen mit einer Liste der modernen Entsprechungen. Halldór HERMANNSSON glaubte, daß dieses die älteste Karte ist, auf der norwegische Ortsnamen in der alten Sprache verzeichnet sind. Die Namen Aegírsey und Aegirsland im Nordosten von Island, die Jón GUDMUNDSSON auf seiner Nordlandkarte von 1656 verzeichnete, benutzte Thordur zum ersten Mal.

Von Grönland beruht nur die Darstellung der Südwestküste nicht auf Spekulationen. Sie wurde niederländischen Karten entnommen. Auch Bischof Thordur hielt an der Besiedlung Grönlands durch die Isländer an der Ostküste Grönlands (Gronlandia Orientalis) fest. Er bestärkte damit nachfolgende Kartographen in der gleichen Annahme. Er fügte noch zwei Inseln südlich des Landes zu. Dieser Schluß wurde unterstützt, weil die DANELL-Expedition Herjulfnes (Ikigait) im 64. Breitengrad an der Ostküste plazierte. Von der DANELL-Expedition gibt es auch eine Reihe seltsamer Karten, die 1653 von Johannes MEJER gezeichnet wurden. Sie basieren auf MERCATORs Konzeption von Grönland, aber das Land ist aufgeteilt in eine Anzahl von besiedelten Inseln, die teilweise Eskimonamen (von dem deutschen Hofbibliothekar des Gottorfer Hofes, Adam OLEARIUS (1599 bis 1671) tragen.[2]

David DANELL stammte wahrscheinlich aus Holland und befehligte drei Fahrten nach Grönland. Seine erste Fahrt machte er 1652 mit zwei Schiffen und segelte nordwärts von Island an Grimsey vorbei, um einen Monat im Eis an der grönländischen Küste umherzutreiben. Schließlich liefen die Boote in eine Bucht an der Westküste. Sie kehrten dann nach Island zurück und machten ohne Erfolg einen zweiten Versuch. Die Mitglieder der DANELL-Expedition sprachen auf Island mit Bischof Brynjúlf Sveinsson, der damals die beste Kenntnis von den alten isländischen Berichten über Grönland besaß. Im gleichen Jahr hatte der König den beiden Bischöfen auf Island befohlen, alle Informationen über Grönland zu geben, die sie zur Verfügung hatten. Am 16.7.1664 befahl der König dem Bischof Erik

---

1) siehe KEJLBO (1974): Nova Delineatio Gronlandiae Antiquae. In: Fund og Forskning 21, 1974, S. 47–70; dto. (1971): Hans Egede and the Frobisher Strait, a.a.O.
BURG (1928): Qualiscumque Descriptio Islandiae. Hamburg 1928
2) TRAP (1928): The Cartography of Greenland. In: Comm. Dir. Geol. Geograph Inv. Greenland (Ed.) Greenland, Vol. I, 1928, S. 137–179

von Trontheim, der Regierung sämtliche auf Grönland und Island bezügliche Briefe und Urkunden einzusenden.

Da noch eine Kopie von Bischof Gudbrandurs Skizze von den Nördlichen Meeren (1606) vorhanden ist, auf der DANELLs Route eingezeichnet ist, läßt sich vermuten, daß die Expedition sie benutzt hat. Zuerst kam DANELL bis zum 73. Grad, nördlich von Island, und fand heraus, daß Grönland sich in diesem Abschnitt nicht soweit südlich und östlich erstreckte wie auf der Karte von Gudbrandur dargestellt ist. Vermutlich wurde seine Karte von DANELL zum letzten Mal benutzt.

Am Beginn des 16. Jh. sammelte bekanntlich der Erzbischof von Trontheim, Eric VALKENDORF, alle Segelanweisungen für Norwegen und Island, welche für mehr als 200 Jahre wertvolle Informationen darstellten. Sie sollten vor allen Dingen Klarheit bringen über die sogenannte "Eriks Route", den Seeweg entlang der Küste von Hukken zur Siedlung Eriks des Roten in Eriksfjord.

Jacob RASCH aus Stavanger, der Ende des 17. Jh. Navigation und Geometrie in Kopenhagen studierte, übermittelte 1700 dem damaligen dänischen König eine Kopie der Segelanweisungen. 1706 publizierte und korrigierte er TORFAEUS "Grönlandia antiqua" und versah sie mit Karten.

Als Herausgeber von Seekarten erlangte Gerard van KEULEN (1678–1726) Weltgeltung, nachdem er schon vorher für seinen Vater Johannes, den Verlagsgründer, gearbeitet hatte. Als geschickter Stecher und Nautiker bewirkte er eine Verwissenschaftlichung seiner Produkte, seit er ab 1704 den Verlag leitete. Im wesentlichen publizierte van KEULEN zwei Typen von Kartenwerken: den "ZEE-Atlas" bis 1744 und die "ZEE-Fakkel" mit wechselnden Tafeln, aber bis 1803 gleichbleibendem, weil noch immer aktuellem Text. 1684 wurde mit der "Paskaarte van Ysland, Spitsberge, en Ian Mayen Eyland" die erste separate Seekarte des Hauses van KEULEN, die Island zeigt, veröffentlicht. Haraldur SIGURDSSON (1978) hat ingesamt 16 Karten ermittelt, auf denen Island abgebildet ist. Noch nach 1750 erschien "Nieuwe en seer Accurate Paskaart van het Eyland Yslandt in het Groot." Der eigentliche Durchbruch für eine brauchbare Darstellung Islands kam erst mit den Seekarten aus dem Hause van KEULEN, da auf ihnen Island nicht mehr nur im wörtlichen Sinne "am Rande" zu sehen war.

Johannes MEJER (1606–74) aus Husum machte um 1650 drei komplette Karten von Island und weitere sechs Regionalkarten, von denen man nicht genau weiß, ob sie zur Vorbereitung der Gesamtkarte dienten oder eine neue ergeben sollten. Hauptquelle war Joris CAROLUS. Die Küstenlinien, besonders im Süden und Osten, wurden nicht verbessert. MEJER hat aber als erster Kartograph Bischof Gudbrandurs Berechnungen beachtet und benutzte ansonsten Informationen von dänischen Reisenden. Erstmals ist ein Teil des Vatnajökull als "Øster Midals Jökul" zu sehen. Dabei hat es schon seit der Landnahmezeit in unmittelbarer Nachbarschaft zum Breidamerkurjökull und anderen südlichen Ausläufern des

Vatnajökull bäuerliche Siedlungen gegeben. Die Bewohner in dieser Gegend hatten frühzeitig recht genaue Kenntnis von den Gletschern und ihren Flüssen erhalten. Schon um 1200 werden die Vorgänge beschrieben, wenn eine Eisstirn auf einen Widerstand stößt.

Peder Hansen RESEN (1625–1688) hat in seinem "Atlas Danicus", der nur als undatiertes Manuskript erhalten ist, Island fast doppelt so groß dargestellt, wie es in Wirklichkeit ist. Die ORTELIUS-Karte von 1590 diente RESEN als Vorbild, während die Nordostküste der Darstellung auf den Karten Johannes MEJERs entspricht. Wie bei MEJER ist der Vatnajökull oder ein Teil von ihm als "Midals Jökul" bezeichnet.

RESEN war Universitätsprofessor und Bürgermeister zu Kopenhagen. RESEN ist niemals in Island gewesen. Er benutzte für seine nie vollständig gedruckte Landbeschreibung wahrscheinlich veröffentlichte und unveröffentlichte Quellen, teilweise mit Unterstützung von in Kopenhagen lebenden Isländern. Auch er ergeht sich in langen Erörterungen darüber, ob Island wohl Thule sei. Bei den Reisezeiten meint er, es dauere länger, von Hamburg nach Island zu segeln als zurück, weil die Wellen und die Strömung von Norden nach Süden gingen. Das Werk enthält auch ein sogenanntes "Dutzendverzeichnis" nach alten Handschriften, die Entfernung zu den einzelnen Landspitzen und die Länge des Tages an verschiedenen Orten Islands.

Thordur Thorkelsson VIDALIN (1629–1677) ist der erste Isländer, der mittels selbständiger Untersuchungen und Beobachtungen das Wesen der beweglichen Gletscher zu ergründen sucht.

XXV. Franzosen, Engländer und Deutsche in der isländischen Kartographie

Das dänische Handelsmonopol schloß andere Nationen vom Handel mit Island aus. Aus diesem Grunde waren andere Länder nicht sonderlich an Island interessiert. Aber Fischer suchten trotzdem die reichen Fischbänke, und mit dem Appetit auf den Kabeljau tauchte dann die französische Fischereiflotte im 18. Jahrhundert in vermehrtem Maße auf.

Als Gründungsjahr der modernen französischen Kartographie gilt das Jahr 1668, als die Pariser Akademie der Wissenschaften erstmals trigonometrische Messungen mit dem Fernziel der Erstellung einer topographischen Karte Frankreichs in Auftrag gab. Dann begann die französische Kartographie in Konkurrenz zu niederländischen Kartenherstellern zu treten, die zunehmend veraltete Platten benutzten. Die Land- und Seekarten aus den Offizinen der Pariser Hofgeographen Nicolas SANSON und Charles-Hubert-Alexis JAILLOT erreichten einen bislang unbekannten Grad an Genauigkeit, waren jedoch wesentlich weniger dekorativ ausgeschmückt als die niederländischen Karten. Im absolutistischen Frankreich war die Kartierung nicht, wie in den Niederlanden, Privatpersonen überlassen worden, sondern wurde staatlich gelenkt und unterstützt.

Im Sommer 1776 wurde die Fregatte "La Folle" unter dem Kommando von Joseph de KERGUELEN-TREMAREC (1734–1797) nach Island geschickt, ein Jahr danach "L'Hyrondelle". Drei Jahre später erschien in Paris darüber ein Bericht. Für seine Reise nach dem Norden, deren Route auf der "Carte réduite de la Mer du Nord" verzeichnet ist, war KERGUELEN-TREMAREC (der übrigens später die nach ihm benannte Inselgruppe im südlichen Indischen Ozean entdeckte) vom Pariser Seekartographen Jacques-Nicolas BELLIN (1703–72) mit Karten ausgerüstet worden, z. B. mit jener der HOMANNschen Erben. Die Vermessungsergebnisse verwertete BELLIN auf Darstellungen, die von dem – von Antoine-Louis ROUILLE (1689–1761) geleiteten – "Dépôt des Cartes et Plans de la Marine" publiziert wurden. Wenn auch KERGUELEN-TREMAREC die Nichtexistenz der von Joris CAROLUS angenommenen Inseln "Gouberman" und "Enkhuizen" erkannte, zeichnete BELLIN zumindest die letztere weiterhin in seinen Karten ein. BELLIN trat 1721 in den Dienst des "Dépôt" ein und bekleidete dort bis zu seinem Tod den Posten eines "Premier Ingenieur hydrographique". Seine bedeutendsten Seeatlanten waren "Neptun Française" und "Hydrographie Française".

Auf der Seekarte von J.N. BELLIN "Carte Réduite des Mers du Nord pour servir aux Vaisseaux du Roy", 1751, ist ein typisches Merkmal französischer Seekarten der Zeit zu sehen, das den Mangel an Standardisierung reflektiert: die fünf gemeinsam genutzten Meridiane – durch Paris, London, Lizard in Cornwall, Teneriffa und Hierzo!

1771 hatte die französische Regierung eine neue Expedition unter Jean René Antoine Marques de Verdun de la CRENNE zur Feststellung von Längen- und Breitengraden auf See über Afrika, Amerika, Neufundland nach Island geschickt. Auf der "Flore" wurde Berthouds Chronometer getestet. In Frankreich und England versprach man sich durch genaue Chronometer eine möglichst exakte Längengradfeststellung. Auf der Karte "Carte Réduite des Mers du Nord" von Verdun de la CRENNE, 1776, befindet sich eine Tabelle der Längen- und Breitengrade, die anzeigt, ob sie durch Chronometer oder andere Instrumente ermittelt worden sind. Wenn auch die Franzosen bemerkenswerte Beobachtungen und Vermessungen durchführten, beschränkte sich ihre Tätigkeit nur auf ein Drittel der Küstenbereiche. Das hielt aber andere Ausländer nicht davon ab, sich der französischen Vorlagen zu bedienen, (z. B. C.U.D. von EGGERS 1786). Bemerkenswert ist die Islandkarte von 1683 von Alain Manesson MALLET (1630–1706) (Abb.14), die in perspektivischer Sicht Schiffe beim Walfang nach Motiven der HONDIUS-Karte von 1636 vor grönländischer Küstenkulisse zeigt. Der kleine Stich zeigt einen Grundriß von Island mit Bergen im Aufriß. In den Gewässern im Vordergrund findet eine Seeschlacht statt. Das Bild ist in einer Länderbeschreibung enthalten, die der

Jesuitenzögling, Musketier Ludwigs XIV. und Feldingenieur des Königs von Portugal, MALLET, verfaßte. Ein umfangreiches und verschwenderisch ausgestaltetes Werk entstand durch eine Expedition, die die französische Regierung in den Jahren 1835 und 1836 veranlaßte, um das in der Arktis verschollene Schiff "La Lilloise" zu suchen. Paul GAIMARD, Ing. ROBERT und Ing. MEQUET beschrieben die Reise.[1] Verschiedene französische Geographiebücher des 18. Jh. enthalten Abschnitte über Island, z. B. von Nicolle de la CROIX, Lenglet DUFRESNOY, NOBLOT, Abraham du BOIS, J. PALAIRET, H. VAISETTE.

Die frühe englische Kartographie war in hohem Grade auf die eigenen Grafschaften eingerichtet, mit Christoph SAXTON (ca. 1542–1606) als hervorragendem Vertreter. Die englische Seekartenkartographie war in den Anfängen von den Niederländern beeinflußt. Doch die englischen Seefahrer und Entdecker zeichneten auf ihren weltweiten Reisen eigene Karten. 1670 leitete John SELLER, königlicher Hydrograph sowohl von Charles II. als auch von James II., die Veröffentlichung einer heimischen Seekartenausgabe in England ein. In der ersten Ausgabe ähnelt Island dann der Form, die Jacob A. COLOM 1630 gezeichnet hatte. Später übernahm John SELLER die Platten vom Haus van KEULEN in Amsterdam. Von ihm wurde 1670 "Novissima Islandiae Tabula" veröffentlicht. Um die Handelsflotte mit Seekarten, Segelanweisungen und Instrumenten zu versorgen, entstanden in London gegen Ende des 18. Jh. viele Verlagshäuser, die durch Erbschaft, Käufe und Fusionen mit der Zeit eng miteinander verbunden waren. Zugleich wurden auch Seekarten an die Marine geliefert. Quelle für die in London gestochenen Karten von John THORNTON, John SELLER, William FISHER, James ATKINSON und John COLSON,[2] ist eine anonyme Karte, vor 1677 entstanden, die sich im Besitz der Bibliothèque Nationale in Paris befindet. In der englischen Kartographie des 18. Jh. hat auch der aus Deutschland gebürtige Hermann MOLL (1688 bis 1745) eine wichtige Rolle gespielt. Um 1711 entstand seine dreifache Karte von den Färöer-Inseln, Island und dem Nordpol.

In einer englischen Geographie von M. PASCOUD, London 1726, heißt Bessastadir Bestedt und bezeichnet die drei wichtigsten Orte des Landes als Hola, Skalhot und Kurbar. Mit letzterem dürfte Kirkjubaer gemeint sein.

Nicht zuletzt als Anerkennung Großbritanniens als führende Macht der Welt wurde von einer internationalen Leit-Konferenz 1884 in Washington beschlossen, "daß der Meridian, der durch das Zentrum des Transit-Instruments im Observatorium von Greenwich läuft, als Ursprungs-Meridian für die Längengrade angenommen wird". Damit war der Null-Meridian festgelegt, von dem aus alle anderen Meridiane als östlich oder westlich von Greenwich gezählt werden. Bis zur Washing-

---

1) "Voyage en Islande et au Groenland, exécuté pendant les années 1835 et 1836 sur la corvette La Recherche", Paris 1838–52
2) "A Chart of ye North part of America. For Hudsons Bay commonly called ye the North West Passage"

toner Konferenz hatten viele Staaten auf ihren Seekarten als Null-Meridian beispielsweise den Längengrad angenommen, der durch das Zentrum ihrer Hauptstadt lief. Im Gegensatz zu Äquator und Pol ist der Null-Meridian kein natürlich vorgegebener Ort, sondern wurde immer willkürlich festgelegt. Der Bremer Geograph Arno PETERS schlug dafür die Datumsgrenze in der Mitte der Beringstraße vor. Seine Begründung: "An jedem anderen Ort der Erde würde die Datumsgrenze, bei dem für sie zu fordernden gradlinigen Verlauf, entweder einen Kontinent durchschneiden oder Island und Grönland."

Durch die Fernhandelsverbindungen wuchs auch in Nürnberg das Interesse für Geographie. In der Hohen Schule zu Altdorf bei Nürnberg (die 1623 zur Universität erhoben wurde) fand die Astronomie eine Heimstatt. Durch die Malerakademie in Nürnberg wurden dem Kupferstecherhandwerk ständig neue Kräfte zugeführt. Somit war Nürnberg neben Augsburg ein günstiger Boden für die Kartenherstellung. In diesem Umfeld entstand mit Johann Baptist HOMANN (geb. 1664) einer der führenden deutschen Landkartenhersteller des 18. Jh. Seine erste Karte der Nürnberger Region ist von ihm aus dem Jahre 1692 überliefert, und seine Landkartenoffizin gründete er 1702. Sie lief so erfolgreich, daß dadurch der niederländische Landkartenimport fast zum Erliegen kam. Die Offizin wurde nach dem Tode von J.B. HOMANN (1724) unter dem Namen "HOMANNsche Erben" bis 1848 weitergeführt.

A.F. BÜSCHINGs "Neue Erdbeschreibung", Hamburg 1754, vermittelte exaktere Kenntnisse über Island. Die Beschreibung von Island, die auf Informationen von Jón THORKELSSON und Thorstein MAGNUSSON durch Vermittlung von Staatsrat E. Jessen beruhen soll, bringt u. a. einen allgemeinen Überblick über die isländische Geographie und Topographie.

Um die Jahreswende 1789/90 entstand ein "Landes-Industrie-Comptoir" in Weimar. Sein Begründer, Friedrich Justin BERTUCH, gehörte zu den führenden Gestalten im klassischen Weimar – gleichermaßen als Literat wie als Verleger und Geschäftsmann befähigt.

Seine "Allgemeinen Geographischen Ephemeriden", die von 1798–1827 erschienen, sind für die Geschichte der deutschen Kartographie von besonderer Bedeutung, da in ihr die gesamte Umbruchszeit der Kartographie hin zur exakten Wissenschaft verfolgt werden kann. Als selbständige Abteilung des Comptoirs wurde im Jahre 1804 das "Geographische Institut" gegründet. Hier wurden Atlanten, Globen, Einzelkarten und geographische Literatur publiziert und verkauft. Mit diesem geographischen Institut wurde nach dem Niedergang der Landkartenherstellung in Nürnberg und Augsburg ein neues Zentrum geschaffen, das weit über Deutschlands Grenzen hinaus Beachtung fand. Anders als z. B. noch in der Spätphase der Homannischen Offizin in Nürnberg, wurden in Weimar stets nur nach bestem Wissen gezeichnete Kartenblätter publiziert. Das Industrie Comptoir brachte 1800 die Karte "Island nach Murdochischer Projektion" des Gymnasialdirektors und Kartographen aus Halberstadt und Coburg, Johann Matthias Christoph REINECKE (1768–1818), auf den Markt. Dabei wurden die Vermessungsergebnisse von Verdun de la CRENNE, PINGRE und BORDA von 1771/72 benutzt, wodurch sich die Fläche der Insel drastisch reduzierte.

XXVI. Beginn der dänischen Kartographie in Island

Im Jahre 1651 hatte die dänische Regierung die Absicht realisiert, auf kartographischem Gebiet für Island etwas zu tun. Sie sandte den nautischen Astronomen Bagge WANDEL (1622–83), der von Henrik BJELKE begleitet wurde, nach Island, nachdem er 1650 Vermessungen auf Färöer vorgenommen hatte. Was WANDEL in Island erreichte, ist kaum bekannt. Es ist sehr wahrscheinlich, daß die Dänen zunächst neue Häfen suchen wollten. Aus einer Karte, die ein dänischer Kapitän im Jahre 1715 auf Örfirisey (wo sich heute u. a. der alte Hafen von Reykjavik befindet) zeichnete, ist zu ersehen, daß die Handelshäuser im südöstlichen Teil einer Insel in einer Gruppe standen und recht groß gebaut waren. Bis um die Mitte des 15. Jh. war der Handelsplatz noch auf dem Grandahohn, dessen Küste aber so weit unterspült wurde, daß man um die Sicherheit der Handelshäuser bangte. Im Jahre 1780 löste dann Reykjavik Örfirisey als Handelsplatz ab.

Die erste dänische Karte von Island wurde von Jens oder Jans HOFFGAARD (geb. 1679) ein Kapitän, der oft nach Island fuhr, 1723 gezeichnet.[1] Er gab der Insel eine eckige Gestalt, wie man es in abgeschwächter Form auch auf holländischen Seekarten findet. Seine zweite Karte, die ein Jahr später vollendet wurde, unterscheidet sich kaum von der ersten. Beide Karten zeigen die Distriktgrenzen. Wir verdanken HOFFGAARD die früheste Karte (ca. 1715) von Holmurinn, dem Hafen, der später Reykjavik wurde. Die Karte zeigt die Halbinsel von Seltjarnes (jetzt ein Vorort von Reykjavik) und Kjalarnes. Der See, die Kirche und verschiedene Farmen sind zu sehen. Unterhalb der Karte beginnt ein kurzer Vers mit den Worten: "Paa Holmen Haabet hom aar sytten Hundrede og fembten . . ." Insgesamt hinterließ er 20 Seekarten von Häfen und zwei vom ganzen Land.

Im Laufe des 17. Jh. haben zahlreiche Isländer Mathematik und Astronomie studiert. Ihre Kenntnisse versetzten sie in die Lage, die Polhöhe verschiedener Orte von Island zu berechnen, was bisher von ausländischen Geographen durchgeführt wurde. Landvermessung und Zeichnung von Karten aufgrund von wirklichen Berechnungen nahmen aber erst im 18. Jh. ihren Anfang. Magnús ARASON (1683 bis 1728) war der erste Isländer, der Wesentliches auf dem Gebiet der Landvermessung geleistet hat.

---

1) siehe HERMANNSSON (1931): a.a.O., S. 44

Für die Beschreibung Islands spielen die Kataster (jardabaekur) eine wichtige Rolle. Im Laufe des 16. und 17. Jh. hatte der König gelegentlich isländische Beamte mit der Aufnahme von Katastern beauftragt. Das älteste Kataster stammt aus dem Jahre 1597, enthält aber nur Klöster und Amtsgüter, bischöfliche und Kirchengrundstücke. Das bedeutendste und vollkommenste Werk, das in der ersten Hälfte des 18. Jh. über die Zustände auf Island und die Gestaltung des Volkslebens abgefaßt worden ist, war das Kataster- und Grundstücksverzeichnis von Arni MAGNUSSON (1663–1730) und Pál VIDALIN. Dieses Grundstücksverzeichnis gibt uns vortreffliche Aufschlüsse über isländische Topographie und die wirtschaftliche Situation jener Zeit. Arni MAGNUSSON hat sich auf seinen Reisen manche wichtigen Notizen zur Topographie und Geographie Islands gemacht. Er gibt den Breitengrad von Langanes und die Sonnenhöhe dieses Ortes zu der Zeit des tiefsten Sonnenstands an. Er gibt an, die Berechnung habe 60 1/2° n. Br. als Polhöhe der äußersten Landzunge von Langanes ergeben, was einigermaßen richtig ist. Eine Kartenskizze des Eyjafjalla, Mýrdals- und Sólheimajökull von Arni MAGNUSSON von 1704/05 zeigt die Kalsárgil, den heute eisfreien Paß zwischen Eyjafjalla- und Mýrdalsjökull, vergletschert.[1]

Arngrímur Thorkelsson VIDALIN, dessen einer Bruder Arzt, der andere Bischof war, lernte bei Pál in Selárdal Hebräisch und Griechisch. 1696 wurde er Rektor in Nakskov auf Lolland. Er hat auch eine Abhandlung über Griechenland und die Fahrten dahin, über die frühere Besiedlung des Landes und vieles andere mehr geschrieben und 1703 dem König überreicht. Im Jahre 1703 zählten Arni MAGNUSSON und Pál VIDALIN zum ersten Mal die gesamte Bevölkerung und zeichneten auch Namen, Alter und die Wohnverhältnisse auf. Das war zugleich die erste exakte Volkszählung in Europa. Island hatte demnach 50.358 Einwohner, 1786 jedoch, 3 Jahre nach dem Laki Ausbruch, lebten nur noch 38.360 Menschen, 1801 wieder 47.850 auf der Insel.[2]

Peter RABEN, der dänischer Gouverneur in Island seit 1720 war, schlug seinem König vor, akkuratere Karten herzustellen und gab selbst im Jahre 1721 eine Karte heraus. Im gleichen Jahr hat sich Magnus ARASON, der in Kopenhagen u. a. unter dem berühmten Astronomen Ole RÖMER studierte, dieser Aufgabe unterzogen. Er führte zunächst seine Untersuchung von Reykjanes bis Arnafjördur durch. ARASONs Karten enthielten noch viele Fehler. Er wies aber auf die Notwendigkeit von genaueren Messungen der Längen- und Breitengrade hin, ohne daß daraufhin viel geschah. ARASON war praktisch gezwungen, allein die Berge und unbesiedelten Gebiete zu durchqueren, was die Ignoranz dänischer Behörden gegenüber einer besseren Kartierung der Insel beweist.

Nach seinem Tode 1728 entschied sich die dänische Regierung allerdings, seine Arbeiten durch eine norwegische Expedition fortsetzen zu lassen. Damit wurde

---
1) siehe VENZKE (1985a): Überblick über die Gletscher Islands und deren Erforschung. In: Deutsch-Isländisches Jahrbuch 9, 1985, S. 87
2) siehe TOMASSON (1980): Iceland, the first New Society. Minnesota 1980, S. 47

von der "One-man-show" Abschied genommen. Die Expedition unter der Führung von Thomas Hans Henry KNOFF hielt sich fünf Sommer lang in Island auf. KNOFF korrigierte ARASONs Karten, wie es ihm notwendig erschien. Er selbst fertigte sieben Distriktkarten und eine Gesamtkarte unter dem Titel "Siø og Land Carte over Island" an. Als die Karten nach Kopenhagen gebracht wurden, entstand ein Disput darüber. KNOFF schickte je eine Kopie an seinen Vorgesetzten in Norwegen. Einige sahen das als verräterisch an. Der König machte dem Streit ein Ende, indem er die Verbreitung der Karten verbot. So blieben die Originale ungefähr 200 Jahre der Öffentlichkeit verborgen. Nur die schon eben genannte Karte "Siø og Land..." aus dem Jahre 1734 wurde für fast ein Jahrhundert Vorbild für nachfolgende Kartenmacher.

Die Karte von Niels HORREBOW, die zuerst in einem Bericht über Island 1752 veröffentlicht wurde, hielt sich stark an KNOFF, besitzt aber ein durchgezogenes rechtwinkliges Gradnetz. HORREBOW, ein dänischer Jurist, wurde von der Dänischen Akademie der Wissenschaften nach Island geschickt, mit dem Auftrag, Johann ANDERSONs haarsträubenden Ungenauigkeiten in seinem Werk "Nachrichten von Island, Grönland und der Straße Davis" (1746) entgegenzutreten.

HORREBOW hat die geographische Lage Islands gemessen und mit Hilfe eines Quadranten die Polhöhe oder nördliche Breite von Bessastadir auf $64°6'$, die Länge "von dem Londnischen Meridian an zu rechnen" aber nach einer Mondfinsternis auf $25°$ westlich berechnet. Als Ausdehnung des Landes nimmt er für die Länge 120 und für die Breite 50 dänische Meilen an. Doch weist er darauf hin, dass das Land zu wenig bekannt sei, als dass man seine Grösse mit Sicherheit angeben könnte. Von den Eisbergen (Jöekelen) bemerkt er, dass sie keineswegs die höchsten Felsgebirge seien, vielmehr befänden sich in der Nachbarschaft "noch viele höhere, auf denen noch nicht das ganze Jahr hindurch Eis und Schnee ausdauert." Dies habe unfehlbar zur Ursache die salpetrische Beschaffenheit des Erdreichs. Er erwähnt auch, dass sich in der Skaptafellsýsla die Gletscher täglich verändern, dergestalt, dass z. B., wenn vor kurzem Leute über die Sandebene gegangen seien und man ihre Spur verfolge, plötzlich das Eis über diese hinweggehe, und wenn man nun um den Jöekel oder das Eis herumgehe, die Spur in gleicher Linie mit den Spuren auf der anderen Seite wiederfinde, woraus man schliessen könne, dass das Eis fortgeschritten sei.[1]

Während sich am Anfang des 18. Jh. die Kenntnisse über die Topographie Islands verbesserten, brachen sie sich im übrigen Europa erst durch HORREBOW Bahn.

Die kartographischen Leistungen von Magnus ARASON und KNOFF waren ein Markstein in der isländischen Kartengeschichte. Zum ersten Mal wurde der Ver-

---

1) zitiert nach THORODDSEN (1897): a.a.O., S. 375

such unternommen, eine Karte durch Messungen von Längen- und Breitengraden und durch trigonometrische Netzlegungen herzustellen, wenn sie auch noch viel zu wünschen übrig ließ. Durch sie geschah erstmals eine völlige Abkehr von Bischof Gudbrandur. Der damalige Präfekt von Island, Otto Manderup Rantzau, sorgte dafür, daß die KNOFF-Karte in verbesserter, aber um über die Hälfte verkleinerter Form durch die Firma HOMANN in Nürnberg im Maßstab von ca. 1:1.500.000 gedruckt wurde. Sie erschien 1761 (Abb. 16). Der Text wurde in Latein und Deutsch und auch in beiden Sprachen übersetzt. Die Darstellung zeigt die Verwaltungseinheiten Islands: Durch verschiedenes Flächenkolorit ist die Insel in vier Viertel (Fiördung) geteilt, diese durch rote Grenzlinien in untergeordnete Regionen ("Sislu", dän. "Syssel") gegliedert; zusätzlich sind die wichtigen Straßen angegeben. Die von Niels HORREBOW bestimmte geographische Länge und Breite wurde erstmals berücksichtigt; physische und politische Eintragungen erfolgten nach den Angaben in Anton Friedrich BÜSCHINGs (1754) "Erdbeschreibung". Besonders realistisch gelang die Wiedergabe der Südküste. Im Gegensatz zum Werk von KNOFF, in dem nur dänische Ortsnamenformen benutzt wurden, sind diese bei HOMANN mit anderssprachigen vermischt.

Eine Karte der Häfen in Bátssandar und Keflavik von Hans Christian BECK aus dem Jahre 1726 erstreckt sich über Reykjanes und die Geirfuglasker. Eine Karte des Abschnittes Reykjavik und Bessastadir, gezeichnet von Oberst v. ECLEFF 1731 ist in einer Nachbildung aus dem Jahre 1783 mit verschiedenen Nachträgen aus dieser Zeit ziemlich korrekt, besonders was Alptanes anbetrifft. Auf einer anonymen Karte des Hafens von Húsavik (1747) sind die Gebäude des Handelsplatzes, die Landungsbrücke und ein Schiff vor drei Ankern zu sehen.

1742 wurden den isländischen Gelehrten 69 Fragen vorgelegt. Eine von ihnen lautete, ob die Isländer außer Torf auch alte Eisstücke und Klumpen brennen. Die Frage ist nicht so ungewöhnlich, wenn man weiß, daß in alten Büchern oft die Rede vom Entzünden der Eisschollen war, wenn sie zusammenstoßen. Es wurde nach der Gestalt und geographischen Lage Islands und den Entfernungen zwischen den einzelnen Punkten der Insel gefragt.

Hallvardur Hallson und Olafur Gunnlaugsson verfaßten Gedichte: "Strandleidaríma", in der sie Anweisung geben, wie man die Hornstrandir entlang segeln, welchen Weg man einschlagen und welche Richtung man einhalten und wie man von einem Berge aus den anderen zum Richtpunkt nehmen soll. Diese Gedichte sind eine Art Wegweiser für Lotsen und Seefahrer, enthalten aber eine Menge Ortsnamen und andere topographische Angaben. Es ist darin auch die Rede von Kompassen, der Abweichung der Magnetnadel, von der unterschiedlichen Höhe der Springflut und der Gezeiten.

Jón THORKELSSON (1697–1707) publizierte eine kurze Beschreibung von Island, die als Anhang der dänischen Ausgabe von Johann ANDERSON 1748 abgedruckt wurde. Der Verfasser spricht wie die meisten anderen über die geographische Lage Islands, seine Größe und seine Entfernung zu anderen Ländern. Er gibt an, wer Vermessungen auf Island durchgeführt hatte und schreibt, daß ihm nicht bekannt sei, daß andere als Jon ARNASON und Thordur THORLAKSSON Vermessungsinstrumente benutzt hätten.

Im dänischen Rigsarkivet sind 16 isländische Sysselbeschreibungen verwahrt, die in den Jahren 1744–1750 entstanden sind und manchen Aufschluß über die isländische Topographie geben.

Die Darstellung des Unbekannten durch Naheliegendes und Bekanntes war ein bei mittelalterlichen und auch späteren Malern gebräuchliches Verfahren. Als die Brüder Limburg, z. B. in ihren "Très Riches Heures", das Treffen der Heiligen Drei Könige in der Nähe Jerusalems darstellten, erhielt die Stadt am Horizont Ähnlichkeit mit Paris. So erkennen wir deutlich Wahrzeichen der französischen Hauptstadt. Ähnlich verfuhren Kartographen, wenn es um die Illuminierung der Kartenränder ging. Beispiele dafür sind zwei italienische Islandkarten von Antonio ZATTA (tätig 1757–97) und Giovanni Maria CASSINI (1745/46–1824/30), herausgegeben in Venedig 1781 bzw. in Rom 1796, die beide auf KNOFF zurückgehen. Sie zeichnen sich durch eine Mittelmeerlandschaft aus, die in einer Vignette abgebildet ist. Die eine zeigt niedriges Gemäuer mit Pinie, die andere eine Fischfangszene und Schiffe mit mediterranen Lateinsegeln.[1]

Der Jurist, Naturwissenschaftler und Philosoph Eggert OLAFSSON (1726–68) und der erste und lange Zeit einzige Arzt der Insel Bjarni PALSSON (1719–1779), zwei gebürtige Isländer, erforschten in königlichem Auftrag und unter Aufsicht der dänischen "Societät der Wissenschaften" in den Jahren 1752–57 mehrmals ihre Heimat. Als Ergebnis ihrer Reisen wurde von OLAFSSON 1772 eine breit angelegte Geographie Islands in dänischer Sprache veröffentlicht.[2] Das streng systematisch geordnete Werk enthält entsprechend den Verwaltungseinheiten sieben Hauptkapitel, die wiederum unterteilt sind. Das Vorwort schrieb der Historiker Gerhard SCHÖNING, dessen mit Jón EIRIKSSON geschaffene, auf der Zeichnung KNOFFs basierende Island-Karte, dem Buch beigebunden ist.

Auf dieser Karte von Jón EIRIKSSON (1728–87) / Gerhard SCHÖNING (1722 bis 1780) (Nyt Carte over Island forfattet), 1771, erschien Reykjavik erstmals in heutiger Position, und der Vatnajökull als Klofajökull, der dann durch Sveinn PALSSON (1762–1840)[3] ab 1794 genauer dargestellt wurde. Daß Europas größter Gletscher Vatnajökull nicht eher vollständig auf einer Karte zu sehen war

---
1) siehe HINRICHSEN (1980): Island und das Nördliche Eismeer. Land- und Seekarten seit 1493. Katalog Altonaer Museum. Hamburg 1980
2) 1774/75 in deutsch, 1802 in französisch und 1805 in englisch, ins Isländische wurde das Werk erst 1943 übersetzt.
3) siehe auch Ferdabók Sveins Pálssonar, Versuch einer geographischen, historischen und physikalischen Beschreibung der Gletscher Islands 1794. Auszug in Deutsch. Isländisches Jahrbuch 1960/61, S. 87–89

ist erstaulich im Hinblick auf seine Ausdehnung von 8450 qkm. Das ist doppelt so viel wie alle Gletscher der Alpen zusammen! Seitdem vor ihm an der Südküste 1573 über 50 Männer ertranken, galt er als unpassierbar. Nur ein einziger Mann unternahm einmal in der Mitte des 17. Jh. einen Versuch, den Gletscher zu erforschen, wie VIDALIN in seiner Schrift berichtete. Erst 1875 glückte es William WATTS, den Vatnajökull erstmalig zu überqueren.[1] Ihm folgten Daniel BRUUN 1901, J.H. WIGNER und T.S. MUIR 1904, J.P. KOCH und Alfred WEGENER 1912, Hakon WADELL und E. YGBERG 1919. Letztere entdeckten dabei den Vulkankrater "Grimsvótn", den sie nach ihrer Heimat "Sviagigur" (Schwedenkrater) tauften. "Vatnajökull" heißt in der Übersetzung "Gewässergletscher". Ihm entspringen die meisten Flüsse, die dem Gletscher ihren Namen gaben. In den alten Chroniken führt er noch andere Namen: Grímsvatnajökull, Klofajökull oder einfach "Gletscher im Osten".

Von Sveinn PALSSON, der als Arzt in Südisland tätig war, stammen auch die ersten Ansätze des exakten Kartierens des Langjökull (1792), des Hafsjökull (damals noch Arnafellsjökul) (1794) und des Eyjafjalla- und Nýrdalsjökull (1795).[2]

Eggert OLAFSSONs 1772 erschienenes Buch bringt zum ersten Mal die These, daß die Wasserlinie an den Küsten Islands einst höher gestanden hat. Was damals als eine kühne Behauptung erschien, ist heute mit Bestimmtheit erwiesen.

Nach Karten, die in den Jahren 1902–38 aufgenommen worden sind, errechnete sich die vergletscherte Fläche Islands auf 11.785 qkm. Die heutige Gletscherfläche Islands beläuft sich auf 11.200 qkm. Einschließlich aller Kargletscher gibt es mindestens 160 Gletscher auf Island. 10.780 qkm, 96 %, entfallen jedoch auf die vier großen Plateaugletscher Vatnajökull (8300 qkm), Langjökull (953 qkm), Hofsjökull (925 qkm) und Mýrdalsjökull (596 qkm). Die südlichen Zungen des Vatnajökull erstrecken sich bis zur Küstenlinie, und wenigstens eine davon, der Breidamerjökull, reicht noch 120 m unter das Meeresniveau. Er ähnelt dem Malaspina Gletscher in Alaska.

Eggert OLAFSSON bereiste auch die ehemalige Hafen- und Handelsniederlassung "at Gásum" aus dem 14. Jh., unweit der Mündung des Flusses Hörga im Eyjafjord. Er zählte damals drei Dutzend Ruinenhügel und bemerkte als erster, wie man in seiner Zeit den alten Namen "Gáseyri" aus Schamhaftigkeit nicht mehr brauchen wollte, sondern durch "Toppeyri" ersetzte. Das isländische Wort "gás" bedeutet neben dem üblichen Begriffe "Gans" in obszöner Nebenbedeutung auch vulva.

---

1) JAKSCH "Die zweite expeditionsmäßige Querung des Vatnajökull". In: Island-Berichte, 25. Jahrg., Heft 4, S. 156–159
2) siehe VENZKE (1985a): a.a.O.
SCHUTZBACH (1985): a.a.O., S. 142–146

Der Name Toppeyri hat sich seitdem auf den Karten vom Eyjafjord bis heute erhalten. Zum letzten Mal findet sich der einst blühende Hafen in Annalen im Jahre 1391 erwähnt. Dann tauchte der Name Gaesir im Jahre 1446 für den in der Nähe liegenden Bauernhof auf. Als später infolge der Hafenversandung "at Gásum" in Trümmer sank, ist der Hof geblieben.

1777 erschien in Uppsala eine Sammlung hauptsächlich von Uno von TROIL verfaßter Briefe, in denen dieser die Zustände in Island beschrieb.[1] In seinem Bericht folgte der Theologe, Hofprediger und Pastor an der Großen Kirche in Stockholm der Beschreibung Eggert OLAFSSONs, blieb aber allgemeinverständlicher und kürzer. Frederik EKMANSSON vereinfachte die EIRIKSSON-SCHÖNING-Karte und fügte sie dem Buch TROILs zuerst 1772 an.

Um den rührigen Franzosen zuvorzukommen, beauftragten die dänischen Behörden 1776 Hans Erik MINOR (gest. 1788), einen Angestellten der staatlichen Handelsgesellschaft, mit der Vermessung der isländischen Küste. 1776 und 1777 bearbeitete er das Gebiet Kap Reykjanes in Westisland. MINOR hatte allerdings nicht die Möglichkeit, die Länge exakt zu bestimmen. Die Karten wurden im "Kongelige Soekartarkiv" in Kopenhagen gemeinsam mit anderen, die 1776 von Offizieren der Fregatte "Kiel" unter der Leitung von P.J. WLENGEL aufgenommen worden waren, veröffentlicht.

Poul LØVENØRN (1751–1826), der Verdun de la CRENNE begleitet hatte und der erste Direktor des "Kongelige Soekartarkiv" wurde, gewann den dänischen König dafür, die Küsten Islands genauer zu kartieren. Die wissenschaftlichen Arbeiten wurden von der sogenannten "Collectpeng", einer Sammlung, die ursprünglich den Obdachlosen des Vulkanausbruchs von 1783 zugute kommen sollte, finanziert. Die regionale Kartierung Islands nimmt jetzt solche Ausmaße an, daß es in diesem Rahmen unmöglich ist, allen Kartographen und ihren Werken gerecht zu werden.

Rasmus LIEVOG, ein Norweger, der als Astronom und Vermesser seit dem Jahre 1779 in Island arbeitete, vermaß 1787 das Land von Örfirisey und Arnarhöll, das damalige Handelszentrum von Reykjavik. Eingezeichnet ist auch die erste Straße der Hauptstadt, Adalstraeti, die 1751 entwickelt wurde. Reykjavik hatte im Jahre 1787 rund 300 Einwohner.

In der zweiten Hälfte des 18. Jahrhunderts erschien, gemessen an der Zeit vorher, auch eine Flut isländischer Reisebücher. Durch die berühmte Expedition der französischen Forschungsreisenden wurde übrigens auch Jules Vernes Interesse an Island geweckt.

---

1) TROIL (1777): Bref rorande en resa til Island MDCCLXXV. Uppsala 1777

XXVII. Hans EGEDE

Mit Beginn des Jahres 1721 fuhr ein norwegisch-dänischer Missionar, Hans EGEDE (1686–1758), der später der "Apostel der Grönländer" genannt wurde, im Auftrag von König Friedrich IV. von Bergen aus nach Grönland. Er war nach 300 Jahren, am 3. Juli 1721, der erste Europäer, der nachweislich Grönland wieder betrat. Das war an der Südwestküste Grönlands auf einer kleinen Insel, die er "Hoffnungsinsel" nannte, ein Land unweit jenes Platzes, wo auf der Hauptinsel 1728 Gothab entstand. Karl Ritter sagte von EGEDE mit Recht: "Mit ihm beginnt die genauere geographische Kenntnis Grönlands".

Angeregt wurde er von "Norges Beskrivelse", 1642,[1] von Thormod TORFAEUS und Jacobi RASCHs Karte "Gronlandiae antiquae" von 1706[2] und Lourens Feykes HANNs "Beschryving van de Straat Davids", 1719. Kartographisch gesehen führten seine zwei Expeditionen auch zu einigen interessanten Karten. Seine im Jahre 1724 herausgekommene Karte über die Westküste Grönlands dürfte die erste uns bekannte Karte von dieser Küste sein, die von einem dort ansässig Gewesenen gezeichnet wurde. Auch wenn die Karte auf den eigenen Beobachtungen von EGEDE während zweier Expeditionen beruht, so ist ein Einfluß von Lourens Feykes HANNs Karte von 1719 unverkennbar. Die Karte von 1724 und eine mit einem größeren Ausschnitt von Grönland aus dem Jahre 1737 sind handgezeichnet und wurden erst in diesem Jahrhundert veröffentlicht.

EGEDE kamen 1723 zum ersten Mal Zweifel an der Existenz der beiden hypothetischen Durchfahrten quer durch Südgrönland, wie wir sie zuerst auf Joris CAROLUS' Karte gesehen haben.[3] Er löste auf seinen Karten erstmals vorsätzlich diesen Irrtum auf, um allerdings auf seiner Karte "Grönlandia antiqua", die in EGEDEs Werk "Det gamle Grönlands nieuwe perlustation" 1741 erschien, im nördlichen Teil Grönlands einen neuen, von Eis bedeckten Sund entstehen zu lassen. Er stellte praktisch eine Verlängerung von Fiord Olim lingri an der Ostküste des Iisfjorden in Diskobugten an der Westküste dar. Der dazugehörige Text heißt in der Übersetzung: 'Es wird gesagt, daß hier früher ein schiffbarer Sund gewesen ist, der mit einer Eisbrücke bedeckt war.' Dieser Irrtum beruht zweifellos auf einer Information seines Sohnes Poul (1708–89), die auch in dessen Tagebuch[4] vermerkt ist, wonach die Einheimischen von einem solchen Sund überzeugt waren. Das war wohl auf die Eisberge zurückzuführen, die auf Iisfjorden heraustrieben. Die Einheimischen konnten sich nicht vorstellen, daß durch das Inlandeis die Eisberge kalben würden.

---

1) identisch mit "Norriges oc Omliggende Øers sandfaerdige Bescriffnelse, Indholdensis huis voert at vide, baade om Landsens oc Indbyggernis Leilighed oc vilkor, saa veli fordum tid, som nu i vore dage" von Peder Claussen Friis, 1642
2) hier handelt es sich praktisch um eine Reproduktion der Karte "Gronlandiae situs et delineatio", 1668, von Thordur THORLAKSSON
3) siehe KEJLBO (1971): a.a.O.
4) unter dem 6.2.1738

Poul EGEDE ist von Eisbergen genauso irritiert worden, wie zur fast gleichen Zeit (1739) Lozier BOUVET in der Antarktis und Philippe BUACHE für seine entsprechende Karte von 1754 falsche Schlüsse zog.

Hypothetische Durchfahrten hat es auf alten Karten auch in anderen Regionen gegeben, u. a. auf der "Harleinum Mappemonde" um 1541 von Pierre DESCELIERS, sowie die Nordwestpassage quer durch Nordamerika, die von Joseph Nicolas de l'ISLE und seinem Schwager Philippe BUACHE aufgrund von Informationen von Admiral Bartholome de FONTE und Juan de FUCA auf der "Carte des Nouvelles Decouvertes au Nord de la Mer du Sud", 1752, gezeigt wird. In einer Legende auf einer Karte von Sebastian MÜNSTER, nördlich der Verrazano See, die Florida von "Francisca" trennt, heißt es: "per hoc fretu ider patet ad Molucas". In anderen Worten, dort existiere die Nordwestpassage, die zu den Molukken führt. VERRAZANO segelte 1524 an der Küste von Carolina entlang und glaubte, daß der schmale Streifen der "Outer Bank Island" ein schmaler Isthmus sei, der den Atlantischen und den Pazifischen Ozean voneinander trennt. Die Überzeugung, daß es unter dieser Breite einen tiefen Einschnitt in der Pazifikküste geben müsse, hat Karten und Entdeckungsfahrten 150 Jahre lang beeinflußt. Es ist aber ungewöhnlich, daß sich die Durchfahrten wie im Süden und Norden Grönlands einzeln oder zusammen etwa 350 Jahre hartnäckig auf den Karten gehalten haben. Die weitverbreitete "Carte du Groenland" von J. LAURENT (aus "Histoire général des voyages" von F. Prevosts, 1747–80) zeigt z. B. alle drei Durchfahrten, ebenso auf einer Karte gestochen vom Hamburger Stecher PINGELING (Abb. 17), die zuerst 1770 in Ludewig A. GEBHARDIs "Geschichte der Königreiche Dänemark und Norwegen" erschien.

Auf REILLYs (1766–1820) Grönlandkarte liest man an der südlichen Durchfahrt: "Die mit Eis bedeckte Frobisher Meerenge" und an der nördlichen: "Soll vor diesem ein offener Paß gewesen sein, ist aber aniezt mit einer Eisbrücke belegt." Eine punktierte "Frobisher Strait" behauptete sich noch auf der Karte zu G.W. MANBYs "Journal of a voyages to Greenland in the year 1821", das 1823 in London veröffentlicht wurde.

In seinem genannten Buch erörtert EGEDE auch die Frage, ob Grönland eine Insel sei oder mit einem Kontinent verbunden wäre. Auf seinen Karten selbst entzog er sich einer Stellungnahme, indem er den nördlichen Teil einfach nicht zeigte. Er vermutete aber, daß Grönland mit Amerika verbunden wäre und die Davisstreet eher eine Bucht sei als ein Sund. Grönländer hatten ihm erzählt, daß Grönland von Amerika durch einen engen Sund getrennt wäre. Er hatte aber augenscheinlich nicht soviel Vertrauen in diese Information. Eine Verbindung zwischen Grönland und Asien bezeichnete er als einen "Mythos der Einheimischen". EGEDE wurde zum ersten modernen Forscher Grönlands. Seine Arbeiten eröffneten die landeskundliche Darstellung der Insel. Bis zu seinem Auftreten war Grönland eine Form ohne eigentlichen Inhalt geblieben, auch wenn vor ihm seit Erik dem Roten im Jahre 982 viele Beobachtungen gemacht worden sind. Wir verdanken aber erst

EGEDE das erste zusammenhängende Bild von der Insel. Die Karte seines Enkels C.Th. EGEDE aus dem Jahre 1791 zeigt, daß er davon überzeugt war, daß Österbygd an der Südwestküste nahe Julianehaab gelegen sei. Nachdem H.P. von EGGERS die Karte von Julianehaabs Distrikt von Aron ARCTANDER (1792) eingehender studierte, kam er zu dem Schluß, daß die kartographische Darstellung sehr gut mit den alten Beschreibungen über die Ostbesiedlung übereinstimmte.[1] Er verfaßte 1794 darüber einen Essay, der ihm nicht nur einen Preis der Königlich-Landwirtschaftlichen Gesellschaft, sondern auch Kritik einbrachte. 1823–24 vermaß dann Wilhelm August GRAAH (1793–1863) die Westküste Grönlands und 1828 die Ostküste. Das war die erste durchgehende Erforschung und Aufnahme des Küstenstücks zwischen Kap Farvel bzw. Walloes fernstem Punkt. Die Auffassung, daß das alte Österbygd identisch mit dem Julianehaab-Distrikt sei, wird durch die Karte von GRAAH bestätigt, die als Ergänzung in Carl Christian RAFNs "Antiquitates Americanae" 1845 kartographisch dokumentiert wurde.

Nach dem Studium der Theologie trat David CRANZ (1723–1777) in den Dienst der Brüdergemeinde, in deren Auftrag er 1761 nach Grönland ging. Seine "Historie von Grönland" (1765–70 zunächst in Deutsch erschienen), die auch zwei Karten enthält und die offenbar auf Werken älterer Schriftsteller, wie ADAM von BREMEN, CAMBRENSIS und SAXO beruht, darf mehr als nur historisches Interesse beanspruchen. Der Bericht verbreitet sich über die Lage und Beschaffenheit des Landes, über Meer und Luft, Steinarten und Gewächse, über die Bildung und Natur des Treibeises, der Eisberge wie auch des Treibholzes, "davon man bisher wenig oder keine gründliche Nachricht gegeben hat." Unter dem Eindruck von EGEDE verfaßte auch der Hamburger Bürgermeister Johann ANDERSON (1664 bis 1743) seine "Nachrichten von Grönland und der Straße von Davis zum wahren Nutzen der Wissenschaften und der Handlung" mit einer "nach neuesten und in diesem Werke angegebenen Entdeckung genau eingerichteten Landcharte". Der Bericht irritierte die dänische Regierung, nicht so sehr wegen der Kritik an Island, sondern wegen der Beschreibung des dänischen Handelsmonopols, der einzigen Wahrheit dieses Buches. Sein Buch erschien erst nach seinem Tode, als letztes "Märchenbuch" über Island, das von beachtlichem Einfluß im Ausland war. Er berichtete u. a. irrtümlicherweise von einem Erdbeben im Jahre 1726, das in Wirklichkeit gar nicht stattgefunden hatte. Zweifellos basierte die Geschichte seines Gewährsmannes auf einem Bergsturz im Jahre 1720, der einen Erdfall zur Folge hatte. ANDERSONs "Märchen" klingen aus mit der haarsträubenden Geschichte über Gísli Ivarsson, der im Alter von 14 oder 15 Jahren von Island nach Hamburg gebracht sein soll. Gísli wurde später Bevollmächtigter des Landvogts, siedelte nach Kopenhagen über, wo er als Ratstubendiener starb. Die Karte im Buch von ANDERSON, die von Ernst Georg SONNIN stammt, zeigt drei charakteristische Tatsachen: Die Bedeutung, die EGEDE beigemessen wird, drückt sich in der Einzeichnung seines Wohnhauses aus. Die Nordabgrenzung, über die es noch keine Beweise gab, wird bezeichnenderweise offen gelassen und vom Kartographen durch

---

1) siehe BOBE (1928): a.a.O., S. 31; TRAP (1928): a.a.O., S. 161

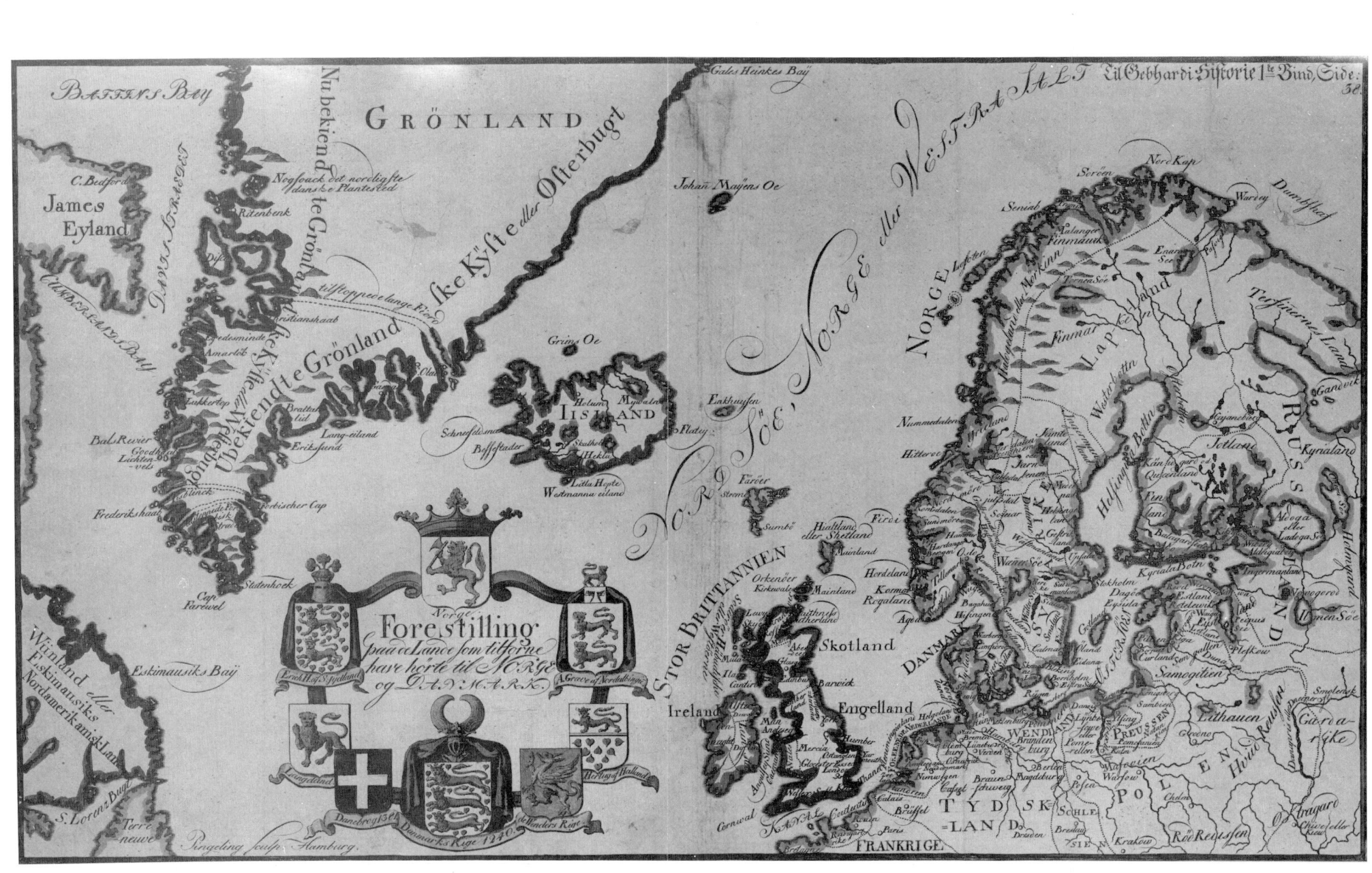

17. Thomas-Albrecht PINGELING, Norge Forestilling, 1770

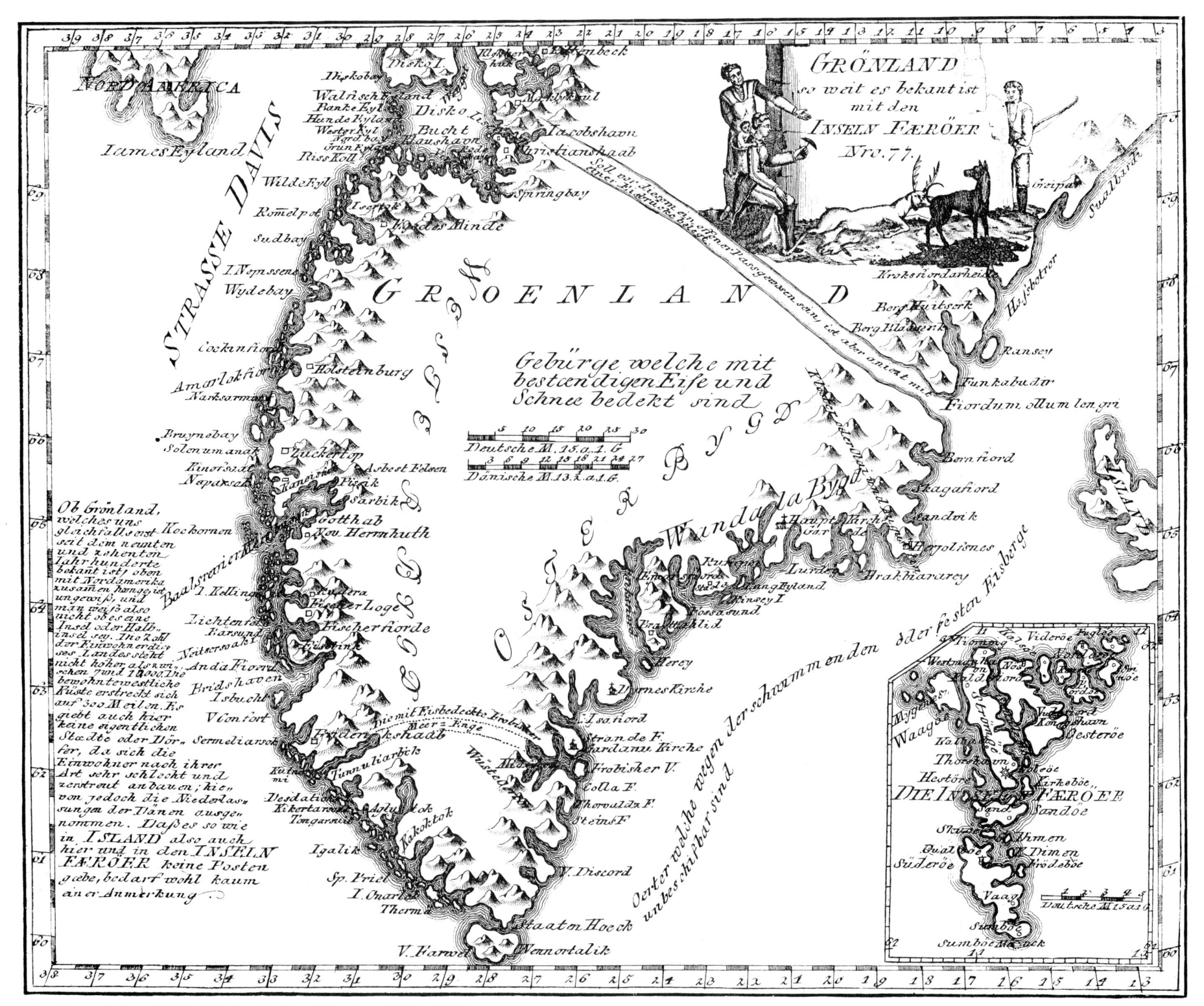

18. Franz Johann REILLY, Grönland und Faeröer, 1789–1806

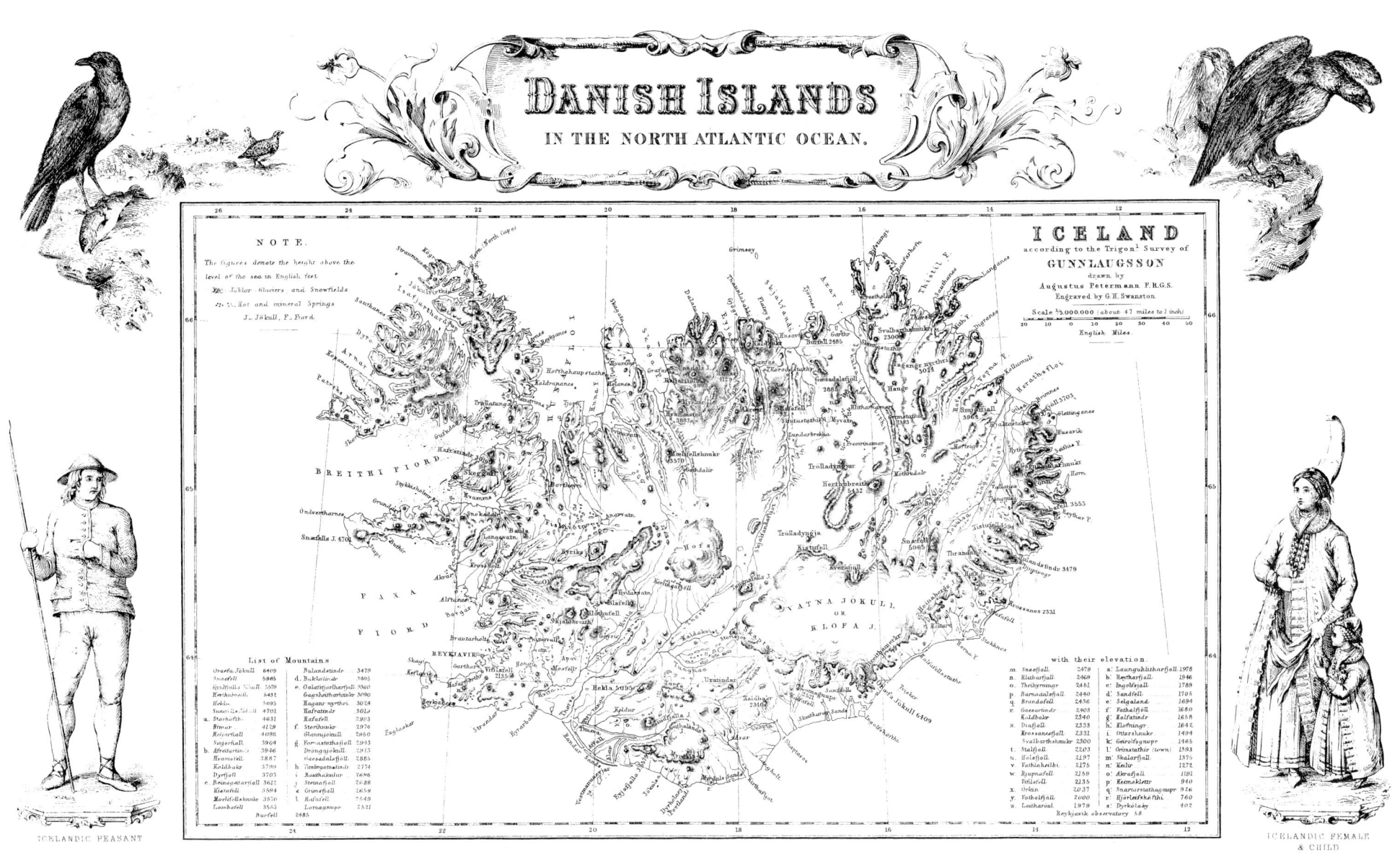

19. Björn GUNNLAUGSSON – August PETERMANN, Danish Islands: Iceland, 1863

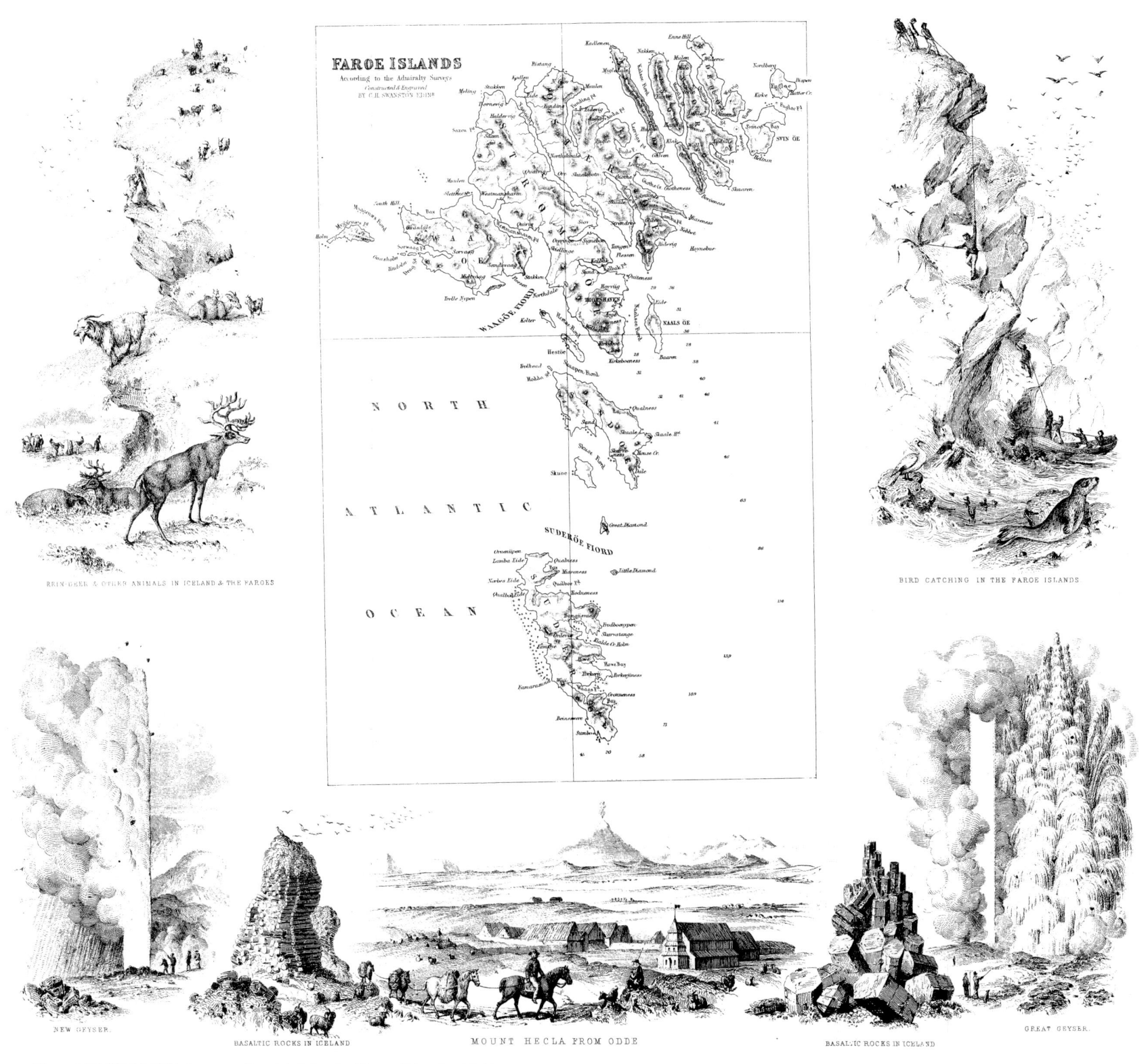

20. ADMIRALITY Surveys, Danish Islands: Faroe Islands, 1863

eine Titelkartusche geschickt verdeckt. Schon Jonathan Swift machte sich über dieses Dilemma der Kartographen lustig: je mehr leere Stellen sie auf den Karten mit Phantasieinseln oder Schmuck ausfüllten, desto weniger wußten sie von diesen Ländern.

Daß die auf bisherigen Karten eingetragene Frobisher Straße nicht entdeckt werden konnte, versucht ANDERSON damit zu erklären, daß dieses Gebiet von Eis bedeckt sei. Auf REILLYs Karte von Grönland 1789–1806 (Abb. 18) finden wir noch folgenden Vermerk: "Ob Grönland . . . oben mit Nordamerika zusammenhänge, ist ungewiß und man weiß also nicht, ob es eine Insel oder Halbinsel sey. Ihre Zahl der Einwohner dieses Landes steht nicht höher als zwischen 7 und 10.000."

Auf dem Globus (ca. 1746) des James FERGUSON (1714–1776) wird dem Betrachter wohl die Transkription des Seufzers eines Entdeckers vermittelt, wenn es heißt: "Here brandy freezes by the fine". Es dürfte übrigens der letzte Globus gewesen sein, auf dem noch ein Bericht zu lesen ist.

Mit Hans EGEDE begann eine neue Grönlandforschung der Dänen an der Westküste, also in der Nähe der einstigen Westsiedlung. Vorwiegend als Stützpunkt des Walfanges entstanden jetzt längs der grönländischen Südwestküste dänische Niederlassungen. Auch eine isländische Kommission, die 1770 gegründet wurde, befaßte sich mit der Wiederentdeckung von Österbygd. J. EIRIKSSON gab einen Bericht heraus, der 1778 weiter vertieft wurde. Eine eingehende Erforschung Grönlands begann im 19. Jahrhundert, im Zusammenhang mit der erneuten Suche nach einer nordwestlichen Durchfahrt. Jedoch wurden auch Expeditionen ausschließlich zur Erforschung Grönlands ausgesandt.

XXVIII. Islands Karten des 19. Jahrhunderts

Der dänische Archäologe Carl Christian RAFN (1795–1864) verfaßte mit der schon unter 'Hans EGEDE' erwähnten "Antiquitates Americanae" 1837 eine ausführliche Geschichte der normannischen Entdeckung und Besiedlung "Vinlands", eines Landstriches in Nordamerika, den er an der Küste von Maine gefunden zu haben glaubte. Trotz vieler kritischer Stimmen gegen RAFN und seiner "phantasieüberhitzten Schule" war sein Einfluß auf Wissenschaftler wie selbst HUMBOLDT unbestreitbar. Im Zusammenhang mit dem Hauptthema untersuchte RAFN u. a. auch die Zustände in Island während des Mittelalters. So findet sich im Anhang seines Werkes eine schlichte, aber dennoch fein ausgeführte Karte der Insel, die ihre politische Gliederung ("Thing") und die wichtigsten Straßen im Landesinneren wiedergibt.

Die Karten des belgischen Kartographen Philippe van der MAELEN (1795–1869), die ab 1827 veröffentlicht wurden, gelten als einige der ersten von Island, die auf lithographischem Wege hergestellt worden sind. Die Küstenlinien entsprechen den bisherigen Seekarten, das Landesinnere den Karten von KNOFF. Das Bemerkenswerte daran ist jedoch, daß der Belgier sich auf lateinische Briefe von drei isländischen Geistlichen in Brüssel beruft. Deren Beitrag beschränkt sich hauptsächlich auf das zur Verfügungstellen von Ortsnamen, die wir auf seinen Karten zuerst finden.[1] In seinem Weltatlas ist Island auf der ersten Tafel im seltsamen Maßstab 1:1.641.836 abgebildet.

Durch die Anfang des 19. Jh. vor allem von den Engländern wieder aufgenommenen Suche nach einer Nordwestpassage rückten die nordischen Länder wieder ins Blickfeld eines weiten Interessentenkreises. Einer, der diese Situation ausnützte, war der aus Oldenburg gebürtige, aber in Kopenhagen tätige Johann Georg Theodor GLIEMANN (1793–1828). Als Topograph beschrieb er nach Dänemark (1817) auch Island. Seine dazugehörige Karte — auf HOMANNs Erben beruhend — ist sehr einfach gestaltet, das Landesinnere, abgesehen von einigen eingezeichneten Vulkanen, ist leer geblieben. Nur die Verwaltungsgrenzen sind markiert.

Victor LOTTIN besuchte Island mit Paul GAIMARDs wissenschaftlicher Expedition im Jahre 1836 und zeichnete eine Karte von Reykjavik. Sie erschien in GAIMARDs berühmten Buch.[2] Der Begleittext zur Karte gibt die Namen der wichtigsten Hausbesitzer, etwa 650 an Zahl.

Wenn auch die systematische Kartierung der isländischen Küste ein wichtiger Schritt nach vorne war, mußte doch noch ein langer Weg zurückgelegt werden, um eine zufriedenstellende Karte des Landesinneren, sowohl des besiedelten als auch des unbesiedelten Teiles, zu erhalten. Auch wenn die hydrographischen Bedingungen mit Ausnahme einzelner Häfen unzulänglich dargestellt wurden, befriedigten die Seekarten die Seeleute schon mehr oder weniger, aber unbefriedigend blieb die Kartierung der unbewohnten Gebiete. Das Verdienst, auch diese weißen Flecke auf der isländischen Landkarte beseitigt zu haben, gebührt dem 1788 in Bessastadir geborenen Björn GUNNLAUGSSON, der eine ungewöhnliche mathematische Begabung gehabt haben soll.[3] 1817 begann GUNNLAUGSSON, der zum größten Kartographen des Landes wurde, sein Studium an der Kopenhagener Universität. Ein Jahr darauf empfing er von der Universität eine Goldmedaille für die Beantwortung einer mathematischen Frage, ungewöhnlich für einen Studenten, der noch nicht einmal ein Jahr an der Alma Mater war. GUNNLAUGSSON kehrte 1822 nach Island zurück und wurde Lehrer für Mathematik und Naturwissenschaften in Bessastadir. Er blieb dort bis zum Ruhestand 1862 und starb im Jahre 1876.

---

1) siehe SIGURDSSON (1978): Kortasaga Islands, Bd. 2, Reykjavik 1978, S. 269
   HERMANNSSON (1931): a.a.O., S. 68
2) GAIMARD: "Voyage en Islande et an Groenland exécuté pendant les années 1835 et 1836 sur la corvette La Recherche commandée par M. Tréhouart dans le but de découvrir les traces de la Lilloise. Paris 1838–52
3) HERMANNSSON (1931): a.a.O., S. 69–77

Mit einem Brief vom 8. Dezember 1829 forderte Björn GUNNLAUGSSON die dänische Regierung auf, daß sie die Instrumente, die für die Küstenvermessung benutzt wurden, den Isländern zur Verfügung stellen sollte. Erst durch das Einschreiten der 1816 vom dänischen Philologen Rasmus Kristian RASK gegründeten "Isländischen Literaturgesellschaft" (Hid islenzka bokmentafelag)[1] und mit ihrer finanziellen Unterstützung wurde sein Wunsch 1831 erfüllt. GUNNLAUGSSON führte seine Untersuchung von 1831 bis 1843 durch. Das Produkt seiner mehrjährigen Herkulesarbeit war eine Karte, die später mit der Goldmedaille in Paris ausgezeichnet wurde. Obgleich die Karte von 1844 datiert ist, wurde kein Teil vermutlich vor 1848 fertiggestellt. Die Literaturgesellschaft zahlte GUNNLAUGSSON ein jährliches Gehalt, das im Durchschnitt 162 "rix-Dollar" betrug. Die Regierung zahlte ihm zusätzlich 130 rix Dollar von 1836 bis 1846. Die ursprüngliche Idee war, jeden Bezirk individuell zu kartieren und separate Karten herzustellen. Sie erwies sich aber als zu teuer. O.N. OLSEN (1794–1848) wurde ernannt, um die Veröffentlichung der Karten in Kopenhagen sicherzustellen. Er lehrte an der Militärakademie und war Fachmann für Vermessung und Herstellung von Karten. OLSEN schlug vor, die Karten auf vier Blättern zu drucken. Die Karten von GUNNLAUGSSON wurden zusammengefaßt und auf einen Maßstab von 1:480.000 gebracht sowie der Längengrad von Kopenhagen zugrundegelegt (Abb. 19 u. 20). Bei seiner Arbeit wurde OLSEN durch Hans Jakob SCHEEL unterstützt. OLSEN machte ein Jahr später noch eine zweite Karte, die aber nur von geringem Wert war. Von Björn GUNNLAUGSSON befindet sich im nationalen Kartenarchiv der isländischen Hauptstadt eine Karte von Reykjavik und Umgebung mit der Stadtgrenze von 1836. Als die Karte um 1850 gezeichnet wurde, hatte die Stadt ca. 1200 Einwohner.

Alle Karten, die in der zweiten Hälfte des letzten Jahrhunderts gedruckt worden sind, basieren auf GUNNLAUGSSONs Werk. Bedeutende Anregungen und Leistungen gingen von der isländischen Literaturgesellschaft aus. Schon im April 1839 plante diese eine umfassende geographisch-statistische Beschreibung des Landes und sandte zu diesem Zwecke 70 Fragen an Geistliche und an alle "Sysselmänner". Fast 20 Jahre vergingen, bis der bedeutsame Plan zur befriedigenden Lösung in den "Skyrslur um landshagi a Islandi" kam, welche von 1855 an von Jahr zu Jahr die sorgfältigsten Übersichten über die Bevölkerungsstruktur veröffentlichten.

Im Auftrage der Feuerversicherung zeichnete der Landwirt Sveinn SVEINSSON (1849–1892) zwei Karten von Reykjavik, die eine 1876, als die Stadt 2400 Einwohner hatte, die andere 1887 bei ca. 3500 Einwohnern, 355 aus Stein oder Holz mit Blech oder Ziegel-Dächern sowie 170 Bauernhäusern mit Torf- oder Steinwänden.

---

1) siehe GROENKE (1979): Fouqué und die isländische Literaturgesellschaft. In: Island-Berichte, 20. Jg., Heft 2, 1979, S. 94–101

In der Zeitschrift der Isländischen Literarischen Gesellschaft[1] wurde durch Olafur DAVIDSSON der erste, allerdings nicht sehr zufriedenstellende Versuch unternommen, für Island relevante Karten zusammenzustellen.

Der Österreicher Joseph Calasanz POESTION (1853–1922) galt zu seiner Zeit als einer der besten Islandkenner, schon lange bevor er die Insel tatsächlich bereiste.[2] Seine "Karte von Island" reicht – besonders was ihre Wiedergabe physischer Gegebenheiten anbelangt – bei weitem nicht an jene GUNNLAUGSSONs heran. Sie hob andererseits aber die politische Einteilung, Handelsplätze und Verkehrsknotenpunkte, hervor. Die Orte weisen ihre richtigen isländischen Bezeichnungen auf. Die Karte erschien erstmals in POESTIONs "Monographie Islands" 1885. Er verwendete als Grundlage für ihre Anfertigung die Darstellung THORODDSENs (von dem gleich die Rede sein wird), ergänzte diese jedoch, gestützt auf Reiseberichte, in einigen Einzelheiten. J.C. POESTION hat in Wien unter Zugrundelegung der offiziellen dänischen und isländischen Statistik sowie der reichen vorhandenen Literatur 1885 auch das genaueste und gründlichste geographische Handbuch des letzten Jahrhunderts über Island geschrieben.

Die Verbesserung der Karten von GUNNLAUGSSON (1895) erfolgte in erster Linie durch den isländischen Kartographen und Geologen Thorvaldur THORODDSEN (1855–1921). Beide werden in der neuen Kartengeschichte ihres Landes immer zusammen genannt werden müssen, als Pioniere, die ihren Landsleuten und der Außenwelt ihre Heimat erst richtig zugänglich machten. Ihre kartographischen Leistungen dienen heute noch Tausenden von Isländern und ausländischen Touristen dazu, die Reservate aus Feuer und Eis zu erleben. Thorvaldur THORODDSEN wirkte zuerst als Gymnasiallehrer in Reykjavik, später als Privatgelehrter in Kopenhagen und ab 1902 als Professor an der Universität. Seine Hauptwerke sind seine "Geschichte der isländischen Geographie" (1897–98, Leipzig) und ein "Grundriß der Geographie und Geologie" (1906, Gotha), der die landschaftlichen Besonderheiten samt ihrer Genese mit wissenschaftlicher Akribie darlegt. Durch die Veröffentlichungen in "Petermanns Mitteilungen", der damals angesehensten geographischen Publikationsreihe des deutschsprachigen Raums, fand THORODDSENs Arbeit weite Verbreitung. "Petermanns Mitteilungen" (1885, Tafel 14) veröffentlichten u. a. eine Spezialkarte der Region um Mývatn und des Odadahrauns bis zum Vatnajökull, welche im Sommer des Jahres 1884 von Thorvaldur THORODDSEN aufgenommen wurde und die von Richard BURTON (1821–90) entworfene Karte von 1872 wesentlich verbesserte. 1900 erschien THORODDSENs "Kort over Island". Der Carlsbergfondet veröffentlichte 1901 seine "Geological map of Iceland" im Maßstab 1:600.000 und PETERMANN 1905 "Höhenschichten Karte von Island" im Maßstab 1:750.000.

---

1) Timarít hins íslenzka bókmentafélags XIV 1893
2) siehe Österreichische NATIONALBIBLIOTHEK (1984): a.a.O., S. 57–58

Unter den Inhabern goldener Ehrenmedaillen der angesehensten geographischen Gesellschaften stand Prof. Dr. Thorvaldur THORODDSEN[1] verdientermaßen zwischen Größen wie Fridtjof NANSEN, Sven HEDIN, Roald AMUNDSEN. Für THORODDSENs stilleres und bescheideneres Lebenswerk gilt, was Margaretha LEHMANN-FILHES im "Globus" schon 1898 über ihn schrieb: "Daß von einem Forscher, der die Polarmeere durchkreuzt oder im Luftballon den Nordpol zu erreichen sucht, die ganze Welt mit Bewunderung spricht, ist natürlich, denn jeder kann sich vorstellen, daß solche Fahrten mit den größten Gefahren und fast übermenschlichen Anstrengungen verbunden sind; wer aber denkt daran, daß der Mann, der still das ihm Nächstliegende unternimmt und ausführt, auf den Ritten und Wanderungen durch seine Heimatinsel die ärgsten Strapazen durchmacht und in unzähligen Fällen sein Leben wagt?"

THORODDSEN sah am 22.7.1893 zuerst die größte und gewaltigste Explosionsspalte, die es auf der Erde gibt: den Eldgja.[2] Die topographische Karte, die Karl SAPPER, der ihn begleitete, 1906 anfertigte, ist immer noch die wichtigste Unterlage. Der deutsche Professor Max TRAUTZ erforschte den Nordrand des Vatnajökull, 1910 allein und zwei Jahre später gemeinsam mit seiner Frau. Für die Karte, in die er auch die Reisewege eintrug, benützte er eine Darstellung von Hans RECH als Grundlage. TRAUTZ bestimmte darüber hinaus astronomisch einige Fixpunkte. Die Karte von 1914 erwies sich trotz ihrer Ungenauigkeit als sehr wichtig, weil sie bewies, daß die Eisgrenze nördlicher als vermutet verlief.

Nach jedem Katla-Ausbruch muß Islands Landkarte neu gezeichnet werden. Bei der Eruption im Jahre 1918 verschob sich die Südküste um einen halben Kilometer meerwärts. Auf der neuen Karte ist Kötlutangi und nicht mehr Dyrholaey der südlichste Punkt Islands. Auf die Katla ist Verlaß. Sie pflegt nämlich gewöhnlich zweimal in jedem Jahrhundert zu eruptieren.

Für die Kenntnisse über die Veränderungen der isländischen Gletscher seit Mitte des 19. Jh. ist die Karte von OLSEN/GUNNLAUGSSON von 1848 bedeutsam. In ihr wurde z. B. der Glámajökull noch mit einer Fläche von ca. 410 qkm dargestellt. Nach deren "Uppdrátur Islands" gab Thorvaldur THORODDSENs "Geological Map of Iceland" im Maßstab 1:600.000 (1901) den Zustand der Gletscher für das Aufnahmejahr 1887 wieder. Danach wies der Glámajökull nur noch 230 qkm Fläche auf. Mit dem Beginn der topographischen Landesaufnahme im Maßstab 1:100.000 des Dänischen Generalstabs (1905) wurde eine weitere kartographische Grundlage für das Studium der Gletscherveränderungen geschaffen. 1915 ließ sich der Glámajökull nur noch mit ca. 4 qkm vermessen.

---

1) siehe ERKES: "Prof. Thorvaldur Thoroddsen". In: Mitteilungen der Islandfreunde, IX, Heft 3/4, S. 33–34
   MARTIN (1978): Thorvaldur Thoroddsen 1855–1921. In: Island-Berichte, 19. Jg., Heft 2, 1978, S. 52–53
2) siehe SCHWARZBACH (1971): a.a.O., S. 66–72; SCHWARZBACH (1979): Geologische Übersichtskarten von Island. In: Island-Berichte, 20. Jg., Heft 2, 1979

1902 begannen auf Beschluß der dänischen Regierung Triangulierungsarbeiten im Südwesten Islands. Als Ergebnis dieser Aktivitäten erschien eine Spezialkarte 1:50.000, die die westliche und südliche Küstenregion abdeckte. Zwischen 1905 und 1915 konnten 117 Blätter fertiggestellt werden, von denen jedes eine Fläche von ca. 440 qkm wiedergibt.

Erwähnt seien noch die Karten von Daniel BRUUN "Generalstabens Opmaaling paa Island" (3 Karten), 1905, Kopenhagen, und "Kort over Island" 1:850.000, 1913, Kopenhagen.

1907 hatte das Althing eine größere Summe zur kartographischen Aufnahme der Insel (im Maßstab 1:50.000) bewilligt, die zunächst für den Bau einer geplanten Eisenbahn von etwa 102 km Länge vorgesehen war.

Jahrhundertelang war Reykjavik nur ein einzelner Bauernhof geblieben. Aber 1521 wird hier zum ersten Mal ein Handelsplatz namens Hólmurinn auf kleinen, fast landfesten Inseln vor Reykjavik genannt. Dort trieben Bremische Kaufleute, später auch englische und holländische, Handel, bis im Jahre 1602 Malmö, das damals noch dänisch war, das Handelsmonopol für Island erhielt. 1751 wurde der Sitz des Landvogts, des höchsten Beamten Islands, auf die Insel Videy vor Reykjavik verlegt, wo sich in katholischer Zeit ein reiches Kloster befand. In den fünfziger Jahren des 18. Jh. begann man auf Veranlassung des Landvogts Skúli Magnússon in Reykjavik mit der Wollmanufaktur. 1786 erhielt Reykjavik das Stadtrecht. Zu der Zeit hatte es erst 170 Einwohner. Nach einem schweren Erdbeben 1784 in Südisland wurde auch die Lateinschule vom alten Bischofssitz Skálholt nach Reykjavik verlegt, und 1786 folgte der Bischofssitz selber nach. Im Jahre 1800 versammelte sich das isländische Parlament, das Althing, zum ersten Mal in Reykjavik, das damit faktisch zur Landeshauptstadt wurde.

In Anbetracht der geographischen Isolation Islands und der bescheidenen Größe der Hauptstadt in früheren Zeiten ist es erstaunlich, daß schon 1839 mit einer Stadtplanung für Reykjavik – mit dem Segen der dänischen Krone – begonnen wurde. Damals hatte die Stadt weniger als 1.000 Einwohner ohne eine sichtbare Expansion. Zum Vergleich: Kopenhagen kannte erst seit 1854 eine Stadtplanung und hatte zu dieser Zeit 140.000 Einwohner. Die Entwicklung der Hauptstadt läßt sich sehr deutlich an den Straßenplänen verfolgen: Als Rasmus LIEVOG 1787, ein Jahr nach Verleihung des Marktrechts, seine "Kort og Grundtegning over Handel Stoedet Reikevig" zeichnete, hatte Reykjavik nur 167 Einwohner. Eine Farbzeichnung von Saemund Magnusson HOLM, "Prospect of Reykevik", zeigt die Größe des damaligen Reykjavik mit Örfirisey, Arnarholl und Thinghaug sehr deutlich. Von Ole OHLSEN und Ole Mentzen AANUM erschienen insgesamt drei mit 1801 datierte Stadtkarten. Im Pariser Verlag Arthus BERTRAND kam 1836 ein "Plan de Reykiavik" vom französischen Leutnant zur See und Physiker Victor Charles LOTTIN, der damals in Reykjavik weilte, heraus, der den Zustand der Stadt vor der Planung deutlich macht. Die Entscheidung für den Ausbau der

Vesturgata als Hauptstraße erfolgte 1866. Im Nationalmuseum in Reykjavik befindet sich noch eine Sammlung von Zeichnungen des Malers Sigurdur GUDMUNDSSON über die beabsichtigten Stadtplanungen. Der erste große Fortschritt in der Entwicklung der Stadt ist in der Karte vom Geodaetisk Institut, Kopenhagen, 1903, zu sehen. Als 1920 Egill HALLGRIMSSONs Karte herauskam, hatte sich die Bebauung innerhalb von 10 Jahren schon verdoppelt.

Mit dem absoluten Bevölkerungsanstieg in diesem Jahrhundert ist auch ein Wandel der Bevölkerungsverteilung nach Siedlungsgröße und Regionen erfolgt, der die politischen Karten entscheidend veränderte. Noch auf der Karte "Die Insel Island No 76" von Franz Johann Joseph REILLY von 1789 ist zu lesen, daß es auf Island keine Städte gebe, "sondern nur einige Häuser an jedem der 22 Seehäfen, auch gibt es keine Dörfer, sondern jeder Hof liegt besonders". Im Jahre 1850 lebten in der Tat noch 95 % der isländischen Bevölkerung in Orten unter 300 Einwohnern, 1890 waren es 89 %, heute sind es nur noch 10 %. Die in Einzel- und Streusiedlungen lebende Landbevölkerung bildet also nur noch eine kleine Minderheit. Die Landflucht gehört zu den bedeutsamen Phänomenen des heutigen Island. Haupteinzugsgebiet ist der Großraum Reykjavik, der vor 200 Jahren nur 1 % der Bevölkerung aufwies und heute schon fast 2/3 aller Inselbewohner beherbergt. Die Vermessung Islands, mit der 1900 die topographische Abteilung des dänischen Generalstabes begann und worüber seit 1905 die bekannten prachtvollen Meßtischblätter 1:50.000 erschienen, unterstand seit 1932 dem dänischen Geodätischen Institut. Seine Karten erschienen im Maßstab 1:100.000 und umfassen je Blatt 44 km Ost-West und 40 km Nord-Süd.

Nach der isländischen Unabhängigkeit wurde 1956 das erste autonome Vermessungsamt "Landmaelingar Islands" gegründet, das 1963 alle dänischen Rechte übernahm.

Im Laufe des 19. Jh. entstand eine Fülle von Reiseliteratur über Island, die vielfach mit Karten versehen war, obgleich mit dem dänischen Schiff "Thor" erst 1855 der erste Dampfer nach Island kam. Über diese Fahrt berichtete der schottische Verleger Robert CHAMBERS.

Es war kartographisch ein langer Weg, bis Island die charakteristische Form erhielt: Im Süden die leicht gekrümmte, aber beinahe ununterbrochene Küstenlinie, im Westen die tief einschneidenden Buchten, im Nordwesten die seltsam zum Pol hin offene Schere, oder wie es in einem modernen Reiseprospekt heißt: "Island sieht auf Karten aus wie Wäsche, die auf einer Wäscheleine namens Polarzirkel hängt."

XXIX. Grönlands Karten des 19. Jahrhunderts

Als Nordöstliche Durchfahrt oder Nordostpassage, heute auch als Nördlichen Seeweg, bezeichnet man den Seeweg vom Europäischen Nordmeer zum Stillen Ozean längs der Nordküste Europas und Asiens nach dem Beringmeer. Er mißt von Archangelsk bis zur Beringstraße rund 6.500 km bzw. bis Wladiwostok rund 11.250 km.

Die Suche nach dem Nordöstlichen Seeweg, vor allem aber nach dem Küstenverlauf Sibiriens, bildete eine wesentliche Aufgabe der Expeditionen von Vitus BERING (1725). Er sollte auch klären, ob es eine Meerenge zwischen Asien und Amerika gebe, wie Semjon Iwanowitsch DESCHNEW 1648 behauptet hatte. Die Zarin Anna empfing BERING recht ungnädig. Einige Landkarten und die bloße Erkenntnis von der Existenz einer Meerenge genügte ihr nicht. BERING wurde nicht befördert. BERINGs Karte von 1728 wurde in Rußland nicht veröffentlicht.

Daß Asien und Amerika voneinander getrennt sind, war zuerst 1507 durch RUYSCH, 1538 durch Sebastian MÜNSTER in der Basler SOLINUS-Ausgabe und durch MERCATOR im gleichen Jahr dargestellt worden. Vermutlich war die "Straße von Anian" auf der verlorengegangenen Karte von Matteo PAGANI (1538–62) im Jahre 1562 zuerst zu sehen, da sie im dazugehörigen Text erwähnt wird.[1] Anian war das spätere Alaska. Die erste noch vorhandene Karte, die "fretum Anian" erwähnt, ist die von ZALTIERI aus dem Jahre 1566 und von GASTALDI von 1569. ORTELIUS plazierte 1570 Anian wie Marco POLO, aber "fretum Anian" liegt bei ihm nördlich von Japan. Auf der Weltkarte von Antonio SALAMANCA (um 1500–1562) von ca. 1555 ist eine hypothetische Durchfahrt unmittelbar unter dem Polarkreis zu erkennen.

DESHNEW (ca. 1605–73) entdeckte die Beringstraße genau 80 Jahre früher als der eigentliche Namensgeber. Erst im Jahre 1736 fand ihn der deutsche Historiker Gerhard Friedrich Müller in den Archiven in Jakutsk. Obgleich DESHNEW dem Zaren über seine Reise berichtete. Wenn auch diese Information ignoriert wurde, so benutzte sie doch Andrey VINIUS, der Leiter der Sibirien-Abteilung in Moskau, zweifellos für seine Sibirienkarte um 1673 und der niederländische Kartograph und Bürgermeister Nicholas WITSEN für seine Karte von 1687.

Joseph Nicolas de l'ISLE (1688–1768), Mitglied der französischen Familie, die berühmte Geographen und Kartographen hervorbrachte, sandte eine Kopie seiner Karte an den polnischen König, der sie dann an Jean Baptiste de HALDE schickte.

---

1) siehe LONGENBAUGH (1984): From Anian to Alaska. The Mapping of Alaska to 1778. In: The Map Collector Nr. 29, 1984, S. 28–32
WROTH (1944): The Paper of the Bibliographical Society of America, Vol. 38, Nr. 2, New York 1944, S. 157

Gestochen von Jean Baptiste d'AUVILLE, wurde die Karte von du HALDE 1735 zuerst veröffentlicht. Die erste in Rußland herausgegebene Karte erschien 1773 von Jacob STAEHLIN, die aber keine nennenswerten Änderungen gegenüber ihrem französischen Vorbild aufwies. Noch in der Mitte des 18. Jh. löste de L'ISLE (1688–1768) mit seinen Karten über die nördlichen Entdeckungsreisen große Verwirrung aus. Er war vorher auf Einladung von Peter dem Großen in St. Petersburg gewesen, um die Wissenschaftliche Akademie aufzubauen. Um ein westliches Eindringen in den Nordpazifik zu verhindern, wurde er vom Geheimdienst des Zaren mit falschen Informationen versorgt. Dafür erschienen vom gleichen Kartographen die Ergebnisse der Reisen von Vitus BERING korrekt, obgleich der russische Zarenhof sie geheimzuhalten versuchte. De l'ISLE, der auch als skeptischer und zuverlässiger Geograph bekannt war, wurde dennoch Opfer eines betrügerischen Berichtes des legendären spanischen Admirals namens Bartholomeu de Fonte.[1] Seine Erzählung über seine Suche nach einer Nordwestpassage vom Pazifik zum Atlantik, die 1708 in "Monthly Miscellany of Memoires for the Curious" veröffentlicht wurde, beruhte auf Abenteuerromanen von Daniel Defoe.[2]

Im Auftrage der dänischen Regierung wurde 1829 mit systematischen Küstenaufnahmen Grönlands begonnen. Nach der Entdeckung der Nordwestdurchfahrt durch das Inselgewirr des kanadisch-arktischen Archipels hindurch, entwickelte sich in der Nordpolarforschung ein internationaler Wettbewerb. Dabei übte der deutsche Kartograph Dr. August PETERMANN (1822–78) aus Gotha auf die Aussendung zahlreicher Expeditionen einen maßgebenden Einfluß aus. PETERMANN war gleichzeitig der Begründer und geistige Urheber der deutschen Polarforschung. Während seines langjährigen Aufenthaltes in London hatte er in enger Verbindung mit der englischen Polarforschung gestanden. Nach seiner Rückkehr bemerkte er auch das deutsche Interesse an einer aktiven Arktisforschung. In seinen "Geographischen Mitteilungen" versuchte er Anstöße zu geben und in Aufsätzen und Karten seine Vorstellungen zu verbreiten. Letztere wurden nochmals zu einem Spiegel der letzten geographischen Hypothesen. Grönland erstreckt sich als eine Landbrücke über den Pol bis zu den Wrangel-Inseln. PETERMANN glaubte aufgrund klimatischer und meteorologischer Fakten an die Schiffbarkeit in hohen Breiten und an ein offenes Polarmeer.

Mit Unterstützung der dänischen Regierung war der 1761 in Augsburg geborene Ludwig GIESECKE, der zunächst Schauspieler und Autor[3] war, 7 1/2 Jahre als berühmter Mineraloge auf Grönland tätig. Sein Tagebuch[4] wurde von

---

1) siehe HENZE (1975): Enzyklopädie der Entdecker und Erforscher der Erde. Wien 1975
2) Der wahre Autor ist vermutlich James Petiver, der Herausgeber des Magazins, aber auch Swift und Defoe kommen infrage. Die Geschichte ist ein Gegenstück zu L.F. Maldonado und J. M. Fuca.
3) Er bearbeitete mehrere Libretti, darunter Mozarts "Figaros Hochzeit" und soll bei der Abfassung des Textbuches der "Zauberflöte" mitgewirkt haben.
4) siehe BOBE (1928): a.a.O., S. 34–35

F. JOHNSTRUP 1879 und K.J.V. STEENSTRUP 1910 als erstes Reisebuch, das ganz Grönland umfaßte, veröffentlicht. W. SCORESBY modifizierte 1814 eine Karte von der Disko-Insel, die GIESECKE ursprünglich skizziert hatte.

Zwar hatte schon im Jahre 1793 Jens Broderson, Missionar in Neuherrnhut bei Godthaap, eine Handpresse erworben, aber seinem Versuch, selbst zu drucken, war damals kein Erfolg beschieden. Dagegen erzielte Samuel Kleinschmidt, ebenfalls herrenhutischer Missionar, der ab 1858 seine eigenen Schriften druckte, hervorragende Resultate. Größte Bedeutung kommt jedoch der Initiative H. Joh. RINKs zu, der 1857 die dänische Regierung bewogen hatte, der grönländischen Landesverwaltung eine Handpresse zur Verfügung zu stellen. RINK ließ drei Einheimische das Druckerhandwerk erlernen — zwei von ihnen wurden in Dänemark ausgebildet — und beauftragte sie dann mit der Herausgabe einer Zeitschrift.

In "Kaladlit Okalluktualliait", 1859–63 in Godthaap gedruckt und von RINK herausgegeben, sind zum ersten Mal die fast vergessenen alteskimoischen Überlieferungen zusammengetragen und aufgeschrieben worden. Sie enthielten auch Reisebeschreibungen.

Holz war und soll heute noch das Material sein, das die Grönland-Eskimos benutzten, um ihre Karten anzufertigen. Holzklötze werden eingekerbt, um die von Fjorden, Inseln, Bergen und Gletschern zerklüftete Küste von Grönland im Relief darzustellen. Die Profile der verschiedenen Inseln werden durch Stäbchen verbunden und so in ihrer Lage festgehalten. Um das Ausmaß der Karten in Grenzen zu halten, wird die Küstenlinie auf der Rückseite des Klotzes fortgeführt.

XXX. Spitzbergen und Jan Mayen

Spitzbergen (Svalbard) liegt auf der Nordwestecke des riesigen europäischen Kontinentalsockels und grenzt an das Europäische Nordmeer im Westen und das Polarmeer im Norden. Große Teile der Inseln reichen über 500 m hoch, und die beiden höchsten Gipfel ragen 1715 m ü. d. M. auf. Zu 62 % ist das Landareal vergletschert. Viele Eiszungen ragen, wie der Vatnajökull, bis zur Küste herab und verkalben sich im Meer.

Der älteste Bericht von Spitzbergen stammt aus dem Jahre 1194 und lautet in der knappen Formulierung der Sagasprache "Svalbardi funndin". An anderer Stelle heißt es: Von der Nordküste Islands bis zu dem Land der "Kalten Küste" segelt man vier Tage. Man hielt Svalbard für einen Teil einer Landmasse, die sich von Grönland ostwärts bis zum Bjarneland Perm am Weißen Meer erstreckt.

Spitzbergen verdankt seine (Wieder-) Entdeckung der Uneinigkeit zweier Steuerleute, Willem BARENTSZ und Johan Cornelis RYP im Jahre 1596.[1] Amerikas (Wieder-) Entdeckung lag bereits über 100 Jahre zurück. Spanien hatte den Aufstieg und Fall seiner Seemacht erlebt. 1588 wurde die spanische Armada von den Engländern und Holländern vernichtend geschlagen. Dies war für die Sieger eine Chance, sich auf den Weltmeeren ungestörter umzutun. Schon lange vor der großen Seeschlacht hatten sie bei den Spaniern die Kunst genaueren Navigierens und die verbesserte Seekartographie abgeschaut. Derart gerüstet drängte es sie zu neuen Abenteuern und Ufern. 1594 versuchten die Holländer erstmals, Europa und Asien im Norden zu umrunden. Das Ziel hieß China. Drei Expeditionen führten die kühnen Seefahrer und Abenteurer nicht ans Ziel. Sie waren aber davon überzeugt gewesen, die Seeroute nach China gefunden zu haben. Nach ihrer Rückkehr am 16.9.1591 verbreitete sich die Nachricht darüber in Windeseile. Der älteste gedruckte Bezug in dieser Reise befindet sich in den Legenden der großen Wandkarte von Europa, die 1595 von Jodocus HONDIUS veröffentlicht wurde.

An Stelle von China fanden die holländischen Entdecker zufällig Spitzbergen. Gerhard de VEER, Teilnehmer der Expeditionen, veröffentlichte nach seiner Rückkehr 1597 den wohl ersten Bericht über die Reise und den Tod von W. BARENTSZ, dessen eigene Aufzeichnungen erst 1871 gefunden wurden.[2] G. de VEER hatte 1595 auch den Walfang der Eingeborenen in der Meerenge von Walgatsch (Spitzbergen) beobachtet. Bei der ersten bildlichen Darstellung Spitzbergens (Landt under den 80 Grad) hat der Zeichner den Bericht von Land und Gras auf der Insel als Hinweis auf hochstämmige Bäume mißverstanden.[3] Die Expedition unter Willem BARENTSZ stieß zunächst auf die Bäreninsel, dann an die Nordwestküste von Spitzbergen, die seither den Namen trägt, den BARENTSZ ihr gab. Die Bäreninsel ist zum ersten Mal auf einer kleinen Karte von Europa zu sehen, die von Jodocus HONDIUS veröffentlicht wurde. Der Name ist, von einer Legende begleitet, wie folgt verzeichnet: "T vierkant eyland al: t' veere eyland."

Bereits zwei Jahre nach der (Wieder-) Entdeckung Spitzbergens durch die Holländer (1598) erschien der erste Name für dieses Archipel auf einer Karte von Cornelis CLAESZOON (1560–1609).[4] Vermutlich haben die Holländer Spitzbergen auch zuerst kartiert, obwohl es in Norwegen Stimmen gibt, nach denen BARENTSZ und van RYP norwegische Karten aus dem Jahre 1364 benutzt hätten. Mouris WILLEMSZ' Karte von 1608 ("Rechte pascaerte om te beseylen S. Niclaes . . .") beweist, daß die Südspitze Spitzbergens "Edge Oja" (Groenlandt) bereits 1608 oder früher von niederländischen Walfängern entdeckt wurde. Es besteht kaum

---

1) siehe JURK (1977): Kurs Spitzbergen. Münster 1977, S. 8
2) "Relation Der dreyen newen vnerhörten seltzamen Schiffahrt, so die holländ. vnd seeländ. Schiff gegen Mitternacht, drey Jahr nach einander . . . 1594, 1595 und 1596 verricht", so die Nürnberger Ausgabe von 1598.
3) JURK (1977): a.a.O., S. 11
4) SCHILDER (1984): a.a.O.

ein Zweifel daran, daß die Holländer, wie alte Karten es zeigen, auch die Nordwestküste Grönlands erforschten.

In Smeerenburg (Speckstadt) auf der Amsterdaminsel an der NW-Küste Spitzbergens konnte man im Sommer bis zu 1.000 Leute antreffen. Viele sind in Treibeis, Nebel und Sturm umgekommen. Auch Skorbut und der Kampf mit anderen Schiffsbesatzungen verlangten ihre Opfer.

Schon 1610 hat man am Kongsfjord Kohle gefunden, und um die letzte Jahrhundertwende setzte eine allgemeine Jagd auf Bodenschätze ein. Bergbaugesellschaften aus vielen Ländern haben sich daran beteiligt. Bei einem rechtlosen Zustand hat das zu vielen Konflikten geführt. Um die Situation zu klären, wurde Svalbard 1920 endlich der Souveränität Norwegens unterstellt. Seit 1925 ist Svalbard (Spitzbergen und umliegende Inseln einschließlich der Bäreninsel) ein Teil des Königreichs Norwegen.

Die Karte des Nordpolarmeers von Jean GUERARD (1. Hälfte 17. Jh.) von 1628 ist gleichzeitig mit derjenigen des Hessel GERRITSZ entstanden, führte aber neue Elemente ein. Von Spitzbergen — Nievland — ist nur der südliche Teil dargestellt, wie auf der Karte von BLAEU von 1629, doch mit französisierten Namen. P. des Gars mit einem davorliegenden Ankerplatz wurde ebenso wie R. de Kloeck von baskischen Walfängern besucht. Sie waren dort Hilfskräfte der Holländer. Auf den flämischen Schiffen übernahm der Leiter des Walfanges, der "speksnyder", das Kommando, wenn man sich den arktischen Gewässern näherte. Traditionell hatte diesen Posten ein Baske inne. Einer unter ihnen, Vrolicq aus Saint-Jean-de-Luz, fischte von 1618 an vor Spitzbergen und beeinflußte eine Karte des "arktischen Frankreich", die dieser Karte sehr ähnlich ist.

Auf der Hydrographischen Weltkarte des gleichen Kartographen aus dem Jahre 1634 — beide Karten befinden sich in der Bibliothèque Nationale in Paris — ist Spitzbergen (Terre Verte) fast vollständig dargestellt. Man findet u. a. "Le refuge aux Francais ou Port St. Louis". Hier handelt es sich um den letzten Stützpunkt, der den baskischen und normannischen Fischern unter dem Befehl von Vrolicq aus der Zeit des 1632 begründeten Walfang-Monopols verblieb. Der Name wurde ihr zu Ehren des Namensheiligen Ludwig XIII. verliehen.

Die Jan Mayen-Insel, eine Wegmarke für Walfänger aller Nationen, wurde vermutlich ein paar Jahre vor Spitzbergen gesichtet, ist sicher aber im Jahre 1614 durch den Holländer Jan Jacobsz MAY, dessen Namen sie trägt, entdeckt worden. Es ist auch nicht ausgeschlossen, daß diese Insel und nicht Spitzbergen das Svalbard der Isländer darstellte. Zum Vorbild für die Darstellung der Insel Jan Mayen wurde Johann JANSSONs Karte (Insulae Johannis Mayen) von 1650/55. Darauf wird die Insel in ihrer ganzen Ausdehnung mit den Buchten und vorgelagerten Klippen sowie dem mächtigen Bärenberg gezeigt.

Die Engländer folgten den Spuren der Niederländer zur Westküste von Spitzbergen. Henry HUDSON erreichte am 27. Juni 1607 Spitzbergen als zweiter Seefahrer, nach W. BARENTSZ, dessen Karte er mit sich geführt haben muß. Auf der Rückreise nach England entdeckte HUDSON unter 71° n. Br. eine Insel, die er "Hudsons Touches" taufte, ein Name, der auf englischen Karten des 17. Jh. immer wieder erscheint. Es muß sich um Jan Mayen gehandelt haben.

Im Tagebuch seiner Polarreise des Jahres 1607 erwähnte Henry HUDSON wiederholt holländische Namen, die von der Willem BARENTSZs Expedition des Jahres 1596 geprägt worden sind. Auf der großen 2 Hemisphären-Weltkarte des Jodocus HONDIUS (1611–12) hat Spitzbergen die Konfiguration von BARENTSZ, obgleich die Namen "Colnis" und "Laszmmas I.", welche ihren Ursprung in HUDSONs Reise haben, zugefügt worden sind.

Die englische Verbindung zur Westküste von Spitzbergen, welche in den folgenden fünf Jahren stattfand, ist dokumentiert durch die Manuskript-Karte (1612) des John DANIEL, die allerdings nicht mehr existiert. Der einzigste Hinweis auf ihr ist von Hessel GERRITSZ, der die niederländischen Rechte gegenüber den Engländern in seiner wissenschaftlichen Abhandlung[1] des Jahres 1613 verteidigte. Dieses Werk enthält eine Karte von Spitzbergen, die hauptsächlich auf John DANIELs Karte basiert. GERRITSZ selbst zeigt die gleiche Küstenlinie wie BARENTSZ, aber detaillierter. Einen wichtigen Beitrag zur Entdeckungsgeschichte Spitzbergens liefert die Manuskript-Karte des Joris CAROLUS, der 1614 für die Noordsche Compagnie auf der Suche nach einer Nordpassage war und sich als Pilot auf der "Orangienboom" befand. Die Karte befindet sich jetzt in Paris und ist eine bedeutende Quelle zur Nachvollziehung der niederländischen Expedition. Die Darstellung von Spitzbergen ist beachtlich. Die Westküste ist exakter und detaillierter als bei GERRITSZ. "Hollantsche Bay" erscheint hier zum ersten Mal, zwei Jahre, bevor der Name 1616 amtlich erwähnt wurde. Zwei ungenannte Inseln haben die Gestalt von Amsterdam- und Deenche-Inseln. Die nördliche Küste reicht bis 83° N. Zum ersten Mal ist auf einer Karte auch "Grote Bay", die spätere "Straße von Hinlopen" zu sehen, die die westlichen Inseln von der nordöstlichen Insel trennt. Aufgrund des Tagebuches von Fotherby erscheint es unwahrscheinlich, daß CAROLUS selbst so weit nördlich war. Günter SCHILDER (1984, S. 506) schließt jedoch nicht aus, daß CAROLUS dort früher war und nun die Gelegenheit benutzte, die Karte zu vervollständigen.

An der Ostküste der Hauptinsel wird die westliche Küstenseite "Onbekende Cust" und die östliche "Marfyn" genannt. Letztere wird auch Matsin und ähnlich genannt und ist vermutlich identisch mit "Edge Island".

---

1) GERRITSZ (1924): Beschryvinghe vander Samoyeden Landt en Histoire du pays nommé Spitzberghe. Werken mitgegeven door de Linschoten Vereeniging XXIII. Den Haag 1924

Die Kartenmacher in Amsterdam waren sich der wachsenden Nachfrage nach genaueren Karten der Arktik bewußt. Sie wurde auch durch Cornelis DOEDSZOONs Karte befriedigt, die BLAEU 1606 veröffentlichte. In einer späteren Ausgabe wurden Spitzbergen und Jan Mayen auf Nebenkarten gezeigt. Auf einer Europa-Karte, veröffentlicht von Dirck PIETERSZOON sieht man eine Nebenkarte mit Spitzbergen des Hessel GERRITSZ, die die Mündung des "Wijbe Jansz-water" an der Westküste und "Swarthoeck" und "Hoop eylandt" an der Ostküste zeigt.

In der Vingboons Sammlung des Algemeen Rijksarchief in Den Haag befindet sich eine Karte der "Hollantsche Bay" (1642) dem damaligen Zentrum des holländischen Walfanges. Eine ähnliche gedruckte Karte dieser Region ist in "De Lichtende Columne ofte Zee-Spiegel" des Jan JANSZOON (1651) enthalten. Eine Seekarte von Jacob Aertszoon COLOM (um 1650) beschreibt den nordöstlichsten Punkt in Spitzbergen. Die Küstenlinie über die Hinlopen Straße hinaus erscheint zum ersten Mal genauer als die allgemeinen Karten sie in der gleichen Zeit sonst erkennen lassen.

Auf der Grönlandkarte ("Carta particolare della Gronlandia Orientale . . ."), 1646, von Robert DUDLEY (1573–1649) finden wir neben Jan Mayen die imaginäre Insel "Triniti Island" mit dem Hinweis auf Entdeckung durch Engländer (HUDSON). Hierbei handelt es sich wahrscheinlich um eine unbeabsichtigte doppelte Darstellung der Insel Jan Mayen aufgrund zweier separater Entdeckungen. Das wirkliche Jan Mayen liegt in der Mitte zwischen DUDLEYs beiden Inseln.

Auf der Paskaarte des J. v. KEULEN von 1694 sind in drei Teilkarten Island, Spitzbergen (Abb. 21) und Jan Mayen (Abb. 22) dargestellt.

Im Jahre 1707 wurde Spitzbergen von dem holländischen Walfänger Cornelis Giles umsegelt. Seine Informationen flossen ein in die "Nieuwe afteekening van Het Eyland Spits-Bergen . . ." des Gerard van KEULEN (Sohn des Johannes van KEULEN). Sie ist die vollständigste und beste der älteren kartographischen Darstellungen der Inselgruppe. Sie bildete die Vorlage aller Spitzbergen Karten des 18. und frühen 19. Jh., so u. a. für W. SCORESBYs "Chart of Spitsbergen or East Greenland" (1820) und für die Karte 'Spitsberg' in Ph. Vandermaelens "Atlas universal" (1827). Auf ihr ist erstmals die Inselgruppe mit dem früher nur bruchstückhaft wiedergegebenen Nordost-Land vollständig dargestellt. Im Osten des Nordost-Landes erscheint der Westteil eines Landes, dem folgende Legende zugeordnet ist: "Commandeur Giles Land, ontdekt 1707 is hoog Land". Die Kenntnis vom Giles-Land ging später wieder verloren. A. PETERMANN sprach davon, daß es "durch bloße Oberflächlichkeit zu einem schwankenden Begriff und zu einer Streitfrage", ja zu "einer Art von Sagenhaftigkeit wurde". A. E. NORDENSKIÖLD identifizierte es mit dem Westteil des von seiner Expedition im August 1864 vom Weißen Berg aus angepeilten König-Karl-Landes. Dem widersprach PETERMANN, was ihn jedoch nicht davon abhielt, Giles Land selbst falsch (unter $81°30'$ n. Br.) zu verlegen. Im Jahre 1887 konnte der norwegische Trantier-

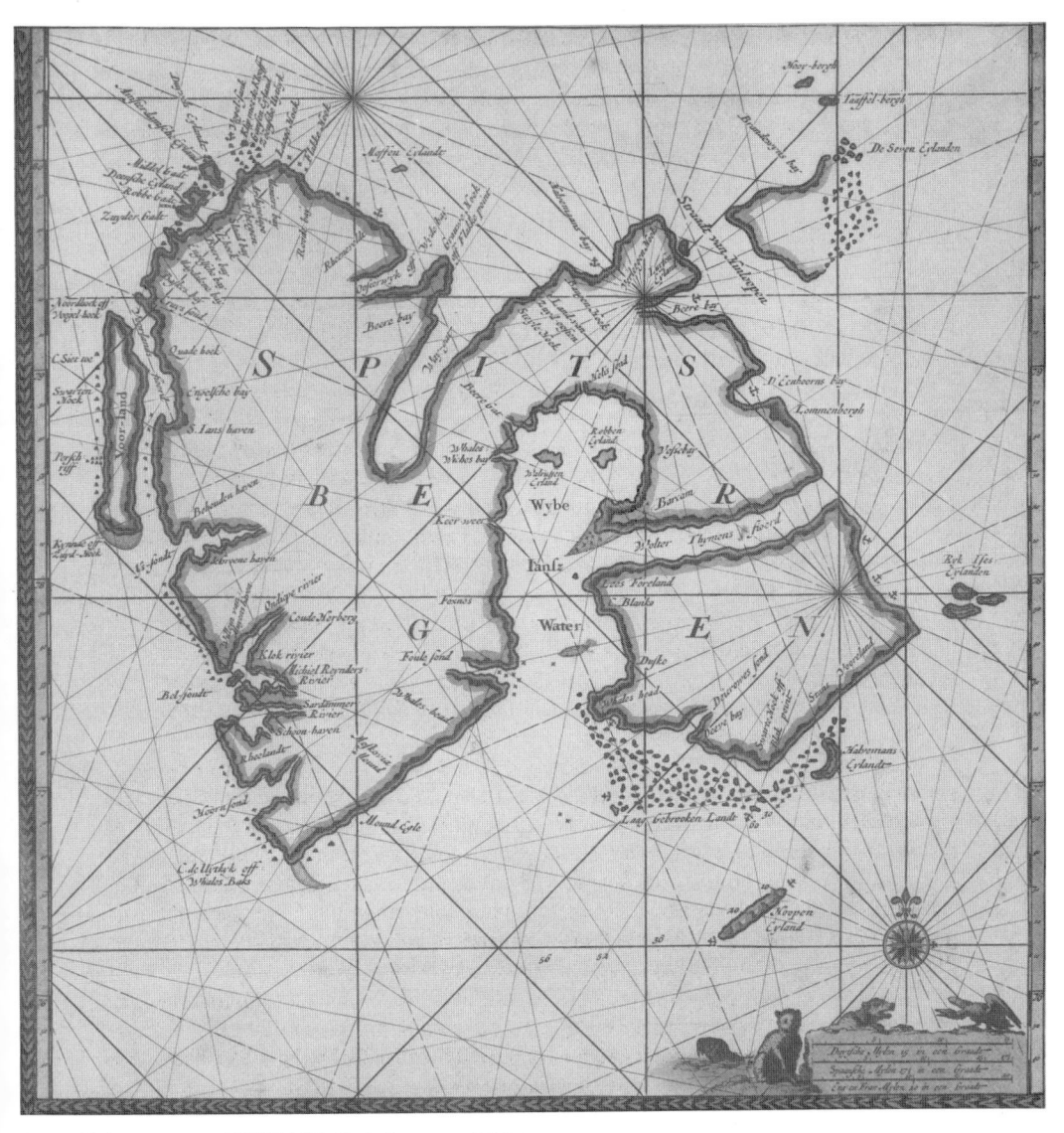

21. Johannes van KEULEN, Spitzbergen, 1694
   (Ausschnitt aus: Paskaarte van Ysland, Spitzberge en Jan Mayen Eyland)

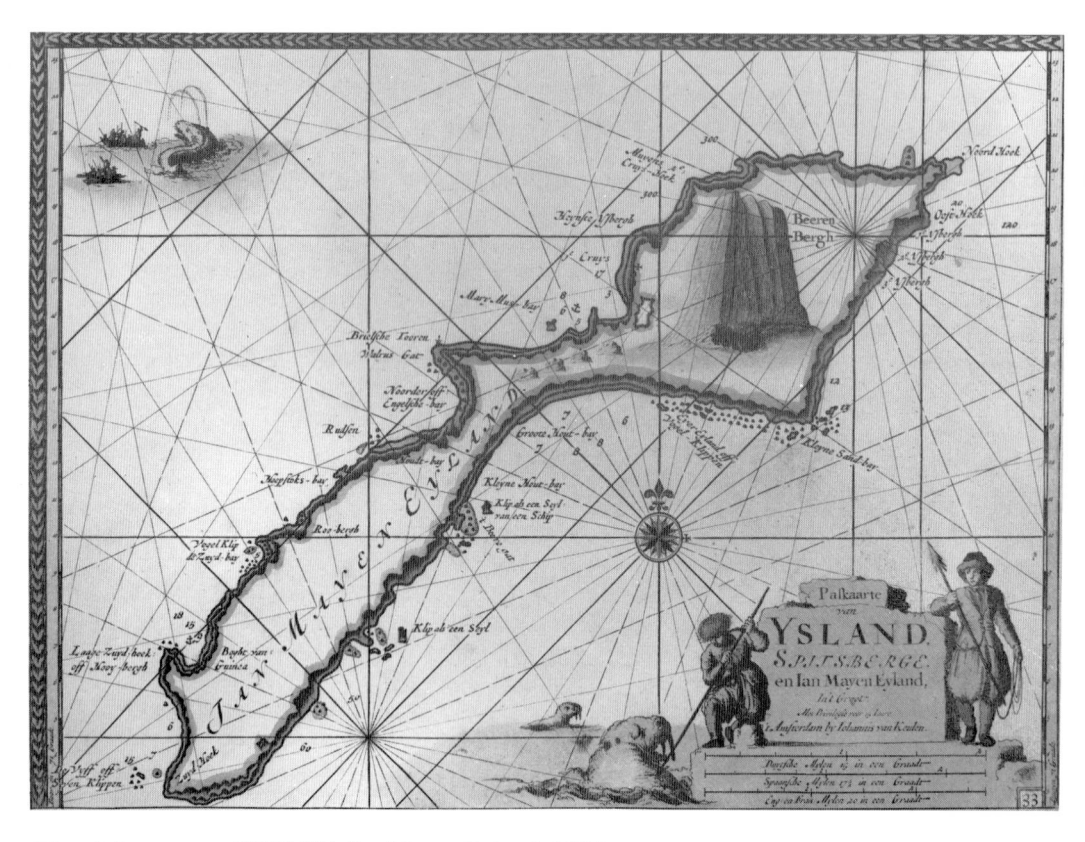

22. Johannes van KEULEN, Jan Mayen Eyland, 1694
   (Ausschnitt aus: Paskaarte van Ysland, Spitzberge en Jan Mayen Eyland)

jäger E.H. Johannesen das "oft gesichtete, aber immer wieder bestrittene" Giles Land unter 80°10' n. Br. erreichen.[1]

Unter allen deutschen Städten, die an der Grönlandfahrt teilnahmen, stand Hamburg überragend an der Spitze.[2] Hamburger Walfänger haben in den 218 Jahren von 1643–1861 rund 6000 Fangfahrten in das Nördliche Eismeer unternommen. Hamburg war auch die einzige deutsche Stadt, die sich im 17. Jh. neben den Engländern, Holländern, Dänen, Franzosen und Biskayern auf Spitzbergen um 1642 einen Hafen errang: die Ulfeld Bay (benannt nach dem dänischen Staatsmann Corfitz Ulfeldt), die sehr bald, weil vorwiegend die Hamburger sie benutzten, "Hamburger Bai" genannt wurde. Vom 17. Jh. bis in die Gegenwart finden wir die Bezeichnung "Hamburger Bai" auf Karten und in Büchern. Friedrich MARTENS, nach dem im Norden Spitzbergens eine der sieben Inseln 'Martensöya' genannt wurde, erwähnt sie 1675 in seiner Reisebeschreibung aus dem Jahre 1671. Das Buch enthält eine Karte, die die nördliche Hemisphäre mit dem Pol als Mittelpunkt zeigt. Wir finden sie u. a. auf ZORGDRAGERs Spitzbergen-Karte des Jahres 1723, auf der "Carte du Spits-berg" von BELLIN aus dem Jahre 1758 und im holländischen Kartenwerk "De Nieuwe Groote Lichtende Zee-Fakkel", seit 1724, und auf "Arctic Sea Spitzbergen, from the latest information in the Hydrographic Office, London" und der Karte von Gunnar ISACHSEN von seiner Expedition von 1909–1910.

Im "Dagboek eener Reize ter Walvisch- en Robbenvangst, gedaan in de jaren 1777 en 1778 door den Kommandeur Hidde Dirks Kat, Haarlem", 1818, befindet sich eine Sonderkarte von Ost Grönland, gestochen von I.L. SEMMELRAHN, die neben dem Schicksal der "Jungfrau Clara" auch den Leidensweg von weiteren sechs untergegangenen Hamburger Grönlandschiffen vor Augen führt. Sie gibt außerdem an Hand von 40 Daten ein genaues Bild von dem Schauplatz der geschilderten Ereignisse in Übereinstimmung mit dem Text.

XXXI. Färöer-Inseln

Archäologen haben die älteste bisher gefundene Siedlungsspur auf Färöer etwa auf das Jahr 600 datiert. Norwegische Wikinger sind vermutlich erst 200 Jahre später hierhergekommen. 1035 wurden die Färöer norwegisches Lehen. Als 1814 Norwegen seine Selbständigkeit wiedererlangte, blieb die Inselgruppe bei Dänemark und wurde bis 1948 als dänisches Amt verwaltet. Seither besitzt sie eine gewisse Autonomie innerhalb des dänischen Staatsverbundes. Im Volkscharakter der Färinger drückt sich noch heute die jahrhundertelange Isolierung aus. Bis 1856

---

1) siehe HENZE (1975): a.a.O., S. 342
2) siehe OESAU (1955): Hamburgs Grönlandfahrt auf Walfischfang und Robbenschlag vom 17.–19. Jahrhundert. Hamburg 1955

war die Inselgruppe von neuzeitlichen Eindrücken aus dem übrigen Europa fast abgeschirmt. Während im Mittelalter die Färinger völlig ungehindert am nordwesteuropäischen Fernhandel teilhatten, wurde seit dem 16. Jh. jegliche Zufuhr dem Monopolhandel unterworfen, der allerdings verpflichtet war, die Inseln zu versorgen. 1709 hat der dänische Staat das Handelsmonopol übernommen und erst 1856 wieder aufgehoben.

Die Färöer-Gruppe besteht aus 18 Inseln und einer großen Anzahl von Klippen und Schären. Sie sitzen dem Wyville-Thomson-Rücken am Grunde des Nordatlantiks zwischen 61 und 62° Nord und 6 und 7° West auf. Insgesamt umfassen sie 1400 qkm, ihre Küsten sind zusammen mehr als 1100 km lang, kein Punkt der Inseln ist weiter als 5 km von der Küste entfernt.

Die Färöer-Inseln wurden erstmalig auf der Hereford-Karte,[1] die "Ysland" als eine von drei kleinen Inseln gegenüber dem südlichen Punkt von Norwegen zeigt, ca. 1280, als "Fareie", "ferne Inseln", genannt. CLAVUS setzte die Inseln auf seine Nancy- und Wiener Karte ohne Namen, erwähnte sie aber im Text und gibt ihre Position unter dem Längengrad 26°25' und Breitengrad 64°25' an. Mit CLAVUS wurden die Färöer-Inseln allgemein in der Kartographie bekannt, aber wirklich verbessertes Material erschien erst mit ZIEGLERs Holzschnittkarte von 1532. Die Karte, die von CLAVUS beeinflußt war, zeigte eine dreiseitige Insel "Farensis". Auch auf Olaus MAGNUS' "Carta marina" von 1539 sieht man eine Inselgruppe Faerverne, die aus neun Inseln besteht. Einige davon sind namentlich genannt: Nordero, Svedero, Dvmo, Mulse, Streme, Moach (Munken). Olaus MAGNUS nahm alte Segelvorschriften und Berichte von Seeleuten zu Hilfe. Seiner Informationen bedienten sich wiederum ORTELIUS zuerst für seine Nordlandkarte (1570) und MERCATOR für seine Karte von 1569. Im ältesten dänischen Buch über Navigation, gedruckt von Laurentz BENEDICT im Jahre 1568, findet man Segelvorschriften und Landesbeschreibungen. Erst der schon genannte "Spieghel der Zeevaerdt" von WAGHENAER stellt dann eine wesentliche Verbesserung dar.

Der erste kartographische Beitrag Dänemarks für die Färöer-Inseln begann ähnlich wie bei Island mit Bagge WANDEL. Er nahm 1650 die ersten Vermessungen der Insel vor. Bei seiner Färöer-Karte von 1673, deren Original sich in Kopenhagen befindet, bediente er sich der Vorarbeiten des späteren Propstes und Magisters DEBES, der herausgefunden hatte, daß die Inseln nördlicher als allgemein angenommen liegen. Einer großen Verbreitung erfreute sich später G. van KEULENs Karte von 1730 ("Nieuwe Afteekning van de / Eylanden von Fero An't Ligt Gebragt door . . . / ."), die auch auf DEBES basierte. Peder Hansen RESENs Karte von 1684 bezieht sich auch auf DEBES und WANDEL.

---

1) vgl. KEJLBO (1981): Den Kartografiske opfattelne of Faeroerne fra 1200 – Tallet til Vore Dage. In: Landinspektoren, 90. Jg. Kopenhagen 1981

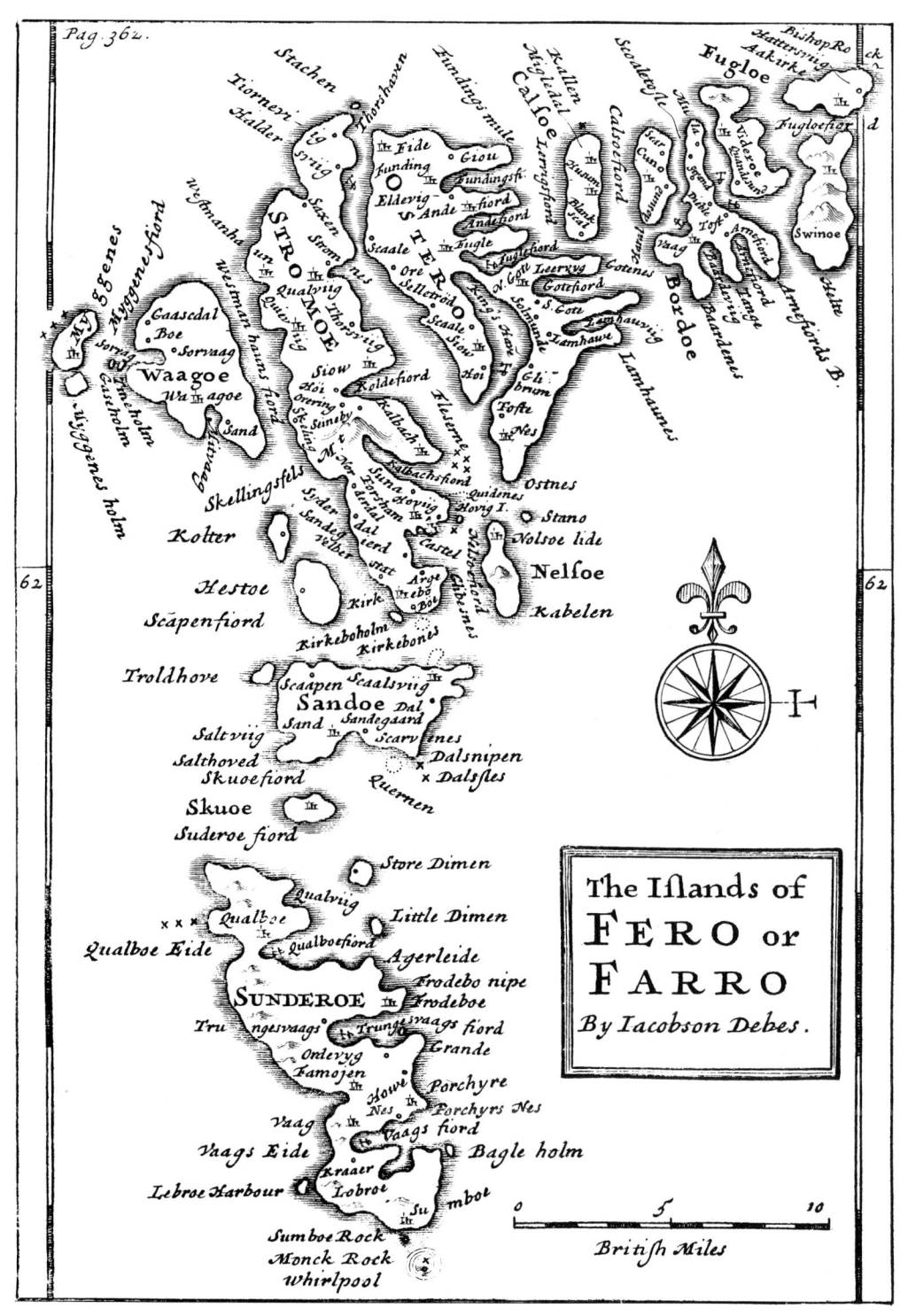

23. Jacobson DEBES, Islands of Ferro or Farro, 1744–47

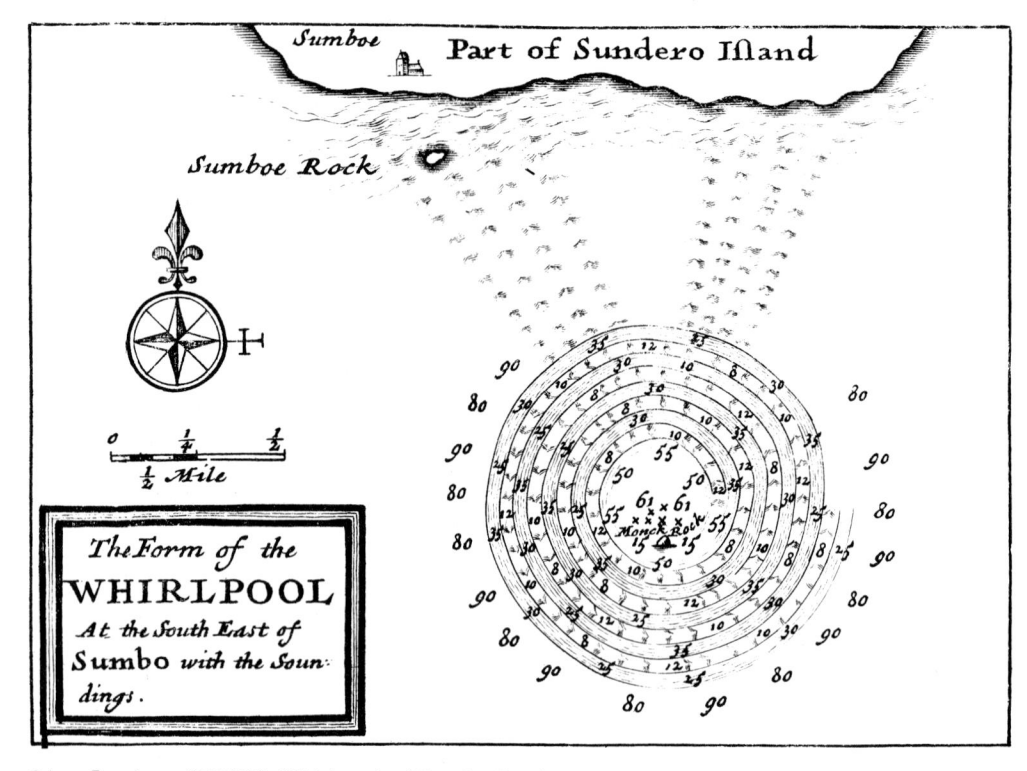

24. Jacobson DEBES, Whirlpool of Sumbo Rocks, 1744—47

Lucas Jacobson DEBES' "Faeroae et Faeroa reserata", das 1673 zuerst in Kopenhagen erschien, ist das älteste ausführliche Buch über die Färöer. Der Autor (1623–1676) stammte aus Dänemark und lebte längere Zeit als Probst, Prediger und Rektor der Schule in Thorshavn. Einen besonderen Wert bekam das Buch durch die ihm beigegebene Karte, die erste Abbildung der Inseln in größerem Maßstab (ungefähr 1:300.000), die natürlich noch sehr roh und unzuverlässig ist. Besonders verzerrt sind die Nordinseln, die Ostseite von Osterö, Vaagö und Sandö; auch die Lage der Inseln zueinander weist Fehler von mehreren Kilometern auf. Geschmückt ist die Karte mit dem Wappen der Färöer, einem Schafbock, der die Umschrift trägt "Insignia provinciae Faeroensis". Lucas Jakobson DEBES (Abb. 23 u. 24) schrieb in der ältesten Beschreibung der Färöer "Faeroernis og Faeroeske, Indbyggeris Beskrivelse" (1673): "Südlich von Suderö ist ein Malstrom, in dessen Mitte ein hoher Felsen steht, genannt Sumbö Munk. Bei diesem Felsen sind sechs Klippen, die etwas über das Wasser herausragen, und wenn man den Kompaß darauf legt, so dreht sich die Nadel rundherum und wird so verdorben, daß man sie nicht mehr gebrauchen kann. Der gefährliche Malstrom zieht bei ruhigem Wetter die Schiffe zu sich und bringt sie in große Bedrängnis, da der Strom sich gegen die Schiffe erhebt und man kein Schiff dort steuern kann, sondern es der Gewalt des Stromes überlassen muß." Diese Insel Munken wird in alten Beschreibungen der Färöer-Inseln als eine Besonderheit erwähnt. Zuerst sprach Olaus MAGNUS in seiner "Historia de gentibus septentrionalibus" (1599) über Munken als "de rype Monachi marini". Auf seiner Karte von Skandinavien (Rom 1572) findet man die Insel Munken ebenfalls. Zwischen ihr und der Insel Fare liegt ein Schiff vor Anker, das dort gegen die Stürme geschützt sein soll. Auf RESENs Karte "Indicatio Groenlandiae et vicinarum regionum" (1608) wird die südlichste Färöer-Insel "Sumbostern vel ut Navt. vocant Monachus" genannt, bei JANSSON (1638) Munick und bei SANSON d. J. (1700) "De Monich Samby" oder "Monrichsambi". Von der See aus ähnelte der Felsen Muncken, eine 35 m hohe Basaltklippe, einem Schiffe unter Segeln. Vom Lande aus, soll sie der Gestalt eines einsam im Meer stehenden Mönches geglichen haben. Daher hat die Insel auch den Namen Munken erhalten.

Im Jahre 1885 ist der Felsen dem Aufprall der Meereswogen erlegen und zum größten Teil eingestürzt. War Munken vielleicht die vielgesuchte Insel des Heiligen Brendan?

Die Seekarten von G. van KEULEN stehen noch stark unter dem Einfluß von Lucas Jacobson DEBES. Selbst noch "A Map of the Faroe Islands by captain Flore" aus dem Jahre 1781 kann den noch bestehenden Einfluß von DEBES nicht leugnen. Kapt. Flor war als Handelsbediensteter auf den Färöern, wo er 20 Jahre gelebt haben soll. Eine Karte, die etliche Jahre, nachdem sie gezeichnet wurde, Bedeutung erlangte, ist die Karte von Rasmus JUEL. JUEL wurde nach einer Ausbildung beim Vater der dänischen Hydrographie, Jens SØRENSEN (1646–1723) von 1709–1710 zu den Färöer-Inseln geschickt, wo er die Karte zeichnete. Ein nicht sehr erfolgreicher Versuch, die Karte von JUEL zu verbessern, wurde von den Farensern Nicolai MOHR (1742–1790) und Jens Christian SVABO (1746 bis 1824) unternommen. 1784 bekam der Kartenzeichner Christian Jochum PONTOPIDAN, der als Kaufmann auch auf Island lebte, den Auftrag, eine verbesserte Färöer-Karte zu zeichnen, die er 1788 nach widrigen Umständen bei der Rentenkammer ablieferte. 1789 veröffentlichte sie Poul LØVENØRN. Sie ist mit einer Breiten- und Längengradeinteilung sowohl vom Meridian von Pico als auch von Kopenhagen berechnet. Kapt. T.L. BORN erhielt 1790 den Auftrag, zufriedenstellende topographische Messungen vom Inland und der Küste vorzunehmen. Das Ergebnis war 1795 ein Kartenwerk von acht Blättern im Maßstab von 1:60.000. 1800 erschien die Karte als Beilage zum "Versuch einer Beschreibung der Färöer" von Jørgen LANDT (1:430.000). Eine spätere Karte von Kapt. BORN, die vom Königl. Seekartenarchiv 1806 herausgegeben wurde, ist mit Höhenschichten, Breiteneinteilungen und nicht weniger als vier Längeneinteilungen versehen. Erst durch die Vermessung und Aufnahme der Inseln durch den dänischen Generalstab in den Jahren 1895/99 war es möglich, die Färöer im Kartenbild genauer darzustellen und die auf vielen älteren Karten recht verschieden und oft falsch gebrauchten topographischen Namen wiederzugeben.[1] Im Jahre 1900 sah sich das Seekartenarchiv in den Stand versetzt, eine vorläufige Karte über die Färöer im Maßstab 1:140.000 vorzulegen, ihnen folgten solche in den Maßstäben 1:300.000 und 1:100.000 im Jahre 1908 bzw. 1932. 1978 gab Føroya LANDSSTYRI ein sechsblättriges Kartenwerk im Maßstab 1:150.000 (Fiskikort Føroyar) heraus.

Wir können die Inseln der Färöer – heute 21 an der Zahl – einteilen in solche, die ihren Namen erhalten haben nach ihrer Lage, nach ihrem Aussehen und ihrer Gestalt, nach eingreifenden Buchten, nach Sandablagerungen an der Küste, nach einer Gezeitenströmung, nach angeschwemmtem Treibholz, nach Vögeln und Guano und nach Sagen, die an eine Tiergestalt anknüpfen.

Die unterschiedlichen Bezeichnungen für Färöer sind bereits in diesem Kapitel deutlich geworden. Da die Vielfalt der Schreibweise, der Behandlung dieses Namens in verschiedenen Sprachen und der nicht wenigen, zum Teil recht merkwürdigen Deutungen, die das Wort Färöer erfahren hat, ein besonderes Merkmal ist, erfolgt zum Schluß noch eine kurze Zusammenfassung.

In altnordischen Texten wird die Inselgruppe "Faeryjar", in einer Stiftungsurkunde des Hamburger Sprengels durch Ludwig den Frommen (834) wird sie "Faoia" und in einer Bestätigungsurkunde des Papstes Sergius II. wird sie "Farriae gentes" und von ADAM von BREMEN "Farria insula" oder "Farrö" genannt. Auf Karten finden wir u. a. "Fareie", "Farensis", "Faerensis", "Ferensis", "Farreä", "Fareö", "Farre", "Fare insula", "Farogia", "Feroe", "Farray Isles", "Insula Farensos", "Farie", "Faray", "Fero", "Insula Faeraenses", "Faereyar vulgo Foero", "Isles de

---

1) RUDOLPHI (1917. 1920a, 1921a, 1921b): Die Karten der Färöer. In: Mitteilungen der Islandfreunde V, Heft 3/4, S. 46–49, VII, Heft 1/2, S. 35–36, VIII, Heft 2/3, S. 39–42, IX, Heft 1/2, S. 24–27

Fero", "Ferris Land", "Ferris Islands", "Veroe", "Fjaerøfer", "Fehrö", "Insular Ferroenses", "Insula Feroenses", "Fortunate Insulae", "Insulae Beatorum" (Inseln der Seligen, Glückselige Inseln), "Electrides" (Bernsteininseln), "Glaciate" (Eisinseln). In DUFOURs Atlas "Le Globe" führen die Färöer auf sieben Karten sieben verschiedene Namen einschließlich "Iles Fereysland on Frisland".

Gehen wir bei der Deutung des Inselnamens historisch vor, so finden wir die erste Erklärung des Namen Färöer bei DEBES (1643). Er weist auf das Wort "fjer", "fjoer" oder "fjoeder" hin, was Feder bedeutet. Er meint, daß die ungeheure Menge der dort lebenden Seevögel die Veranlassung zur Benennung "Federinsel" gewesen sei. Es ist aber kaum anzunehmen, daß die Wikinger, die zum einen die wirtschaftliche Bedeutung der Feder nicht kannten und zum anderen deren eigene Küsten selber reich an Seevögeln waren, das von ihnen entdeckte Land so nannten.

Weiter dachte DEBES an "at fare" oder "at faeri", das als fahren oder hinunterfahren übersetzt werden kann. Der Name der Inselgruppe würde dann so viel wie "Fähr-Inseln" oder "Schiffer-Inseln" bedeuten.

Das Rätsel um den Ursprung des Namens Färöer hat die Phantasie der Etymologen in vielfältiger Weise angeregt. Da die Engländer Farre und Faeroe genauso aussprechen wie das Wort "Pharaoh", so ist eine Verwechslung mit "Pharaoh Island" durchaus denkbar. So meinten englische Matrosen man müsse von ihrer Heimat aus nach Süden steuern, um nach den Faroe Islands (Pharaoh Islands) zu gelangen, die in der Nähe von Ägypten liegen müßten.

Im Gälischen heißt "feur" Gras. So kombinierte man, daß Färöer vermutlich als "Grasinseln" gedeutet werden könnte. Dagegen spricht, daß der keltische Einfluß auf die färische Sprache sonst sehr gering war.

Die Erklärung Färöers als Schafsinsel klingt am glaubwürdigsten. Das Schaf war seit vielen Jahrhunderten das wichtigste Haustier der Inselbewohner. Die Insel führt auch einen Schafbock im Wappen. Wahrscheinlich brachten irische Einsiedler die Schafe mit, als sie sich um das Jahr 670 dort ansiedelten.

Wenn in altnordischen Texten die Inseln Faereyar heißen, so leitet sich die Bezeichnung her aus faer für Schaf und eyjar für Inseln. Nun ist faer bzw. faar kein altnordisches, sondern ein dänisches Wort. Das Schaf heißt altnordisch sandr, aber in der Snorri Edda wird neben diesem Wort auch faer in der Bedeutung für Schaf gebraucht. DEBES weist darauf hin, daß in der alten "Donsk Tung" das Wort sandr in Faersandr und Geitsandr soviel wie "kleines Vieh" bedeutet. Während es im Dänischen außer Gebrauch kam, wurde es im Altnordischen auf "Schaf" beschränkt. So fiel in dieser Sprache das Wort faer fort, weil es überflüssig wurde. Im Neufärischen gibt es die Bezeichnung faer nur noch in Zusammensetzungen. Das Schaf heißt "seydur".

Auffallend ist das Nichtvorhandensein des topographischen Wortes "Papa". Mit "papar" wurden die irischen Culdee Priester von den Nordländern bezeichnet. Wir finden Namen mit "Papa" auf den Orkney- und Shetland-Inseln, auf Island und sogar an der norwegischen Küste.[1]

Um die Verwirrung noch vollständig zu machen: "Farria insula" oder "Farrö" ist nach ADAM von BREMEN auch der alte Name für Helgoland, das ehemals auch "Forselisland" hieß.

XXXII. Nordpolarkarten des 19. Jahrhunderts

"A map of the Icy Sea" von Jean PALAIRET (1697–1774) (Abb. 25), die um 1760 in London von John GIBSON gestochen wurde, weist noch ungewöhnliche Merkmale auf. Diese Karte des nördlichen Polarmeeres ist in Azimutal-Projektion (Kartennetzentwurf, bei dem als Ergebnis eines mathematischen Prozesses ein Teil der Erdoberfläche durch Projektion oder durch ein anderes geometrisches Verfahren direkt in die Ebene abgebildet wird) entstanden, wobei entgegen dem üblichen Kartenbild Europa oben und Amerika rechts zu liegen kam. Die neuesten Entdeckungen bis etwa 1750 sind berücksichtigt worden. Falsch ist die nördliche Landbrücke, die von den Parry-, den Ellesmere-Inseln und Nordgrönland gebildet wird. Auffällig erscheint eine eingezeichnete hypothetische Reiseroute, die von Japan, durch eine Nordwestpassage um Kanada herum, nach Lissabon führt.

Der Suche nach dem "offenen Polarmeer", das man im höchsten Norden seit dem Rat des russischen Wissenschaftlers M.W. LOMONOSSOW in einem Bericht aus dem Jahre 1763 vermutete, galten die Fahrten der Amerikaner KANE, HAYES und HALL sowie der Engländer NARES und MARKHAM. Sie alle aber fanden das angeblich vorhandene offene Polarmeer nicht. Östlich von Grönland suchte 1868 und 1869/70 Kapitän KOLDEWEY als Leiter der von A. PETERMANN (1822–1878) inspirierten und von Bremer Kaufleuten finanzierten ersten deutschen Nordpolarexpedition ebenfalls vergeblich nach dem offenen Polarmeer.[2] Bei der Suche nach Durchfahrten im Packeisgürtel kam der Kapitän der kleinen Jacht "Grönland" auch in die Gewässer um Spitzbergen. Er stellte fest, daß sie unter allen Eismeeren der Erde am meisten schiffbar sind. Von der Expedition im August und September 1868 veröffentlichte A. PETERMANN u. a. "die Aufnahmen der I. Deutschen Nordpolar-Expedition in Nordost-Spitzbergen" im Maßstab 1:400.000. Petermanns Mitteilungen, 1865, enthalten u. a. "Mémoire zu der schwedischen Karte von Spitzbergen von A. DUNER und A.E. NORDENSKIÖLD"

---

1) siehe RUDOLPHI (1920b): a.a.O.
2) Karl KOLDEWEY. Die erste deutsche Nordpolarexpedition im Jahre 1868. "Die zweite Deutsche Nordpolarfahrt in den Jahren 1869 und 1870 unter Führung des Kapitän Karl Koldewey"

25. Jean PALAIRET, A map of the Icy Sea, um 1760

vom gleichen Jahr. 1908 wurde die Entdeckung der Umrisse Grönlands abgeschlossen. Auch das Habsburgische Kaiserreich zeigte erstes ernstes Interesse am polaren Raum. Seit 1869 nahmen Mitglieder der Österreichischen Geographischen Gesellschaft an bedeutenden Forschungsunternehmungen in der Arktis teil und Julius von PAYER (1841–1915) leitete zusammen mit Karl WEYPRECHT 1872–74 die österreichisch-ungarische Nordpolarexpedition.[1] Die Gebiete, die hierbei erforscht und z. T. neu entdeckt wurden, liegen nördlich und nordwestlich des europäischen Kontinents: Ostgrönland, Spitzbergen, Franz-Josephs-Land, Jan Mayen. Dabei nahm Julius von PAYER auch mehrere Karten auf, deren österreichische topographische Namensgebung heute noch Gültigkeit besitzt, z. B. Tiroler Fjord auf der Originalkarte von Ostgrönland.

Der britische Nordpolarfahrer Sir Robert John Le Mesurier Mac CLURE (1807–1873) hatte im Jahre 1851 endlich die jahrhundertelang gesuchte Nordwestpassage gefunden. Er war mit seiner Begleitung der erste, der die gesamte Nordwestliche Durchfahrt (1853) durchquert hatte. Die Bezwingung auf einem einzigen Schiff gelang jedoch erst Roald AMUNDSEN (1872–1928) mit der kleinen Motorjacht "Gjöa" in den Jahren 1903–1906 vom Atlantischen Ozean bis zur Beringstraße, zum größten Teil entlang der Festlandküste. Dabei mußte der Polarforscher dreimal im Eis überwintern. Eine weitere Gesamtdurchfahrt glückte erst wieder 1940–1942 dem 80 Tonnen großen kanadischen Polizeischoner "St. Roch" von Westen nach Osten.

1879 gelangte A.E. NORDENSKIÖLD (1832–1901) mit der "Vega" in die Beringstraße und hatte als erster die nordöstliche Durchfahrt bezwungen. Eine der wesentlichsten Motivationen für die Kartographie der Arktis hatte sich damit erfüllt. Der große Polarforscher hat der Universität von Helsinki mit 24.000 Karten und 500 Atlanten eine der größten Kartensammlungen der Welt hinterlassen. Seine Witwe erhielt aber erst den gewünschten Preis von 280.000 Finnmark, als sie den Zaren mit dem C.J. SOLINUS-Werk aus dem Jahre 1538, das die älteste Karte von Moskau enthält, bestochen hatte.

Der dänische Offizier, Georg Karl AMDRUP (1866–1947) machte sich um die Erforschung und Kartierung der Ostküste Grönlands verdient. Seine Aufnahmen begannen 1898 bei der dänischen Station Angmagssalik. Die Küstenstrecke von hier bis kurz südlich von Scoresby-Sund war bis dahin nur durch Eskimozeichnungen bekannt, die G.F. HOLM erhalten hatte. Auf verschiedenen Boots- und Schlittenfahrten füllte AMDRUP bis zum Sommer des Jahres 1900 diese Lücke durch seine Aufnahmen aus. Nach ihrem Abschluß war die Ostküste Grönlands bis zum Kap Bismarck, dem äußersten Punkt der zweiten deutschen Nordpolar-Expedition in ihren Hauptzügen erfaßt.

---

1) siehe Österreichische CREDITANSTALT (1981): Katalog. Berge, Wüsten, Eis erforscht von Österreichern. Wien 1981

Wissenschaftler wie PETERMANN, der Hydrograph und Geophysiker NEUMAYER und Carl WEYPRECHT hatten inzwischen erkannt, daß jede Polarexpedition nur Einzelergebnisse bringen kann. Sie waren zu der Überzeugung gelangt, daß eine Erforschung der in den Polargebieten herrschenden Naturbedingungen, vor allem der Gesetzmäßigkeiten der Wettererscheinungen, nur befriedigen konnte, wenn an beiden Polargebieten ständige Stationen errichtet wurden. Auf ihren Vorschlag hin wurde eine internationale Polarkommission gebildet, die 1881 die Veranstaltung eines internationalen Polarjahres für 1882-83 beschloß. Zehn Staaten, darunter Deutschland, Rußland, die USA, Großbritannien, Schweden, Norwegen und Dänemark errichteten 13 feste Nordpolarstationen. Gleichzeitig nahmen die Entdeckungsfahrten zur Vorbereitung einer exakten wissenschaftlichen Forschung ihren Fortgang. Neben den Grönland-Expeditionen stieg die Zahl der Forschungsreisen, vor allem im Bereich der nordöstlichen Durchfahrt. 1896-97 wurde Spitzbergen von CONWAY durchquert, 1898 arbeiteten ALBERT I. von Monaco und NATHORST auf dieser Inselgruppe hydrographisch und geologisch. Das Ziel der meisten Nordpolarexpeditionen war jedoch die Erreichung des Nordpols. Am bedeutsamsten wurde die Nordpolfahrt (1893-96) von F. NANSEN (1861-1930), der schließlich vergeblich versuchte, mit Schlitten zum Pol vorzudringen. Dem wissenschaftlichen Charakter der Expedition entsprach das Bemühen um genaue Kartierungen. Zur Vervollständigung der Dokumentation kamen als Ergänzung topographische Zeichnungen und Landschaftsskizzen hinzu. Die Kartenherstellung war nicht mehr Geheimsache und wurde daher mit Stolz veröffentlicht. Die privaten Kartenmacher verarbeiteten alle neuen Ergebnisse und Daten außerordentlich schnell und veröffentlichten revidierte Ausgaben. Aaron ARROWSMITHs (1750-1823) Nordpolarkarte 1818 erfuhr so bis 1875 alleine sieben Berichtigungen. In STIELERs "Hand-Atlas über Theile der Erde" erschien 1832 eine Polarkarte, die in jeder neuen Auflage dem neuesten Kenntnisstand angepaßt wurde. Mit seinem "Hand-Atlas", der 1838 in der 10. Auflage erschien, revolutionierte der studierte Jurist Adolf STIELER (1775 bis 1836) aus Gotha die gesamte Atlaskartographie. Er formulierte folgende kartographische Grundsätze: geordnete Anwendung von Projektionen und Maßstäben, handliches Format.

1856 in Cresson Springs/Pennsylvania geboren, war Robert Edwin PEARY im Jahre 1881 als Ingenieur in die Marine eingetreten und hatte zunächst an der Vermessung einer durch Nicaragua führenden Kanalroute teilgenommen. Hier muß die Wurzel seiner Begeisterung für Entdeckungsreisen gesucht werden. Schon im Juni 1886 startete PEARY seine erste Reise durch Grönland mit dem Ziel, die Insel zu durchqueren, was jedoch nicht gelang. Nach weiteren fünf Jahren begann er, Anfang der neunziger Jahre sich ganz der Polarforschung zu widmen. Auf seinen Schlittenfahrten während der arktischen Sommer entdeckte er bis dato unbekanntes Land, stellte 1900 die Inselnatur Grönlands fest, suchte unterdessen aber schon geeignete Plätze für ein etwaiges Basislager auf dem Weg zum Pol.

Als am 7. September 1909 die "New York Times" mit ihrer Schlagzeile den Erfolg von PEARYs Entdeckung des Nordpols am 6. April des gleichen Jahres bei 89°57' n. Br. meldete, rührte sich ein anderer, ein amerikanischer Arzt namens Frederic Albert COOK (1865–1940), der behauptete, schon am 21.4.1908, also ein Jahr vor PEARY, den Nordpol erreicht zu haben. Es gab jahrelang unerquickliche Auseinandersetzungen, die im allgemeinen gegen COOK und zugunsten von PEARY ausgingen, zumal ersterer später in kriminelle Affären verwickelt wurde. Ganz beigelegt ist der Prioritätenstreit COOK-PEARY freilich bis heute nicht.

Die moderne Polarforschung ist weitgehend mit der Entwicklung der Luftfahrt verbunden. Sie erst hat es ermöglicht, die Weiten der Kältegebiete der Erde flächenmäßig zu erkunden. Sie war es auch, die schließlich entscheidende Voraussetzungen für zahlreiche Driftfahrten auf dem Eise der zentralen Arktis geschaffen hat, denen wir dort die tiefsten Einblicke verdanken.

XXXIII. Schlußwort

Wenn auch im Quellenverzeichnis die wichtigsten Veröffentlichungen aufgeführt werden, nur mit deren Hilfe diese Kartographie-Geschichte so umfassend abgehandelt werden konnte, so verdienen einige Wissenschaftler unsere besondere Aufmerksamkeit. Ohne die Forschertätigkeit eines Joseph FISCHER (1858–1944), Thorvaldur THORODDSEN (1855–1921) und Halldór HERMANNSSON (1878 bis 1958) wäre die Geschichte der Kartographie Islands und Grönlands in dieser Form nicht zu schreiben gewesen. Manches Volk würde sich glücklich schätzen über ein so umfangreiches Werk zu verfügen, das die Kartographie seines Landes beschreibt und illustriert, wie es der langjährige isländische Bibliothekar Haraldur SIGURDSSON (geb. 1908) mit seinem zweibändigen Werk Kortasaga Islands für Island geschaffen hat. Viele Informationen und Anregungen verdankt der Autor diesem großen isländischen Kartenexperten und seinen Werken, auch wenn dieses nicht immer besonders vermerkt wird.

In Deutschland hat es bis heute keinen qualifizierteren Fachmann für historische isländische Kartographie gegeben als den Kölner Universitätsbibliothekar Heinrich ERKES (1864–1932), der selbst der Universitäts- und Stadtbibliothek Köln 5159 Bände seiner Islandica Literatur vermachte. Er war Mitbegründer der "Vereinigung der Islandfreunde" in Jena, der wir zahlreiche Veröffentlichungen von ERKES verdanken. Die Tradition der genannten Vereinigung wird heute von der "Gesellschaft der Freunde Islands" in Hamburg weitergeführt, deren vierteljährlich erscheinenden "Island Berichte" der Autor manche Anregungen zu diesem Buch verdankt.

Zum besseren Verständnis der Kartographie-Geschichte Islands im besonderen und Grönlands sowie des Nördlichen Eismeeres im allgemeinen haben auch Kartenausstellungen im letzten Jahrzehnt beigetragen.

Sie wurden durchgeführt in der Gallerie Finnforum in Helsinki (1977), im Gutenberg-Museum in Mainz (1979), im Altonaer Museum in Hamburg (1980), in der Creditanstalt in Wien (1981), im National Museum in Reykjavik (1983), im Prunksaal der Österreichischen Nationalbibliothek in Wien (1984)[1] und im National Maritime Museum in Greenwich (1985). Für die Ausstellung in Helsinki, Mainz, Hamburg und Wien wurden Kataloge herausgegeben, von denen in Reykjavik und Greenwich erschienen ausführliche Kommentare in Islands auflagenstärksten Tageszeitung "Morgunbladid" (22.11.1983 und 28.7.1985).

Der Autor würde sich freuen, wenn mit diesem Buch das Interesse für die Geschichte der Kartographie weiterhin geweckt würde und wertvolle Kartensammlungen auch in der Zukunft der Öffentlichkeit zugänglich gemacht würden.

---

[1] siehe DREYER-EIMBCKE (1984e): Island und das nördliche Eismeer. Bericht von der großen österreichischen Ausstellung. In: Island-Berichte, 25 Jg., Nr. 3, 1984, S. 111–114

Anmerkungen zu den Abbildungen

Abb. 1 (nach Seite 5): Die Eskimos schnitzten Holzkarten aus Treibholz. Diese Reliefkarte zeigt das Gebiet um das Kap Dan an der Ostküste von Angmagssalik Fjord. Die hölzernen Intervalle zwischen den Inseln dienen nur dem Zwecke, das Auseinanderfallen zu vermeiden. Dieses einzigartige Muster der "Eskimo-Kartographie" wurde von G.F. HOLM nach Dänemark gebracht, von ihm 1888 beschrieben und in Kopenhagen veröffentlicht. Es befindet sich mit drei anderen Holzkarten im Nationalmuseum in Kopenhagen.
Siehe auch Seite 5.

Abb. 2 (nach Seite 5): Der Name "Island" begegnet uns zuerst auf der anonymen "Anglo-Saxon-Karte" aus dem 10. Jahrhundert auf der langgestreckten Insel am linken Bildrand. Sie gehört zu der Cottonian-Sammlung Tiberius B.V. in der British Library in London.
Siehe auch Seite 9.

Abb. 3 (nach Seite 30): Von Claudius CLAVUS selbst ist kein Original mehr erhalten. In der Stadtbibliothek von Nancy befindet sich eine Kopie seiner Nordlandkarte (1424—27) auf der erstmals der Name Grönland verzeichnet ist.
Siehe auch Seite 30.

Abb. 4 (nach Seite 50): Diese Polarkarte erschien 1569 zuerst in Form einer Nebenkarte auf Gerard MERCATORs Weltkarte und später in seinem Atlas von 1595 als selbständige Arktiskarte.
Siehe auch Seite 37—38.

Abb. 5 (nach Seite 50): BORDONE veröffentlichte 1528 sein Inselbuch "Isolario", das auf der ersten Seite die erste gedruckte Spezialkarte von Island zeigt.
Siehe auch Seite 49—50.

Abb. 6 (nach Seite 50): Aus "Atlas Novus", Band 1, München 1703, Hauptwerk mit mehr als 180 Kupferstichtafeln des in Dillingen an der Ordensschule lehrenden Jesuiten Heinrich SCHERER. Die in einer der BONNschen Projektion ähnlichen Abbildungsweise gestaltete Karte der Polarländer entspricht etwa der Karte von JANSSON und der von Moses PITT. Die ausgedehnten bildlichen Darstellungen von Jagdszenen und vom "Lappen Marckt" verleihen dem Blatt seine besondere Attraktivität. Unten rechts in der Fläche Deutschlands ist eine figurenreiche Szene dargestellt, in der sich jedoch keine Lappen, sondern Pelzträger befinden, die bei Händlern Felle gegen allerlei Gerät und Eingeborenen Tauschplunder einwechseln. Der Händler vorn hat seine Wunderkiste

aufgetan. Oben links in der Fläche des nordwestlichen Alaska eine Eisbärenjagd. Das Meer beleben segelnde Schiffe, ein jagendes Kajak, blasende Wale, ein Sägefisch sowie eine Waljagd. Frisland taucht nur unter historischem Aspekt auf als "Veterum Frislandia".
Siehe auch Seite 41.

Abb. 7 (nach Seite 50): Jacob ZIEGLER veröffentlichte 1532 in seinem Buch "Über das Heilige Land" auch eine Abhandlung über Skandinavien, Island und dem Nordatlantik mit einer entsprechenden Karte des Nordens. Hier ist zum ersten Mal der Vulkan Hekla verzeichnet.
Siehe auch Seite 14, 50–53, 136.

Abb. 8 (nach Seite 62): Mit der "Carta marina", die aus insgesamt 9 Blättern besteht, schuf Olaus MAGNUS 1539 die erste großmaßstäbliche Karte der nordischen Länder. Der Karteninhalt beeinflußte die Kartographie Nordeuropas fast 50 Jahre lang. Mit dem Wort "Jökel" an der Westspitze der Halbinsel Snaefellsnes erscheint erstmalig der Hinweis auf einen Gletscher. Gemeint ist hier der Snaefellsjökull.
Siehe auch Seite 55–60, 136.

Abb. 9 (nach Seite 62): Mit der ZENO-Karte (1558) haben wir ein klassisches Beispiel für einen skrupellosen Fälschungsversuch, der bis ins 18. Jahrhundert hinein nachgewirkt hat. Die imaginären Inseln, wie "Frisland" wurden selbst von MERCATOR und ORTELIUS übernommen und erschienen somit glaubwürdig.
Siehe auch Seite 66–70.

Abb. 10 (nach Seite 68): Das südliche Grönland und die imaginäre Insel Frisland der ZENO-Karte sowie die Nebeninseln wurden von CORONELLI übernommen, wenn auch deren Gestalt verschmälert wurde. Grönland ist mit den beiden nicht existenten Südinseln und hypothetischen Durchfahrten zu sehen.
Siehe auch Seite 68, 99–100.

Abb. 11 (nach Seite 68): Für diese Karte schöpfte Gerard MERCATOR aus den gleichen Quellen wie ORTELIUS (vgl. Karte 12), nämlich Bischof Gudbrandur. Beide Karten stimmen daher insgesamt und im Detail weitgehend überein. Die MERCATOR-Karte wurde 1595, also 5 Jahre später veröffentlicht.
Siehe auch Seite 87–88.

Abb. 12 (nach Seite 82): ORTELIUS veröffentlichte diese Karte 1590 in "Theatrum orbis terrarum". Es ist die erste Darstellung Islands, die von einem Isländer gezeichnet worden ist. Die phantastischen Meerwunder lassen sich teilweise auf die "Carta marina" zurückführen.
Siehe auch Seite 82–85.

Abb. 13 (nach Seite 104): Es ist die bedeutendste Islandkarte des 17. Jahrhunderts. Trotz Benutzung der Konturen der Karte von ORTELIUS und der Namen aus der MERCATOR-Karte beruht sie auf tatsächlicher Information vor Ort, denn ihr Zeichner Joris CAROLUS hielt sich 1625 auf Island auf.
Siehe auch Seite 98–99.

Abb. 14 (nach Seite 104): Auf dieser Islandkarte von MALLET (1683) aus "Description del'Universe" blicken wir auf eine Seeschlacht im Vordergrund vor der Insel Island. Schiffe und Boote bei der Waljagd vor der Küstensilhouette Grönlands erscheinen perspektivisch verkleinert.
Siehe auch Seite 108.

Abb. 15 (nach Seite 104): Es ist die erste Manuskriptkarte von Thordur THORLAKSSON, dem Urenkel des Bischofs Gudbrandur (vgl. Karte 11 und 12), die sich in Kopenhagen befindet. Der offensichtlich größte Fehler der Karte ist die winkelförmige Gestalt der isländischen Südostküste.
Siehe auch Seite 104.

Abb. 16 (nach Seite 104): Diese Karte von HOMANNs Erben, veröffentlicht im Jahre 1761, basiert auf der Karte des Thomas Hans Henry KNOFF "Sio og Land" aus dem Jahre 1743, die damit zuerst an die Öffentlichkeit gelangte. Der Text wurde in Latein und Deutsch gedruckt.
Siehe auch Seite 113–114.

Abb. 17 (nach Seite 120): Drei hypothetische Durchfahrten, zwei südliche und eine nördliche quer durch Grönland sind auf dieser Karte gut zu erkennen. Die Darstellung ergibt sich aus den auf den Seiten 99–100 beschriebenen Karten von Joris CAROLUS aus den Jahren 1626 und 1634 sowie aus einer Karte von Hans EGEDE, die 1741 erschien und auf Seite 118 erläutert wird.
Siehe auch Seite 119.

Abb. 18 (nach Seite 120): Grönland wird von zwei hypothetischen Seestraßen durchquert (vgl. Karte Nr. 17).
Siehe auch Seite 119 und 121.

Abb. 19 u. 20 (nach Seite 120): Die Karten von Island und Färöer wurden von G.H. SWANSTON gestochen, die erstere von "Luland" beruht auf Vorlage von Björn GUNNLAUGSSON und ist wohl bald nach dem Original entstanden. Vorgestellt wurden die physischen Verhältnisse unter Weglassung der Verwaltungsgrenzen. Die Bergformen sind modern gestaltet, die Höhen der wichtigsten Gipfel sind in einer Liste angeführt.
Siehe auch Seite 123.

Abb. 21 u. 22 (nach Seite 134): Aus "ZEE-Atlas", Amsterdam 1694 (Ausschnitt). Um 1600, zwei Jahre nach der (Wieder-)Entdeckung Spitzbergens durch die Holländer erschien bereits der erste Name für diesen Archipel auf einer Karte. Die Insel Jan Mayen wird in ihrer ganzen Ausdehnung mit den Buchten und vorgelagerten Klippen gezeigt. Besonders betont wird der mächtige Bärenberg (auch Beerenberg). Die Insel war Stützpunkt der Walfänger.
Siehe auch Seite 106 und 134.

Abb. 23 u. 24 (nach Seite 136): Aus "A complete System of Geography", London 1744–47. Über den Malstrom (Whirlpool) südlich von Suderö wird auf Seite 137 berichtet.

Abb. 25 (nach Seite 140): Diese ungewöhnliche Karte wurde von Jean PALAIRET in "Bowles Universal Atlas", 1775–80 veröffentlicht und von John GIBSON gestochen.
Siehe auch Seite 140.

QUELLEN- UND LITERATURVERZEICHNIS

ANDERSON, J. (1746): Nachrichten von Island, Grönland und der Straße Davis, zum wahren Nutzen der Wissenschaften und der Handlung. Hamburg 1746

BAASCH, E. (1889): Forschungen zur hamburgischen Handelsgeschichte I. Die Islandfahrt der Deutschen. Hamburg 1889

BARDARSON, I. (1930): Iver Beres Grønlands Beskrivelse. Det gamle Grønlands Beskrivelse. Kopenhagen 1930

BARTHELMESS, K. (1982): Das Bild des Wals. Köln 1982

BARÜSKE, H. (1981): Die Wikinger und ihre Erben. Frankfurt – Berlin 1981

BAUMGARTNER, A. (1889): Island und die Färöer. Freiburg 1889

BERLITZ, C. (1984): Der 8. Kontinent. Wien – Hamburg 1984

BJØRNBO, A.A. (1912): Cartographica Groenlandica. Kopenhagen 1912

BJØRNBO, A.A. u. C.S. PETERSEN (1908): Anecdota cartographica septentrionalia. Hauniae (Kopenhagen) 1908

BJØRNBO, A.A. u. C.S. PETERSEN (1909): Der Däne Claudius Claussen Swart. Innsbruck 1909

BLEFKEN, D. (1607): Islandia, sive populorum & mirabilium quae in ea Insula reperiuntur accuratior descriptio: Cui de Gronlandia sub finem quaedam adjecta. Lugduni Batavorum, ex typograpeio Henrici ab Haestens

BOBE, L. (1915): Louren Feykes Haans Kursforskrifter for Beseylingen af Grønland, saerling Disco bugten (1719). In: Det Grønlandske Aarskrift

BOBE, L. (1928): Early Exploration of Greenland. In: Greenland I. Kopenhagen 1928

BONDE, H. (1930): Arngrimor Jónsson und Hamburg. In: Festschrift: Hamburg und Island. Hamburg 1930

BONDE, H. (o. J.): Die Berichte der isländischen Quellen über Didrik Pining. In: Mitteilungen der Islandfreunde XXI, H. 2/3. Jena o. J.

BOORDE, A. (1547): The fyrst boke of the introduction to knowledge. London 1547

BURG, F. (1928): Qualiscumque Descriptio Islandiae. Hamburg 1928

BURTON, R.F. (1875): Ultima Thule or a Summer in Iceland. London – Edinburgh 1875

BÜSCHING, A.G. (1754): Neue Erdbeschreibung. Hamburg 1754

CATALOGUE (1913) of the Icelandic Collection. Ithaca, N. Y. 1913

CHOIECKI, C.E. (1857): Voyage dans les mers du nord à bord de la corvette de la Reine Hortense par Charles Edmond Choiecki. Paris 1857

CHYTHRAEUS, N. (1594): Variorum in Europa itinerum deliciae seu inscriptionum monumenta. Herborn 1594

COLES, J. (1882): Summer Travelling in Iceland. London 1882

COLOMBO, F. (1571): Histoire del S.D. Fernando Colombo. Nelle quali s'ha particolare: Vera relatione della vita e de fatti dell' Ammiraglio D. Christoforo Colombo, suo padre . . . Venedig 1571

CORTESAO, A. (1969): History of Portugese Cartography. Vol. I. Lissabon 1969

CRANTZ, D. (1767): The history of Greenland . . . London 1767

Österreichische CREDITANSTALT (1981): Katalog: Berge, Wüsten, Eis, erforscht von Österreichern. Wien 1981

CUNNING, W.P., R.A. SKELTON u. D.B. QUINN (1971): The discovery of North America. London 1971

DADASON, J. (1660): Hexensabbat, Donnerschläge, Donnerhall und Wiederhall der himmlischen weißen Kunst von erstaunlichen Wundern und Kräften in der Übergewichtsfülle der Kraft der Natur, so Erfahrung und Kunst zu untersuchen lehret, enthaltend die elementare Waberlohe, Wind, Meer und Sand. Novum meteoron candidae magiae. o. O. 1660

DREIJER, M. (o. J.): Finnlands älteste Geschichte im neuen Licht. Ausblick. 34, H. 3/4, Lübeck o. J., S. 1–5

DREYER-EIMBCKE, O. (1975): 500 Jahre Schiffahrt zwischen Hamburg und Island. In: Hamburger Hafen-Nachrichten. 28. Jg., Nr. 18, 1975, S. 33

DREYER-EIMBCKE, O. (1979): Hamburg und Island – eine halbtausendjährige Tradition. In: Island-Berichte 20. Jg., Nr. 2, Hamburg 1979, S. 68–76

DREYER-EIMBCKE, O. (1981 a): Island und die Kartographie. In: Europäische Hefte, Nr. 3/81, 1981, S. 54—71

DREYER-EIMBCKE, O. (1981 b): Über "verrückte" Karten von Island und dem nördlichen Eismeer. In: Deutsch-Isländisches Jahrbuch Nr. 8, 1981, S. 15—25

DREYER-EIMBCKE, O. (1983): Island og korta gerd á nordurslödum in Morgunbladid, Reykjavik, 22.11.1983, S. 64—65

DREYER-EIMBCKE, O. (1984a): Deutschlands Beiträge zum Kartenbild Islands und Grönlands. In: Kartographisches Colloquium. Lüneburg 1984, S. 87—96

DREYER-EIMBCKE, O. (1984b): Von der Geschichte der Kartographie Islands und des nördlichen Eismeeres. In: Katalog der Österreichischen Nationalbibliothek, Wien 1984, S. 13—24

DREYER-EIMBCKE, O. (1984c): Island und das nördliche Eismeer, Bericht von der großen österreichischen Ausstellung. In: Island-Berichte 25. Jg., Nr. 3, 1984, S. 111—114

DREYER-EIMBCKE, O. (1984d): The Mythical Island of Frisland. In: "The Map Collector" Nr. 26, Tring, Hertfordshire 1984, S. 48—49

DUFFERIN, Lord (1857): Briefe aus hohen Breitengraden. Bericht über eine Reise des Yacht-Schoners "Foam" nach Island, Jan Mayen und Spitzbergen im Jahre 1856. London 1857

EGGERS, C.U.D., von (1786): Physikalische und statistische Beschreibung von Island. Kopenhagen 1786

ERKES, H. (1915): Die Kolbeninsel. In: Mitteilungen der Islandfreunde, III, 4, 1915, S. 65—70

ERKES, H. (1925): Th. Thoroddsens hinterlassene Schriften. In: Mitteilungen der Islandfreunde, XI, 1—2, 1925, S. 21—22

ERKES, H. (1926a): Reise- und Landesbeschreibungen Islands. In: Mitteilungen der Islandfreunde, XIII, 1—2, 1926, S. 15—28

ERKES, H. (1926b): Aus Thoroddsens Nachlaß. In: Mitteilungen der Islandfreunde, XIV, 1926, S. 10

ERKES, H. (1927): Eine Ruinenstadt in Nord-Island. In: Mitteilungen der Islandfreunde, XVI, 4, 1927, S. 46—54

ERKES, H. (1928a): Island des David Chytraeus. In: Mitteilungen der Islandfreunde, XVI, 1, 1928, S. 8–9

ERKES, H. (1928b): Eine wertvolle Entdeckung. In: Mitteilungen der Islandfreunde, XVI, 3, 1928, S. 41–43

ERKES, H. (1928c): Ein Deutscher als Gouverneur auf Island. In: Mitteilungen der Islandfreunde, XVI, 4, 1928, S. 83–86

ERKES, H. (1929): "Island im Lebenswerke des Olaus Magnus". In: Mitteilungen der Islandfreunde, XVII, 1929, S. 74–84

ERKES, H. (1985): Die Kolbeninsel. In: Island-Berichte, 26. Jg., Nr. 3–4, 1985, S. 195–198

EWE, H. (1978): "Schöne Schiffe auf alten Karten". Bielefeld 1978

FABRICIUS, D. (1890): Van Islant unde Grönlandt eine Karte beschryvinge uth warhafften Scribenten mit vlyte colligeret unde in eine richtige Ordnung vorfahret dorch Davidem Fabricium, Predigern in Ostfresslandt. Bremen 1890

FISCHER, J. (1902): Die Entdeckungen der Normannen in Amerika. Freiburg 1902

FERDABOK, S.P. (1794): Jöklaritid, Versuch einer geographischen, historischen und physikalischen Beschreibung der Gletscher Islands o.O. 1794

GAD, F. (1970): The History of Greenland. London 1970

GARLIEB, P.J.G. (1819): Island rücksichtlich seiner Vulkane, heißen Quellen. Freyberg 1819

GEBAUER, J.H. (1933): Der Hildesheimer Dietrich Pining als nordischer Seeheld und Entdecker. In: "Alt Hildesheim", H. 12. Hildesheim 1933

GENERALSTABENS Litografiska ANSTALT, Kartförlaget: Olaus Magnus Gothur: Beskrivning till Carta Marina. Stockholm 1960

GERMANISCHES NATIONAL-MUSEUM: Martin Behaim und die Nürnberger Kosmographen. Nürnberg 1957

GERRITSZ, H. (1924): Beschryvinghe vander Samoyeden Landt en Histoire du pays nommé Spitzberghe. Werken mitgegeven door de Linschoten Vereeniging XXIII. Den Haag 1924

GISLASON, G. u. G. MAURER (1986): Menschen und Landschaft. Hannover 1986

GLIEMANN, T. (1824): Geographische Beschreibung von Island. Altona 1824

GRANLUND, J. (1951): The Carta marina of Olaus Magnus. In: Imago Mundi, VIII, Stockholm 1951, S. 35—43

GROENKE, U. (1979): Fouqué und die isländische Literaturgesellschaft. In: Island-Berichte, 20. Jg., 2, 1979, S. 94—101

GROSSMANN, K. (1894): Across Iceland. London 1894

HANSEN, W. (1985): Asgard. Bergisch Gladbach 1985

HENDERSON, E. (1819): Iceland or the Journal of a Residence during the years 1814—1815. Edinburgh 1819

HENNIG, R. (1940): Columbus und seine Tat. In: Schriften der Bremer Wissenschaftlichen Gesellschaft, Bd. 13, H. 4. Bremen 1940

HENNIG, R. (1953): Die Fabel von der Frislandfahrt der Brüder Zeno. In: Terrae incognitae, Bd. 3, 2. Aufl., 1953, S. 393—903

HENZE, D. (1975): Enzyklopädie der Entdecker und Erforscher der Erde. Wien 1975

HERRMANN, P. (1952): 7 vorbei und 6 verweht. Hamburg 1952

HERMANNSSON, H. (1925): Eggert Ölafsson. A Biographical Sketch, Islandisca XVI. Ithaca, N. Y. 1925

HERMANNSSON, H. (1926): Two Cartographers. Ithaca, N. Y. 1926

HERMANNSSON, H. (1931): The Cartography of Iceland. Ithaca, N. Y. 1931

HINRICHSEN, T. (1980): Island und das nördliche Eismeer. Land- und Seekarten seit 1493. Katalog Altonaer Museum. Hamburg 1980

HOLM, G.F. (1888): Ostgronlandske Expedition. Kopenhagen 1888

HOOKER, W.J. (1811): Journal of a tour in Iceland in the summer of 1809. Yarmouth 1811

HOOBS, W.H. (1949): Zeno and the cartography of Greenland. In: Imago Mundi VI. Stockholm 1949

HORN, G. (1652): De Originibus Americanis. Den Haag 1652

HORREBOW, N. (1752): Tilforladelige Efterretninger om Island met et nyt Landkort og 2 Aars meteoroglogiske Observationer. Kopenhagen 1752

HUMBOLDT, A. v. (1836): Examen critique. Paris 1836

ICELAND 1874 – 1974, Handbook. Reykjavik

ISRAEL, N. (1980): Catlaogue 22, Interesting Books and Manuscripts on various subjects. Amsterdam 1980

JACOB, G. (1927): Arabische Berichte von Gesandten an germanische Fürstenhöfe aus dem 9. und 10. Jahrhundert. Berlin 1927

Deutsch-Isländisches JAHRBUCH, 1960/61. Köln, Hamburg und Reykjavik 1961

JAKSCH, K. (1984): Die zweite expeditionsmäßige Querung des Vatnajökull. In: Island-Berichte, 25. Jg., H. 4, 1984, S. 156–159

JONSSON, A. (1593): Brevis commentarius de Islandia; quo scriptorum de hac isula errores deteguntur, et extraneorum quorundam conviciis, ac calumniis, quibus Islandis Piberius insultare solent, occuritur. Hafniae 1593

JONSSON, A. (1610): Crymogaca sive rerum Islandicarum Libri III. Hamburg 1610

JONSSON, A. (1613): Anatome Blefkeniana, qua Ditmari Blefkenii viscera magis praecipua in libello de Islandia, edito, convulsa per manifestam excenterationem retexuntur. Hamburg 1613

JURK, W. u. O. ELLMERS (1977): Kurs Spitzebergen. Münster 1977

KAHLE, B. (1900): Ein Sommer auf Island. Berlin 1900

KEJLBØ, I. (1971): Hans Egede and the Frobisher Strait. In: Geografisk Tidsskrift 70, Kopenhagen 1971. S. 59–139

KEJLBØ, I. (1974): Nova Delineatio Grønlandiae Antiquae. In: Fund og Forskning 21, Kopenhagen 1974, S. 47–70

KEJLBØ, I. (1980): Map Material from King Christian. The Fourth Expedition to Greenland. In: Wolfenbütteler Forschungen, Bd. 7, 1980, S. 193–212

KEJLBØ, I. (1981): Den Kartografiske opfattelne of Faeroerne fra 1200 – Tallet til Vore Dage. In: Landinspektoren, 90. Jg., 30 binds, 10 haefte. Kopenhagen 1981

KLOSE, O. (1931): Island Katalog. Kiel 1931

KÖHNE, K. (1869): Die erste deutsche Nordpolarexpedition im Jahre 1868. In: A. Petermann, Ergänzungsband 6, Nr. 28. Gotha 1869

KÖHNE, R. (1971): Bischof Isleifs-Gizurarson, ein berühmter Schüler des Stifts Herford. In: Sonderband aus dem 67. Jahresbericht des Historischen Vereins der Grafschaft Ravensburg, 1971

LANDNAMABOK (1774): Islands Landnámabók. Hafniae 1774

LARSEN, S. (1925): The discovery of North America twenty years before Columbus. Kopenhagen, London 1925

LEXIKON (1986) zur Geschichte der Kartographie. Von den Anfängen bis zum Ersten Weltkrieg. Bearb.: I. Kretschmer, J. Dörflinger, F. Wawrik. 2 Bde. Wien 1986

LONGENBAUGH, D. (1984): From Anian to Alaska. The Mapping of Alaska to 1778. In: The Map Collector 29. Tring, Hertfordshire 1984

LUCAS, F.W. (1898): The Annals of the voyages of the brothers Nicolo and Antonio Zeno in the North Atlantic Ocean. London 1898

MACKENZIE, G.S. (1811): Travels in the Island of Iceland during the summer in the year MDCCCX. Edinburgh 1811

MAHIEU, J. de (1977): Wer entdeckte Amerika. Tübingen 1977

MARTENS, F. (1675): Friedrich Martens von Hamburg Spitzbergische oder Groenlandische Reise Beschreibung. Hamburg 1675

MARTIN, G.P.R. (1978): Thorvaldur Thoroddsen 1855–1921. In: Island-Berichte, 19. Jg., H. 2, 1978, S. 52–53

MAURER, K. (1898): Die Hölle auf Island. In: Leseschrift des Vereins für Völkerkunde, VIII. Jg., 1898, S. 452–454

MEGISER, H. (1613): Septentio Novantiquus oder die newe Nort-Welt. Leipzig 1613

MØLLER, K. (1981): Isaac de la Peyrère "Relation du Groenland". In: Tidsskriftet Grønland, 29. Jg., Charlottenlund 1981

MUCK, O.H. (1978): Alles über Atlantis. o. O. 1978

NANSEN, F. (1911): In Northern Mists. Arctic exploration in early times, New York 1911

Österreichische NATIONALBIBLIOTHEK (1984): Katalog: Island und das nördliche Eismeer. Wien 1984

NORDENSKIÖLD, A.E. (1884): Über die Reise der Gebrüder Zeno und die ältesten Karten über den Norden. Stockholm 1884

NORDENSKIÖLD, A.E. (Hrsg.) (1885): Studien und Forschungen veranlaßt durch meine Reise im hohen Norden. Leipzig 1885

NORDENSKIÖLD, A.E. (1889): Facsimile-Atlas to the Early History of Cartography. Stockholm 1889

NORDENSKIÖLD, A.E. (1892): Bidrag till Nordens äldsta kartografi. Stockholm 1892

NORDENSKIÖLD, A.E. (1897): Periplus: An Essay on the Early History of Charts and Sailing Directions. Stockholm 1897

NORLUND, N.E. (1944a): Islands Kortloegning. Kopenhagen 1944

NORLUND, N.E. (1944b): Faeroernes Kortloegning. Kopenhagen 1944

OESAU, W. (1955): Hamburgs Grönlandfahrt auf Walfischfang und Robbenschlag vom 17. – 19. Jahrhundert. Hamburg 1955

PAULY, F. (1829): Topographie von Dänemark einschließlich Islands und der Färöer. Schleswig 1829

PETERMANN, A. (o. J.): Spitzbergen und die arktische Region. Ergänzungsband 4, Nr. 10. Gotha o. J.

PETTERSON, O. (1914): Annalen der Hydrographie. o.O. 1914

PEYRERE, I. de la (1647): Relation du Groenland. Paris 1647

PEYRERE, I. de la (1663): Relation de l'Islande. Paris 1663

PEYRERE, I. de la (1674): Bericht über Grönland gezogen aus zwo Chroniken. Hamburg 1674

PFEIFFER, I. (1846): Reise nach dem skandinavischen Norden und die Insel Island im Jahre 1845. Perth 1846

PINI, P. (1971): Der Hildesheimer Didrik Pining als Entdecker Amerikas, als Admiral und als Gouverneur von Island im Dienste der Könige von Dänemark, Norwegen und Schweden. In: Schriftenreihe des Stadtarchivs und der Stadtbibliothek Hildesheim, Nr. 5. Hildesheim 1971

PREYER, W. u. F. ZIRKEL (1862): Reise nach Island im Sommer 1860. Leipzig 1862

RAFN, C.C. (1837): Antiquitates Americanae sive scriptores septentrionales rerum Ante-Columbianarum in America. Hafniae 1837

RECK, H. (1926): Island und die Färöer. In: Enzyklopädie der Erdkunde 28. Leipzig und Wien 1926

RUDOLPHI, H. (1917): Die vom dänischen Generalstab und vom Kgl. Seekarten-Archiv herausgegebenen Karten Islands und der Färöer. In: Mitteilungen der Islandfreunde V, 3–4, 1917, S. 46–49

RUDOLPHI, H. (1917, 1920a, 1921a, 1921b): Die Karten der Färöer. In: Mitteilungen der Islandfreunde V, 3–4, 1917; VII, 1–2, 1920; VIII, 2–3, 1921; IX, 1–2, 1921

RUDOLPHI, H. (1920b): Der Name Färöer. In: Mitteilungen der Islandfreunde VII, 3–4, 1920, S. 60–67

RUGE, S. (1886): Soria dell' Epoca delle scoperte del dott. Sophus Ruge. Mailand 1886

SAXO GRAMMATICUS (1513): Danorum Regum heroumque. Historie stilo elegantia Saxone Grammatico . . . MDXIII

SCHEDEL, H. (1493): Liber cronicarum. Nürnberg 1493

SCHILDER, G. (1984): Development and Achievements of Dutch Northern and Arctic Cartography in the Sixteenth and Seventeenth Century. In: Arctic. Vol. 37, 4, 1984

SCHNALL, U. (1975): Navigation der Wikinger. In: Schriften des Deutschen Schiffahrtsmuseums. Oldenburg und Hamburg 1975

SCHOCK, A. (1982): Die Kompaß-Sage in Europa, die ersten Erwähnungen derselben dortselbst und nationale Ansprüche an seine Erfindung. In: Das rechte Fundament der Seefahrt. Hamburg 1982

SCHUTZBACH, W. (1985): Island, Feuerinsel am Polarkreis. Bonn 1985

SCHWARZBACH, M. (1971): Geologenfahrt in Island. Ludwigsburg 1971

SCHWARZBACH, M. (1979): Geologische Übersichtskarten von Island. In: Island-Berichte, 20. Jg., H. 2, 1979, S. 113

SEELMANN, W. (1883): Gories Peerse's Gedicht von Island. In: Jahrbuch des Vereins für niederdeutsche Sprachforschung, 9. Jg. Norden 1883

SIGURDSSON, H. (1967): Joris Carolus og Islandskort hans. In: Landsbókasafn Islands. Arbók. Reykjavik 1967

SIGURDSSON, H. (1971): Kortasaga Vol I. Reykjavik 1971

SIGURDSSON, H. (1978): Kortasaga Vol. II. Reykjavik 1978

SIGURDSSON, H. (1982): Kortasafn Haskola Islands. Reykjavik 1982

SIGURDSSON, H. (1984): Some Landmarks in the Icelandic Cartography down to the End of the sixteenth Century. In: Arctic 37, 4, 1984, S. 389–401

STAATS- und UNIVERSITÄTS-BIBLIOTHEK HAMBURG (1930): Hamburg und Island. Festschrift. Hamburg 1930

STEENSBY, P. (1888): The norsemen's Route from Greenland to Wineland. Kopenhagen 1888

STEENSTRUP, K.J.V. (1887): Bemoerkninger til et gammelt Manuskriftkort over Gronland in Ymir 6. Stockholm 1887

STEENSTRUP, K.J.V. (1889): On Østerbygden: Meddelelser om Grønland Bd. IX, 1889

STEVENS, G. (1880): Ptolemy's Geography. London 1880

STORM, G. (1880): Monumenta historica Norvegiae. Kristiana 1880

TAVINANI, P.E. (1985): Christopher Columbus. London 1985

THIENEMANN, F.A.L. (1824): Reise im Norden Europas, vorzüglich in Island in den Jahren 1820 bis 1821, angestellt von F.A.L. Thienemann und G.B. Günther. Leipzig 1824

THORLAKSSON, T. (1666): Dissertatio chorographico historica de Islandia. Wittenberg 1666

THORODDSEN, T. (1897): Geschichte der isländischen Geographie. Leipzig 1897

THORODDSEN, T. (1908): Zur isländischen Geographie und Geologie. Landshut 1908

THORODDSEN, T. (1925): Die Geschichte der isländischen Vulkane. Kopenhagen 1925

TOMASSON, R.F. (1980): Iceland, the first New Society. Minnesota 1980

TRAP, F.H. (1928): The Cartography of Greenland. In: Comm. Dir. Geol. Geograph Inv. Greenland (Ed.) Greenland. Vol. I, S. 37–179. Kopenhagen und London 1928

TROIL, U. v. (1777): Bref rorande en resa til Island MDCCLXXV. Uppsala 1777

VENZKE, J.F. (1985a): Überblick über die Gletscher Islands und deren Erforschungen. In: Deutsch-Isländisches Jahrbuch 9, 1985, S. 83–93

VENZKE, J.F. (1985b): Bibliographie zur Physischen Geographie Islands. In: Heft 2 der Schriften des Arbeitskreises Norden. Bochum 1985

VENZKE, J.F. (1987): Geographische Anmerkung zur Island-Darstellung in der Carta Marina des Olaus Magnus von 1539. In: Island-Berichte 28. Jg., 2. Hamburg 1987

VOGT, C. (1863): Nordfahrt entlang der Norwegischen Küste nach dem Nordkap, den Inseln Jan Mayen und Island auf dem Schooner "Joachem Hinrich", unternommen während der Monate Mai bis Oktober 1861 von Dr. Georg Berns. Frankfurt 1863

WALLIS, H. (1980): Some new light on early maps of North America. 1490–1560. In: Wolfenbütteler Forschungen, Bd. 7, 1980, S. 91–121

WIEDER, F.C.: (1919): The Dutch Discovery and Mapping of Spitzbergen (1596–1829). Amsterdam 1919

WILLERS, J. (1980): Der Erdglobus des Martin Behaim im Germanischen Museum. In: Beiträge zur Humanismusforschung Bd. VI. Boppard 1980

WOLF, A. u. H.-H. (1983): Die wirkliche Reise des Odysseus. München u. Wien 1983

WOLFF, J.L. (1651): Norrigia illustrata, eller Norriges med sine underliggende Lande oc Øer, kort oc sandfaerdige Beskriffvelse. Kopenhagen 1651

WROTH, L. (1944): The Paper of the Bibliographical Society of America, Vol. 38, 2. New York 1944

ZABARELLO, G. (1646): Origine della famiglia Zeno di Venetia. Padua 1646

ZENO, N. (1558): Dei commentarii del Viaggio in Persia di M. Caterino Zeno ... et dello scropimento dell' Isole Fislanda, Estlanda, Engronelanda, Estotilanda e Icaria, fatto sotto il Polo Arctico da due fratelli Zeni, M. Nicolo e M. Antoni Venedig. Übersetzt ins Deutsche von Rudolf Cronau: Amerika, Leipzig 1892

ZODRAGER, C.G. (1720): Bloeyende Opkomst der gloude en hedendaagsche Groenlandsche Visschery. Amsterdam 1720

ZÖGNER, L. (1978): Die kartographische Darstellung der Polargebiete bis in das 19. Jahrhundert. In: Die Erde 109, 1978, S. 136–152

ZURDA, P. (1808): Dissertazione intorno di viaggi e scoperte settentrionali di Nicolo e Antonio Fratelli Zeni. Venedig 1808

PERSONENREGISTER

AANUM, O.M.: 126
ADAM von BREMEN: 8, 13, 15, 16, 138, 140
AGATHODAIMON: 28
AGRICOLA, G.: 53
AILLY, P. d': 35, 46
ALBERT, I.: 142
ALLARD, C.: 77, 98
AMDRUP, G.K.: 141
AMUNDSEN, R.: 102, 125, 141
ANDERSON, J.: 113, 120, 121
ANGELO, J. de: 29
ANTHONISZOON, C.: 61, 78
APIAN, P.: 15, 95
APPIANUS, P.: siehe APIAN
ARASON, M.: 111, 112, 113
ARCTANDER, A.: 100, 120
ARISTOTELES: 19
ARNASON, J.: 115
ARNGRIMR: 19
ARROWSMITH, A.: 142
ATKINSON, J.: 109
AUVILLE, J. B. d': 129

BAASCH, E.: 86
BAFFIN, W.: 74, 75, 102
BARDSSON, I.: 30, 99, 101, 104
BARENTSZ, W.: 13, 39, 101, 131, 133
BARTHELMESS, K.: 40
BEARE, J.: 73
BECARRIO, B.: 23
BECK, H.C.: 114
BEHAIM, M.: 23, 33, 35, 36, 39, 94
BELLIN, J.N.: 108, 135
BENEDICT, L.: 77, 78, 136
BERGMAN, T.: 50
BERING, V.: 128, 129
BERLITZ, C.: 20
BERTELLI, F.: 64, 69
BERTRAND, A.: 126
BERTUCH, F.J.: 110
BIANCO, A.: 24
BIGGAR, H.P.: 49
BJELKE, H.: 105, 111
BJÖRNBO, A.A.: 9, 30, 67
BLAEU, W.J.: 75, 77, 98, 99, 132, 134
BLEFKEN, D.: 94, 95, 103
BOBE, L.: 75, 97, 129
BOIS, A. du: 109
BONDE, H.: 93
BOORDE, A.: 80
BORDA, J.C.: 111
BORDONE, B.: 49

BORN, T.L.: 138
BOUVET, L.: 119
BOWEN, E.: 127
BRAGANCA: 43
BRAHE, T.: 9, 82, 88, 99
BRENDAN: 20, 21, 22, 23
BRENNER, O.: 55
BRUUN, D.: 116, 126
BUACHE, P.: 119
BÜSCHING, A.F.: 110, 114
BURG, F.: 105
BUTTON, T.: 102

CABOT, S.: 23, 37, 71, 72
CAMBRENSIS, G.: 4, 22, 80
CAMOCCIO, G.F.: 64, 69
CANTINO, A.: 42, 48
CARDANUS, H.: 52
CARNEY, J.: 22
CAROLUS, J.: 64, 75, 96, 98, 99, 100, 101, 106, 118, 133
CASSINI, G.M.: 115
CHAMBERS, R.: 127
CHEMNITZ, M.: 89
CHRYSOLORAS, M.: 29
CHYTRAEUS, D.: 88, 89
CLAESZOON, C.: 75, 131
CLAIRVAUX, H. v.: 52
CLARK, K.: 21
CLAVUS, C.: 9, 14, 29, 30, 31, 32, 33, 36, 45, 51, 61, 62, 63, 64, 69, 136
CLERC, J. le: 86
CLURE, R. J. le M.M.: 141
COLOM, J.A.: 109, 134
COLOMBO, F.: 67
COLSON, J.: 109
CONWAY, M.: 142
COOK, F.A.: 143
COOK, J.: 41
COPPO, P.: 64
CORONELLI, V.M.: 40, 41, 64, 68, 72
CORTEREAL, G.: 42, 43, 48
CORTEREAL, J.V.: 42, 44, 48
CORTESAO, A.: 23
COSA, J. de la: 26, 45, 48
COVENS (Familie): 77, 98
CRENNE, J. R.A. de Verdun: 108, 111, 117
CRIVELLI, T.: 29
CROIX, N. de la: 109
CRONAU, R.: 73
CUNNING, W.P.: 68
CUSANUS (N. v. KUES): 61

DADASON, J.: 95
DALORTO, A.: 24, 25
DANCKERT (Familie): 77
DANELL, D.: 105, 106
DANIEL, J.: 133

DAVIS, J.: 39, 49, 74, 75, 97, 102
DEBES, L.J.: 136, 137, 139
DENTECUM, J. v.: 78
DESCELLIER, P.: 15, 65, 119
DESHNEW, S.I.: 128
DESLIENS, N.: 65, 70, 71
DICUIL: 4, 21
DOEDSZOON, C.: 134
DONCKER, H.: 103
DONIS (Nicolaus Germanus): 32, 33, 36, 39, 51, 61, 63
DOURADOS, V.: 23
DREIYER, M.: 14
DREYER-EIMBCKE, O.: 66, 82, 93, 144
DUDLEY, R.: 87, 134
DUFRESNOY, L.: 109
DUNER, A.: 140

EANNES, G.: 4
ECLEFF v.: 114
EDGE, T.: 40
EGEDE, H.: 118, 120, 121
EGEDE, P.: 75, 119
EGGERS, C.U.D. v.: 108
EIRIKSSON, J.: 115, 117
EKMANSSON, F.: 117
ERIKSSON, L.: 8, 49
ERKES, H.: 10, 44, 57, 63, 69, 82, 88, 89, 91, 143
ERLENSSON, H.: 7
EWE, H.: 41

FABRICIUS, D.: 95
FERGUSON, J.: 121
FERNANDES, J.: 48
FICKLER, J.B.: 61
FILLASTRE, G.: 31, 32, 33
FISCHER, J.: 24, 143
FISHER, W.: 109
FONTE, B. de: 119
FOX, L.: 39
FREDLER, J.: 89
FRIES, L.: 49, 50
FRISIUS, G.: 48, 61, 63, 71, 91
FROBISHER, M.: 39, 68, 72, 73, 74, 75, 97, 102
FRODE, A.: 7
FUCA, J. de: 119
FURMERIUS, B.: 88

GAIMARD, P.: 109, 122
GALILEI, G.: 29
GALLE, P.: 78, 90
GASTALDI, G.: 14, 64, 70, 128
GATOMBE, J.: 98
GEBAUER, J.H.: 44
GELLISON, T.: 16
GERRITSZ, H.: 75, 99, 100, 101, 102, 132, 133, 134

GERVASE: 22
GIBSON, J.: 140
GIESECKE, L.: 129, 130
GILBERT, H.: 71
GLIEMANN, J.G.T.: 122
GOMARA, F.L.: 71, 73
GOOS, A.: 90
GOURMONT, H.: 62, 69
GRAAH, W.A.: 100, 120
GRAF, U.: 54
GRAVIER, G.: 69
GREENLANDER, J.: 49
GRENACHER, F.: 61
GROENKE, U.: 123
GRUBBE, S.: 62
GUDBRANDSON, J.: 103
GUDMUNDSSON, J.: 105
GUDMUNDSSON, S.: 127
GUERARD, J.: 132
GUILLERMO: 23
GUNNLAUGSSON, B.: 81, 122, 123, 124, 125

HAKLUYT, R.: 72, 74, 75, 91
HALDE, J.B. du: 128, 129
HALDINGHAM, R. de: 4, 22
HALL, J.: 72, 75, 97, 98, 102, 104, 140
HALLGRIMSSON, E.: 127
HANN, L.F.: 118
HANSEN, W.: 8
HAWKERIDGE, W.: 102
HAYES, I.I.: 140
HEM, L. v. d.: 99
HENNIG, R.: 31, 66, 73
HENZE, D.: 129, 134
HERMANNSSON, H.: 82, 98, 103, 105, 111, 143
HERODOT: 5, 14, 20, 28
HIGDEN, R.: 4
HINRICHSEN, T.: 115
HOFFGAARD, J.: 111
HOLBEIN, H.: 54, 56, 72
HOLM, G.F.: 6, 141
HOLM, S.M.: 126
HOMANN, J.B.: 41, 110
HOMANNs Erben: 110, 114, 122
HOMEM, A.: 23, 47
HOMEM, D.: 23, 47
HOMER: 19
HONDIUS, H.: 39, 40
HONDIUS, J.: 39, 68, 72, 75, 76, 77, 78, 90, 96, 98, 99, 108, 131, 133
HORN, G. v.: 67
HORREBOW, N.: 113, 114
HUBBARD, J.: 98
HUDSON, H.: 74, 75, 76, 102, 133, 134
HUMBOLDT, A. v.: 67, 121

IDRISI, M.I.: 10
IRENICUS, F.: 53
ISACHSEN, G.: 135
ISLE, J.N. de l': 119, 128, 129
ISRAEL, N.: 24

JACOB, G.: 10
JAILLOT, C.H.A.: 107
JAKSCH, K.: 116
JAMES, T.: 39
JANSSON, J.: 41, 77, 90, 98, 132, 137
JANSZOON, J.: 99, 134
JOHNSTRUP, F.: 130
JONSSON, A.: 84, 88, 89, 91, 93, 103
JONSSON, B.: 8, 81
JORDARSON, S.: 7
JOVIUS, P.: 61
JUEL, R.: 137
JURK, W.: 131

KANANOS, L.: 10
KANE, E.K.: 140
KARSEFNIS, T.: 11
KEERE, P. v. d.: 75, 90
KEJLBO, I.: 98, 99, 105, 118
KEPLER, J.: 29
KERGULEN-TREMAREC, J. de: 99, 108
KEULEN, G. v.: 106, 134, 136, 137
KEULEN, J. v.: 75, 99, 109
KLOSE, O.: 93
KNOFF, T.H.H.: 113, 114, 115, 122
KOCH, J.P.: 116
KÖHNE, R.: 16, 17
KOLDEWEY, K.: 140
KOLUMBUS, C.: 20, 21, 26, 27, 34, 37, 43, 45, 46, 66, 70, 73
KOPERNIKUS, N.: 29
KRANTZ, A.: 89, 93
KRATZER, N.: 72
KUNSTMANN: 31, 48

LAFFARD de: 4
LAFRERI, A.: 64, 68, 69
LANDSSTYRI, F.: 138
LANDT, J.: 138
LANGENES, B.: 90
LARSEN, S.: 61
LASSO, B. de: 23, 78
LAURENT, J.: 119
LAXNESS, H.: 16
LEHMANN-FILHES, M.: 125
LELEWEL, J.: 51
LEMOS, P. de: 73
LIEVOG, R.: 117, 126
LINNA, N. de: 39
LINSCHOTEN, J.H. v.: 38

LOK, M.: 73
LOMONOSSOW, M.W.: 140
LONGENBAUGH, D.: 128
LOPES, S.: 73
LOTTIN, V.C.: 122, 126
LØVENØRN, P.: 117, 138
LUCAS, F.W.: 67, 69
LULL, R.: 14
LYSCHANDER, C.C.: 75, 84, 88

MAGGIOLO, V. di: 37, 64
MAGINI, G.A.: 97
MAGNUS, J.: 51, 55
MAGNUS, O.: 27, 31, 52, 54, 55, 56, 57, 58, 59, 60, 61, 62, 63, 64, 67, 69, 80, 83, 92, 93, 136, 137
MAGNUSSON, A.: 81, 112
MAGNUSSON, P.: 79
MAGNUSSON, T.: 110
MAHIEU, J. de: 73
MALLET, A.M.: 108
MANBY, G.W.: 119
MARKHAM, C.: 140
MARTELLUS, H.: 31, 33
MARTENS, F.: 40, 135
MARTINEZ, J.: 24
MARTYR, P.: 15
MAURER, K.: 51
MAURO, F.: 7, 26
MAY, J.J.: 132
MEDICI: 25
MEGISER, H.: 94
MEJER, J.: 5, 104, 105, 106
MEQUET: 109
MERCATOR, A.: 90
MERCATOR, G.: 1, 5, 23, 37, 38, 39, 61, 63, 66, 70, 71, 74, 75, 80, 81, 85, 87, 88, 90, 91, 96, 97, 99, 105, 136
MERCATOR, R.: 90
METELKA, J.: 63
MEYER, A.: 88
MIECHOV, M.V.: 61
MINOR, H.E.: 117
MOHR, N.: 138
MOLL, H.: 109
MÖLLER, K.: 102
MÖLLER, M.: 93
MOLYNEUX, E.: 74, 99
MONETARIUS, (J. MÜLLER): 36
MORTIER (Familie): 77, 98
MOTETIUS, J.: 70
MUCK, O.H.: 20
MÜNSTER, S.: 53, 54, 56, 60, 63, 71, 78, 89, 93, 119, 128
MÜNZER, H.: 11, 61
MUIR, T.S.: 116
MUNK, J.: 102

NANSEN, F.: 4, 31, 46, 100, 125, 142
NARES, G.S.: 140
NATHORST, A.G.: 142
NEKHAM, A.: 6
NEUMAYER, G. v.: 142
NICOLAI, C.F.: 2
NICOLAY: 24
NOBLOT: 109
NORDENSKIÖLD, A.F.: 24, 30, 33, 64, 67, 134, 140, 141
NORLUND: 61

OESAU, W.: 135
OHLSEN, O.: 126
OLAFSSON, E.: 115, 116, 117
OLEARIUS, A.: 105
OLIVERIANA: 48
OLSEN, O.N.: 123, 125
ORTELIUS, A.: 23, 52, 66, 69, 71, 76, 78, 79, 82, 84, 85, 86, 87, 90, 94, 95, 98, 104, 107, 128, 136

PAGANI, M.: 128
PALAIRET, J.: 109, 140
PALESTRINA, S. de: 31
PALSSON, B.: 115
PALSSON, S.: 115, 116
PARRY, W.E.: 72
PASCOUD, M.: 109
PASQUALINI, I.: 24
PAYER, J. v.: 141
PEARY, R.E.: 142, 143
PEDREZANO, B.: 52
PEERSE, G.: 93, 94
PETERMANN, A.: 76, 124, 129, 134, 140, 142
PETERS, A.: 110
PETRI, H.: 54, 61
PETTERSON, O.: 8
PEUCEROS, C.: 52
PEYRERE, I. de: 11, 102, 103
PIETERSZOON, D.: 134
PILLOT, G.: 5
PINGELING, T.A.: 119
PINGRE, A.G. de: 111
PINI, P.: 44
PINING, D.: 44, 45, 49, 62, 74
PITT, M.: 41, 98
PIZZIGANO, M.: 22
PLANTIN, C.: 78
PLATO: 3, 20, 66
PLETHON, G.G.: 30
PLINIUS, C.S.: 5, 20, 56
PLUTARCH: 20
POESTION, J.C.: 124
POLO, M.: 7, 20, 128
POLYBIAS: 28
PONTANUS, J.J.: 76
PONTOPIDAN, C.J.: 137

PORCACCHIS, T.: 70
POSIDONIUS: 20
POTHORST, H.: 44, 45, 49, 62, 74
PROCOPIUS: 84
PRUNES, M.: 67, 69
PTOLEMÄUS, C.: 9, 28, 29, 31, 32, 34, 35, 49, 50, 53, 63, 64, 67, 95, 103
PYTHEAS: 3, 4, 5, 66, 67

QAZWINI: 10
QUAD v. KINKELBACH, M.: 87

RABEN, P.: 112
RAFN, C.C.: 120, 121
RAMUSIO, G.B.: 55
RASCH, J.: 106, 118
RECUPITIUS, J.C.: 53
REILLY, F.J.J.: 119, 121, 127
REINEL, J.: 47
REINEL, P.: 47, 48
REINECKE, J.M.C.: 111
REIS, P.: 23
RESEN, P.H.: 91, 92, 97, 104, 107, 136, 137
RINK, H.J.: 130
ROBERT: 109
RÖMER, O.: 112
ROSS, J.: 37, 72
ROSS, J.C.: 37
ROTZ, J.: 65
RUDOLPHI, H.: 21, 138, 140
RUGE, S.: 66
RUSCELLI, G.: 64, 70
RUYSCH, J.: 25, 36, 37, 39, 62, 128
RYP, J.C.: 131

SALAMANCA, A.: 128
SANSON, N.: 98, 107, 137
SANUTO, M.: 9
SAUER, C.: 21
SAUZET, H. du: 87
SAXO GRAMMATICUS: 16, 17, 50, 55, 59, 95, 120
SAXTON, C.: 109
SCHEDEL, H.: 2, 11, 61
SCHEEL, H.J.: 123
SCHENCK (Familie): 98
SCHERER, H.: 41
SCHILDER, G.: 98, 100, 131, 133
SCHMER, C.: 22
SCHNALL, U.: 8
SCHÖNER, J.: 15, 34
SCHÖNING, G.: 115, 117
SCHÜCK, A.: 7
SCHUTZBACH, W.: 52, 116
SCHWARZBACH, M.: 52
SCOLVUS: 49, 73, 74
SCORESBY, W.: 130, 134

SEELMANN, W.: 93
SELLER, J.: 72, 109
SEMMELRAHN, I.L.: 135
SENECA: 20, 45
SETTLE, D.: 97
SGROOTEN, C.: 74
SHEPHERD, T.: 72
SIDERI, G.: 23
SIGURDSSON, H.: 26, 56, 69, 82, 90, 106, 143
SKELTON, L.: 98
SLANIA, C.: 79
SOLER, G.: 23
SOLINUS, C.J.: 16, 128, 141
SØRENSEN, J.: 137
STAEHLIN, J.: 129
STANYHURST, R.: 88
STEENSTRUP, K.J.V.: 130
STEFANSSON, S.: 81, 82, 88, 96, 103
STEPHENSEN, M.: 53
STEVENS, H.: 29
STIELER, A.: 142
STORM, G.: 12
STRABO: 20
STYRMER: 7
SVABO, J.C.: 137
SVEINSSON, S.: 123
SYARSSON, G.: 9
SYLVANO, B.: 49

TACITUS, P.C.: 28
TAVIANI, E.: 46
TEIXEIRA, D.: 47
TESTU, G. de: 65
THEOPOMPUS: 20
THINGEYRE, N. v.: 12
THORKELSSON, G.: 16, 18
THORKELSSON, J.: 110,114
THORLAKSSON, G.: 79, 81, 82, 84, 86, 87, 88, 94, 103
THORLAKSSON, T.: 79, 81, 103, 115, 118
THORNTON, J.: 109
THORODDSEN, T.: 25, 50, 52, 53, 57, 80, 81, 82, 83, 84, 85, 90, 93, 104, 113, 124, 125, 143
THUKYDIDES: 28
TOMASSON, R.F.: 112
TORFAEUS, T.: 81, 82, 105, 106, 118
TOSCANELLI, P.: 30, 43, 45
TRAP, F.H.: 76, 105
TRAUTZ, M.: 125
TROIL, U. v.: 117

VAISSETE, H.: 109
VALK (Familie): 98
VALKENDORF, E.: 49, 51, 106
VEER, G. de: 131
VENZKE, J.F.: 60, 85, 112, 116
VERRAZANO, G.: 96, 119

VESCONTI, P.: 9
VESPUCCI, A.: 27
VIDALIN, A.T.: 112
VIDALIN, P.: 112
VIDALIN, T.T.: 107, 116
VILADESTES, M. de: 23, 41
VINIUS, A.: 128
VISSCHER (Familie): 77
VOGEL, C.: 94
VOGEL, W.: 7

WADELL, H.: 116
WAESBERGER, J.: 77
WAGHENAER, L.J.: 78, 136
WALDSEEMÜLLER, M.: 35, 43, 48
WALLIS, H.: 72
WALSPERGER, A.: 4
WANDEL, B.: 111, 136
WATTS, W.: 116
WAYMOUTH, G.: 102
WEBER, T: 61
WEGENER. A.: 116
WEYPRECHT, K.: 141, 142
WIEDER, F.C.: 98
WIEDS, A.: 61
WIGNER, J.H.: 116
WILLEMSZ, M.: 131
WILLERS, J.: 35
WIT, de (Familie): 77
WITSEN, N.: 128
WLENGEL, P.J.: 117
WOLFF, J.L.: 92
WOLGEMUT, M.: 2, 60
WORM, O.: 95, 103
WRIGHT, E.: 74
WROTH, L.: 128
WYTFLIEP, C.: 73

YBERG, E.: 116

ZABARELLO, G.: 66
ZALTIERI, B.: 128
ZAMOISKY: 33
ZATTA, A.: 115
ZENO, A.: 66
ZENO, N. senior: 66
ZENO, N.: 24, 27, 31, 51, 63, 66, 67, 68, 69, 70, 74, 91, 97
ZIEGLER, J.: 14, 15, 44, 49, 50, 51, 52, 53, 61, 63, 80, 89, 136
ZÖGNER, L.: 35
ZORGDRAGER, C.G.: 103, 115, 135
ZURDA, P.: 66

GEOGRAPHISCHE GESELLSCHAFT IN HAMBURG

VORSTAND

Professor Dr. Günther Jantzen (1. Vorsitzender)
Professor Dr. Gerhard Oberbeck (2. Vorsitzender)
Dr. Christian Brinckmann (Schatzmeister)
Professor Dr. Dieter Jaschke (Geschäftsführung)
Oberstudienrat Dr. Harald Brandes
Oberstudienrat Dr. Erwin Eggert
Oberkustodin Dr. Ilse Möller
Professor Dr. Frank Norbert Nagel
Oberstudiendirektor Dr. Fritz Reßke
Professor Dr. Gerhard Sandner
Ehrensenator Kurt Hartwig Siemers

TÄTIGKEITSBERICHT

Veranstaltungen der Geographischen Gesellschaft in Hamburg

1. Vorträge

Prof. Dr. H. Haefner (Zürich-Irchel): „Der Einsatz von Satellitenbildern in der Geographie: Jetzige Möglichkeiten und zukünftige Entwicklungen."
30. Oktober 1986

Prof. Dr. F. Voss (Berlin): „Die Inventur natürlicher Ressourcen von Ost-Borneo mit Fernerkundungsmethoden."
13. November 1986

Dr. V. Kroesch (Bonn-Bad Godesberg): „Fernerkundung in der räumlichen Planung."
27. November 1986

Prof. Dr. G. Borchert (Hamburg): „Wasserversorgungsprobleme im südlichen Afrika: Forschungen zu einem Zambezi-Aquädukt."
11. Dezember 1986

Dr. J. Breitengroß (Hamburg): „Zimbabwe 6 Jahre nach der Unabhängigkeit: Politisch-ökonomische Veränderungen und geographische Konstanten."
8. Januar 1987

Prof. Dr. J. Bähr (Kiel): „Die südafrikanische Stadt: Entwicklung, Struktur und gegenwärtige Problematik."
5. Februar 1987

2. Exkursionen

Dr. I. Möller: „Hamburg. Stadtbildanalyse als Stadtentwicklungsforschung."
24. Mai 1987

Prof. Dr. D. Thannheiser: „Neuwerk. Entstehung und Ökologie einer Insel im Wattenmeer."
14. Juni 1987

Veranstaltungen des Landesvereins Hamburg der Deutschen Gesellschaft für Kartographie

Rechtsanwalt K. Müller-Carnier (Hamburg): „Urheberrechtsfragen II. Teil."
  29. Oktober 1986

Dipl.-Ing. H. Schmidt (Hamburg): „Fotosatz – seine Anwendungsmöglichkeiten in der Kartographie."
  26. November 1986

Prof. Dr. F. J. Ormeling jr. (Utrecht): „Der neue Nationalatlas der Niederlande."
  10. Dezember 1986

D.-H. Dippel und H. Eising (Hamburg): „Zeichnen auf Folien."
  21. Januar 1987

Dr. E. Jäger (Lüneburg): „Zur älteren Kartographie Nordosteuropas. Kartendokumente des 15.–17. Jahrhunderts."
  4. Februar 1987

Dipl.-Geograph M. Gorski (Hamburg): „Hamburgs Naturschutzgebiete."
  4. März 1987

Dr. F. Reßke (Hamburg): „Kartographentag Bad Hersfeld 1987 (Bericht) und die kommenden Kartographentage."
  16. Juli 1987

Mitteilungen der Geographischen Gesellschaft in Hamburg

Bd. 60 (1972)	Breitengroß, J. P.:	Saisonales Fließverhalten in großflächigen Flußsystemen. Methoden zur Erfassung und Darstellung am Beispiel des Kongo (Zaire)	DM 12,–
Bd. 61 (1973)	Deisting, E.:	Historisch-geographische Wandlungen des ländlichen Siedlungsgefüges im Gebiet um Verden (Aller) unter besonderer Berücksichtigung der Wüstungen (vergriffen)	DM 16,–
Bd. 62 (1973)	Riedel, W.:	Bodengeographie des kastilischen und portugiesischen Hauptscheidegebirges	DM 16,–
Bd. 63 (1975)	Kolb, A.:	Das Überschwemmungsproblem in Greater Manila	
	Jaschke, D.:	Darwin und seine Region – Naturraum, Wirtschaft und städtische Aufgabenstellung im tropischen Australien	
	Nagel, F. N.:	Eckel. Die Entwicklung des Flur- und Ortsbildes einer Gemeinde im Hamburger Umland. Ein Beitrag zur Methodik der Untersuchung ländlicher Siedlungen	
	Martens, R.:	Erosionspotential, hydraulischer Radius und Querströmung des fließenden Wassers als Faktoren der Flußlaufbildung	
	Grimmel, E.:	Der Sprakensehler Sander: Ein klassischer „Sander" der Lüneburger Heide?	
	Schipull, K.:	Beobachtungen über Schalenverwitterung in Südnorwegen	
	Riedel, W.:	Bodentypologischer Formenwandel im Landesteil Schleswig und Möglichkeiten seiner Darstellung	
	Grimmel, E.:	Zum Thema „Eiszeit" im Erdkundeunterricht	
	Braun, A.:	Staudammprojekt am Euphrat. Begründung und Erprobung einer Unterrichtseinheit für die Sekundarstufe II (vergriffen)	DM 16,–
Bd. 64 (1976)	Lafrenz, J., I. Möller:	Gruppenspezifische Aktivitäten als Reaktion auf die Attraktivität einer Fremdenverkehrsgemeinde. Pilot-study am Beispiel der Bädergemeinde Haffkrug-Scharbeutz	
	Breitengroß, J. P.:	Tarifstruktur und Transportkosten in Zaire. Ein Beitrag zur räumlichen Wirkung von Tarifsystemen	
	Schliephake, K.:	Verkehr als regionales System. Begriffliche Einordnung und Beispiele aus dem mittleren Hessen (vergriffen)	DM 14,–
Bd. 65 (1976)	Nagel, F. N.:	Burgund (Bourgogne). Struktur und Interdependenzen einer französischen Wirtschaftsregion (Région de Programme)	DM 25,–
Bd. 66 (1976)	Wolfram, U.:	Räumlich-strukturelle Analyse des Mietpreisgefüges in Hamburg als quantitativer Indikator für den Wohnlagewert	DM 28,–
Bd. 67 (1977)	Söker, E.:	Das Regionalisierungskonzept. Instrumente und Verfahren der Regionalisierung. Methodisch-systematische Überlegungen zu Analysetechniken in der Geographie	DM 12,–
Bd. 68 (1978)	Ehlers, J.:	Die quartäre Morphogenese der Harburger Berge und ihrer Umgebung	DM 24,–
Bd. 69 (1979)	Tönnies, G.:	Die Entwicklung von Bevölkerung und Wirtschaft in den nordwestdeutschen Stadtregionen	DM 18,–

Bd. 70 (1979)	Jaschke, D.:	Das australische Nordterritorium. Potential, Nutzung und Inwertsetzbarkeit seiner natürlichen Ressourcen **DM 32,-**
Bd. 71 (1981)	Nagel, F. N.:	Die Entwicklung des Eisenbahnnetzes in Schleswig-Holstein und Hamburg. Unter besonderer Berücksichtigung der stillgelegten Strecken **DM 48,-**
Bd. 72 (1982)		Beiträge zur Stadtgeographie I. Städte in Übersee
	Hofmeister, B.:	Die Stadt in Australien und USA – Ein Vergleich ihrer Strukturen
	Nagel, F. N. und Oberbeck, G.:	Neue Formen städtischer Entwicklung im Südwesten der USA – Sonnenstädte der zweiten Generation
	Jaschke, D.:	Entwicklung der Gestalt kolonialzeitlicher Städte in Südostasien – Das Beispiel George Town auf Penang
	Wolfram-Seifert, U.:	Die Agglomeration Medan – Entwicklung, Struktur und Funktion des dominierenden Oberzentrums auf Sumatra (Indonesien) **DM 55,-**
Bd. 73 (1983)	Schnurr, H.-E.:	Das Wanderungsgeschehen in der Agglomeration Bremen von 1970 bis 1980 **DM 40,-**
Bd. 74 (1984)	Budesheim, W.:	Die Entwicklung der mittelalterlichen Kulturlandschaft des heutigen Kreises Herzogtum Lauenburg. Unter besonderer Berücksichtigung der slawischen Besiedlung. **DM 45,-**
Bd. 75 (1985)		Beiträge zur Kulturlandschaftsforschung und zur Regionalplanung
	Denecke, D.:	Historische Geographie und räumliche Planung
	Kolb, A.:	Das frühe europäische Entdeckungszeitalter im indopazifischen Raum.
	Jaschke, D.:	Der Einfluß des Fremdenverkehrs auf das Kulturlandschaftsgefüge mediterraner Küstengebiete
	Nagel, F. N.:	Die Magdalenen-Inseln (Iles-de-la-Madeleine/Québec). Kulturlandschaft, Ressourcen und Entwicklungsperspektiven eines kanadischen Peripherraumes. **DM 40,-**
Bd. 76 (1986)		Beiträge zur Stadtgeographie II. Städtesysteme und Verstädterung in Übersee
	Preston, R. E.:	Stability and change in the Canadian central place system between 1971 and the early 1980s
	Wolfram-Seifert, U.:	Die Entwicklung des Städtesystems in Indonesien – Vergleichende Analyse der Kotamadya nach der Ranggrößen-Verteilung
	Steinberg, H. G.:	Die Verstädterung der Republik Südafrika **DM 50,-**
Bd. 77 (1987)	Dreyer-Eymbcke, O.:	Island, Grönland und das nördliche Eismeer im Bild der Kartographie seit dem 10. Jahrhundert **DM 65,-**